# はじめに

　我が国においては、科学技術創造立国の理念の下、産業競争力の強化を図るべく「知的創造サイクル」の活性化を基本としたプロパテント政策が推進されております。

　「知的創造サイクル」を活性化させるためには、技術開発や技術移転において特許情報を有効に活用することが必要であることから、平成9年度より特許庁の特許流通促進事業において「技術分野別特許マップ」が作成されてまいりました。

　平成13年度からは、独立行政法人工業所有権総合情報館が特許流通促進事業を実施することとなり、特許情報をより一層戦略的かつ効果的にご活用いただくという観点から、「企業が新規事業創出時の技術導入・技術移転を図る上で指標となりえる国内特許の動向を分析」した「特許流通支援チャート」を作成することとなりました。

　具体的には、技術テーマ毎に、特許公報やインターネット等による公開情報をもとに以下のような分析を加えたものとなっております。
　　・体系化された技術説明
　　・主要出願人の出願動向
　　・出願人数と出願件数の関係からみた出願活動状況
　　・関連製品情報
　　・課題と解決手段の対応関係
　　・発明者情報に基づく研究開発拠点や研究者数情報　など

　この「特許流通支援チャート」は、特に、異業種分野へ進出・事業展開を考えておられる中小・ベンチャー企業の皆様にとって、当該分野の技術シーズやその保有企業を探す際の有効な指標となるだけでなく、その後の研究開発の方向性を決めたり特許化を図る上でも参考となるものと考えております。

　最後に、「特許流通支援チャート」の作成にあたり、たくさんの企業をはじめ大学や公的研究機関の方々にご協力をいただき大変有り難うございました。

　今後とも、内容のより一層の充実に努めてまいりたいと考えておりますので、何とぞご指導、ご鞭撻のほど、宜しくお願いいたします。

独立行政法人工業所有権総合情報館

理事長　　藤原　譲

# 車いす
## エグゼクティブサマリー

## 多種多様な要求に応える車いす

### ■ 多種多様な要求に応える車いす

　身体障害者の自立や社会活動への参加の拡大、いわゆるQOL（Quality Of Life：生活の質）の向上に加え、65歳以上の高齢者のいる世帯数が全世帯数の3分の1を占め、高齢社会が現実となりつつある。このような社会状況を背景に、車いすの利用対象者が身体障害者から高齢者に広がり、移動するだけの機器から自立を促す機器へと変化しており、求められる機能は多種多様なものになっている。

　1990年から2001年7月までに車いすに関し、手動式車いす約1,047件、電動車いす約747件など合わせて約1,684件（重複を含む）の特許・実用新案出願（以下「特許等」）が公開されている。特に介護保険制度が答申・公布された96年頃から出願件数・出願人数が急激に増加し、技術開発活動は活発となっている。

### ■ 個人の参入が多い自走式車いす

　手動式車いすに関する特許等を出願人のカテゴリー別にみると、法人による出願件数が95年以降、近年まで漸増しているのに対し、個人による出願件数が急増したのは98年以降である。これは個人の新規参入者が増加したことによるものである。その意味から、この分野は新規市場参入が活発に行われている分野のひとつであるといえる。この分野の課題をみると、車いすからベッド・トイレ等へ乗り移る（移乗）際の負担の軽減・容易さ、背もたれをリクライニングする時の乗り心地向上、段差を乗越える際の走行性向上などに関するものを中心に開発が進められている。移乗の容易化のニーズは福祉機器メーカによる出願に多く、段差乗越えのニーズは個人による出願に多い。

### ■ 電動補助で新境地を開拓する電動車いす

　電動三・四輪車、電動補助式手動車いすなどを含む電動車いすは、利用対象者を身体障害者から高齢者に広げ、さらに電動補助により従来の手動式車いすの利用者までも取り込む勢いで普及が進んでいる。特に折り畳み可能な電動車いすなどは自動車に積載容易で車いす利用者の行動半径を広げることに役立っている。また、日本の住宅事情を考慮して、狭い場所でも容易に旋回できる室内用の電動車いすの開発も活発である。

車いす　　　　　　　　　　　　　　エグゼクティブサマリー

# 多種多様な要求に応える車いす

## ■ 電気機器メーカの参入で活気付く電動車いす

　電動車いすの出願人をみると、約88パーセントが企業からの出願で占められている。自動車および自動車関連メーカが開発の主体であるが、90年代後半には大手電気機器メーカが本格的に参入するようになった。

　自動車および自動車関連メーカが電動三・四輪車などの屋外用を中心に開発しており、電動アシスト式車いすに関する特許も多く保有している。

　電気機器メーカでは室内用もしくは室内・室外の兼用型を中心に開発している点が注目され、室内での旋回半径を小さくする制御方法や、操作を容易にする制御方法など、制御に関する特許を多く保有している。

## ■ 技術開発の拠点は中京・近畿地区に集中

　出願上位20社の開発拠点を発明者の住所・居所でみると、名古屋市、豊田市など愛知県に6拠点、門真市、堺市、守口市など大阪府に5拠点、茨城県、東京都、静岡県、愛媛県、大分県に2拠点、栃木県、埼玉県、神奈川県、岐阜県、兵庫県に1拠点ある。中京・近畿地区に集中している。

## ■ 技術開発の課題

　車いすは移動機器としての性格上、転倒防止などの安全性の向上や、直進性・旋回性などの走行性の向上などは車いすに共通する基本的な技術課題である。さらに、車いすの種類により固有の技術開発の課題がある。手動式車いすは、室内での利用が多いことから、車いすとベッド、トイレなどとの移乗の頻度が高い。そのため、車いす利用者が自力で移乗できることや、移乗の際の介助者の負担を軽減することが重要な課題となっている。電動車いすは、屋外での利用が多いが、特に電動三・四輪車では、高齢者でも容易に操作できることが重要であり、また電動車いすでも身体障害者にとって操作性の向上は重要な課題となっている。

　また、周辺環境のバリアフリー化が進むに伴い車いすでの行動範囲が広がり、さらに新たな技術開発の課題が発生するのは必至であり、今後の発展が期待される。

車いす　　　　主要構成技術

# 多種多様な要求に応える車いす

車いすの技術は、自走式車いすと介助用車いすを含む手動式車いすの技術と、電動三・四輪車を含む電動車いすの技術からなる。これらの技術に関連して1990年から2001年7月までに公開された出願は、手動式車いすが1,032件、電動車いすが746件である。このうち手動式車いすでは介助用車いすに関するものが約209件、自走用車いすに関するものが約933件含まれている。

車いすの構成技術

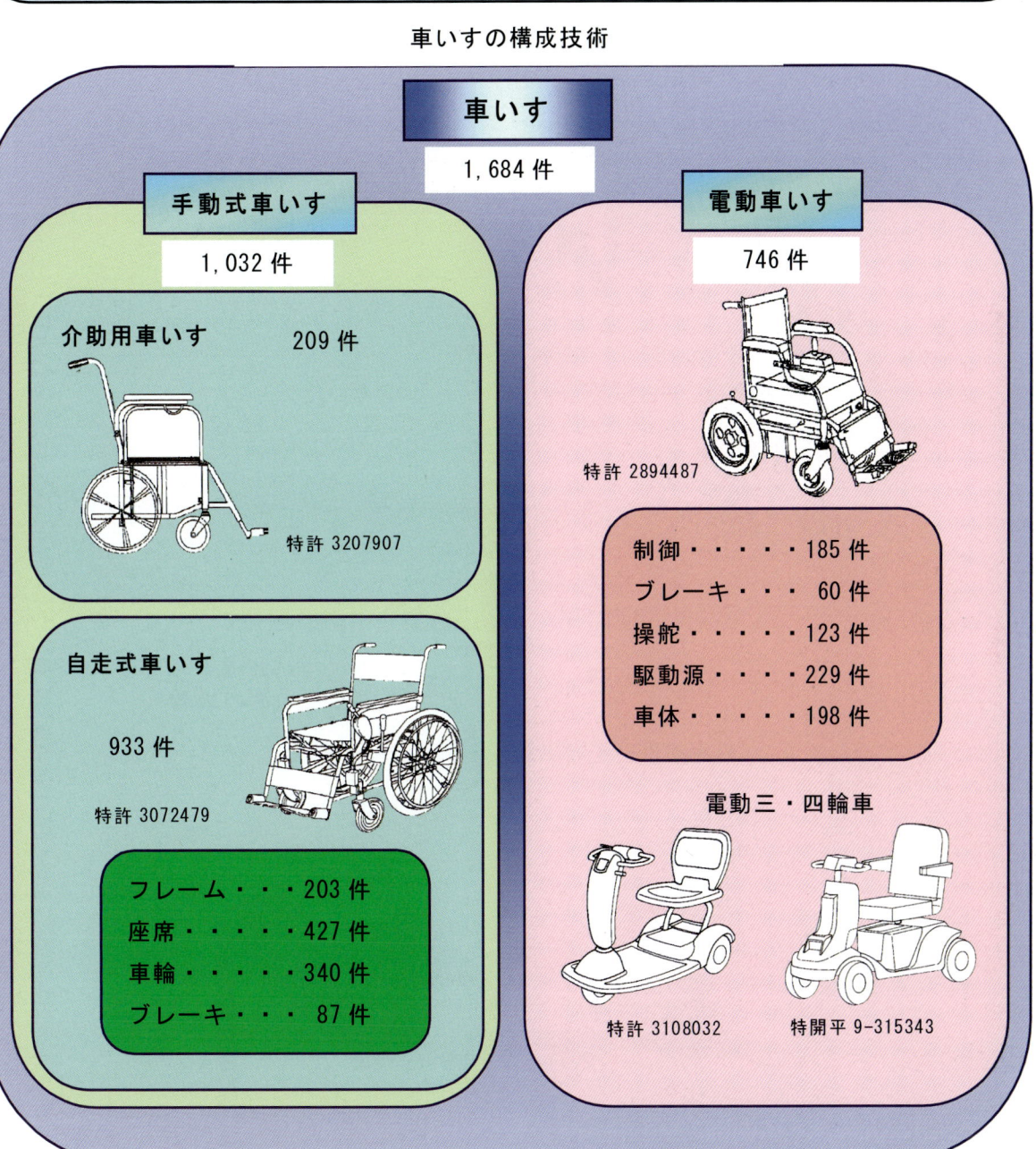

1990年から2001年7月公開の出願
重複を含む

車いす | 技術の動向

# 急増する出願と個人の参入

車いすに関する出願は1993年頃から出願件数・出願人数ともに急激に増加し、その傾向は近年も変わらない。特に自走式車いすに関する出願は出願件数・出願人数ともに増加を続けている。近年では個人の出願件数が大きく増加しており、個人や中小企業が参入しやすい分野といえる。電動車いすは出願件数の増加がみられるものの出願人数に大きな変化はなく、特許等は特定の企業の技術開発活動に大きく依存している。

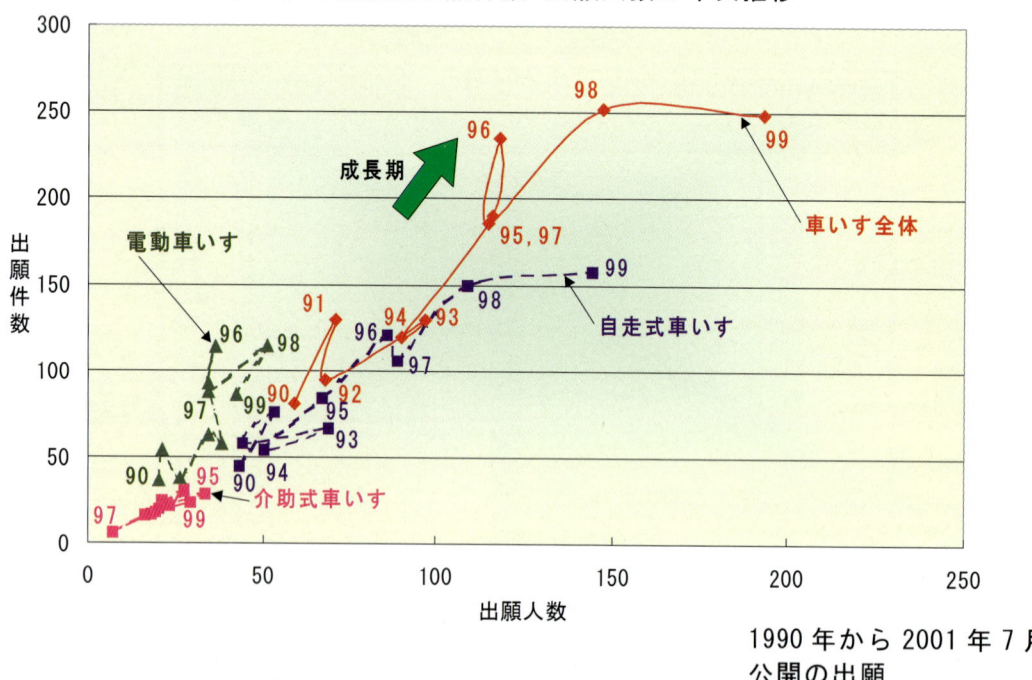

車いすの種類別出願件数−出願人数の年次推移

1990年から2001年7月公開の出願

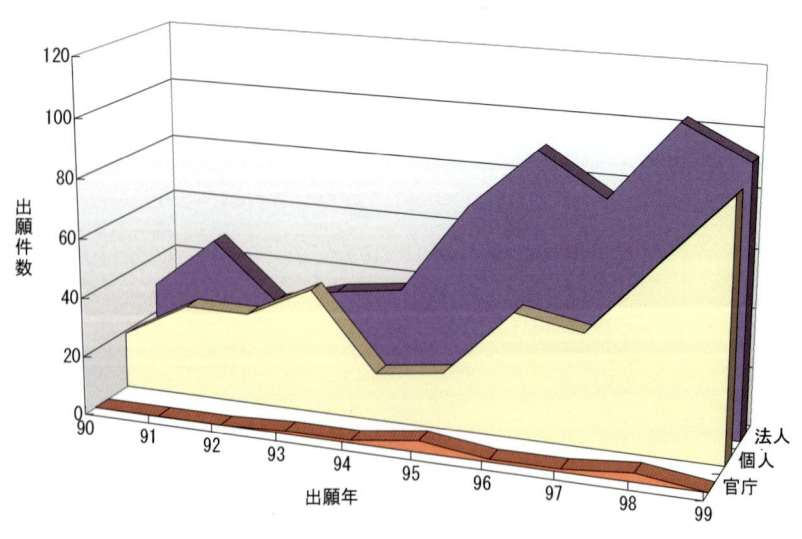

自走式車いすの出願人種別出願件数推移

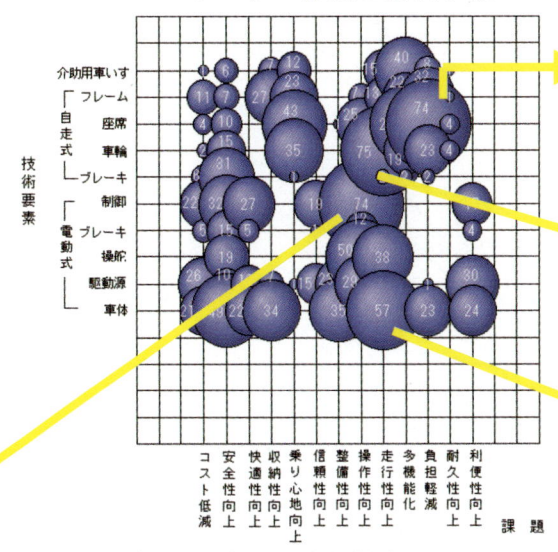

| 車いす | | 技術開発の拠点の分布 |

## 技術開発の拠点は中京と関西に集中

出願上位20社の開発拠点を発明者の住所・居所でみると、愛知県に6拠点、大阪府に5拠点、東京都、茨城県、静岡県、愛媛県、大分県に2拠点、栃木県、埼玉県、神奈川県、岐阜県、兵庫県に1拠点ある。

技術開発拠点図

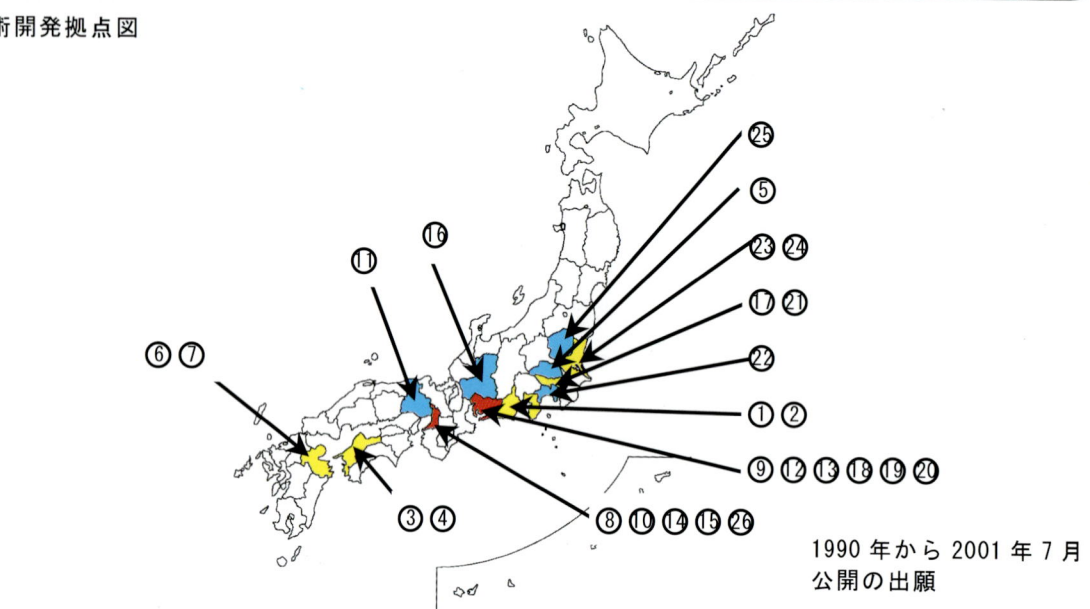

1990年から2001年7月公開の出願

**技術開発拠点一覧表**

| No. | 企業名 | 住　　所 |
|---|---|---|
| ① | スズキ | 静岡県浜松市高塚町300番地　スズキ株式会社内 |
| ② | ヤマハ発動機 | 静岡県磐田市新貝2500番地　ヤマハ発動機株式会社内 |
| ③ | アテックス | 愛媛県松山市衣山1丁目2番5号　株式会社アテックス内 |
| ④ | いうら | 愛媛県温泉郡重信町大字南野田字若宮410番地6　株式会社いうら内 |
| ⑤ | 本田技研工業 | 埼玉県和光市中央1丁目4番1号　株式会社本田技術研究所内 |
| ⑥ | 本田技研工業 | 大分県速見郡日出町大字川崎3968-1　ホンダR&D太陽株式会社内 |
| ⑦ | 本田技研工業 | 大分県別府市大字内竈1399-1　ホンダ太陽株式会社　別府工場内 |
| ⑧ | 松下電器産業 | 大阪府門真市大字門真1006番地　松下電器産業株式会社内 |
| ⑨ | 日進医療器 | 愛知県西春日井郡西春町大字沖村字権現35-2　日進医療器株式会社内 |
| ⑩ | クボタ | 大阪府堺市石津北町64番地　株式会社クボタ　堺製造所内 |
| ⑪ | ナブコ | 兵庫県神戸市西区高塚台7丁目3番3号　株式会社ナブコ総合技術センター内 |
| ⑫ | ミキ | 愛知県名古屋市南区豊3丁目38番10号　株式会社ミキ内 |
| ⑬ | アラコ | 愛知県豊田市吉原町上藤池25番地　アラコ株式会社内 |
| ⑭ | 松下電工 | 大阪府門真市大字門真1048番地　松下電工株式会社内 |
| ⑮ | 三洋電機 | 大阪府守口市京阪本通2丁目5番5号　三洋電機株式会社内 |
| ⑯ | 松永製作所 | 岐阜県養老郡養老町大場484　株式会社松永製作所内 |
| ⑰ | ミサワホーム | 東京都杉並区高井戸東2丁目4番5号　ミサワホーム株式会社内 |
| ⑱ | アイシン精機 | 愛知県刈谷市朝日町2丁目1番地　アイシン精機株式会社内 |
| ⑲ | アイシン精機 | 愛知県刈谷市昭和町2丁目3番地　アイシン・エンジニアリング株式会社内 |
| ⑳ | サンユー | 愛知県名古屋市中川区露橋町32番地　株式会社サンユー内 |
| ㉑ | 丸石自転車 | 東京都足立区江北4-9-1　丸石自転車株式会社東京工場内 |
| ㉒ | 日立製作所 | 神奈川県小田原市国府津2880番地　株式会社日立製作所ストレージシステム事業部内 |
| ㉓ | 日立製作所 | 茨城県日立市大みか町7丁目1番1号　株式会社日立製作所日立研究所内 |
| ㉔ | 日立製作所 | 茨城県土浦市神立町502番地　株式会社日立製作所機械研究所内 |
| ㉕ | 日立製作所 | 栃木県下都賀郡大平町大字富田800番地　株式会社日立製作所冷熱事業部内 |
| ㉖ | エクセディ | 大阪府寝屋川市木田元宮1丁目1番1号　株式会社エクセディ内 |

| 車いす | | | | | | | | | | | | | | | 主要企業の状況 |

# 主要企業20社で4割強の出願件数

出願件数の多い企業は、スズキ、ヤマハ発動機、アテックスである。
上位20社の中には、ミサワホーム、アイシン精機、エクセディ、サンユーなど96年以降に出願が表れた企業も含まれている。
主要企業20社で全体の4割強の出願件数を占めている。

主要企業20社の出願件数推移

| No. | 出願人名 | 88年以前 | 89 | 90 | 91 | 92 | 93 | 94 | 95 | 96 | 97 | 98 | 99 | 合計 |
|---|---|---|---|---|---|---|---|---|---|---|---|---|---|---|
| 1 | スズキ | 6 | 9 | 11 | 22 | 3 | 9 | 11 | 7 | 42 | 9 | 17 | 9 | 155 |
| 2 | ヤマハ発動機 | | | | | 4 | 12 | 11 | 30 | 15 | 16 | 7 | 5 | 100 |
| 3 | アテックス（四国製作所含む） | | 5 | 2 | 10 | 10 | 6 | 3 | 14 | 6 | 6 | 4 | 8 | 74 |
| 4 | いうら（井浦 忠含む） | 1 | 1 | 2 | 8 | 10 | 2 | 5 | 3 | 7 | 3 | 3 | 1 | 46 |
| 5 | 松下電器産業 | | 2 | 2 | | 3 | | | 3 | 14 | 5 | 10 | 6 | 45 |
| 6 | 本田技研工業 | | | | | | | 1 | 5 | 13 | 12 | 8 | 5 | 44 |
| 7 | 日進医療器 | | | 2 | 5 | 4 | 1 | 3 | 5 | 8 | 8 | 4 | | 40 |
| 8 | クボタ | | 2 | 4 | 10 | 2 | 6 | 3 | 8 | 2 | | | 2 | 39 |
| 9 | ナブコ | | | | | 6 | 1 | 4 | 10 | 5 | 3 | 7 | | 36 |
| 10 | 松下電工 | | 9 | | | | | | | | 2 | 7 | 7 | 25 |
| 11 | ミキ（佐藤 光男、佐藤 永佳含） | | | 2 | 4 | | 2 | 1 | 4 | 6 | 2 | 2 | | 23 |
| 12 | アラコ | | | | 1 | 1 | | | 1 | 4 | 9 | 1 | 5 | 22 |
| 13 | 三洋電機 | | | | 1 | | | 2 | 5 | 1 | | 6 | 1 | 16 |
| 14 | 松永製作所 | | | 3 | | 1 | 2 | 1 | | 3 | 1 | | 4 | 15 |
| 15 | ミサワホーム | | | | | | | | | | 7 | 5 | | 12 |
| 16 | 日立製作所 | | | | | | | 1 | | 1 | 1 | 6 | 2 | 11 |
| 17 | アイシン精機 | | | | | | | | | 3 | | 4 | 3 | 10 |
| 18 | エクセディ | | | | | | | | | 3 | 7 | | | 10 |
| 19 | サンユー | | | | | | | | | 1 | 1 | 6 | 2 | 10 |
| 20 | 丸石自転車 | | | | | | | 2 | | 2 | 1 | 4 | 1 | 10 |

主要企業20社の出願件数に占める割合

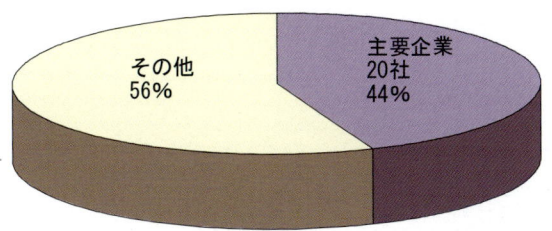

その他 56%
主要企業20社 44%

1990年から2001年7月
公開の出願

| 車いす | 主要企業 |
|---|---|

# スズキ 株式会社

## 出願状況

スズキ(株)の保有する出願は、155件である。そのうち登録になった特許が24件あり、係属中の特許が101件ある。

電動車いすの車体及び制御に関する特許を多く保有している。

## 技術要素・課題対応出願特許の概要

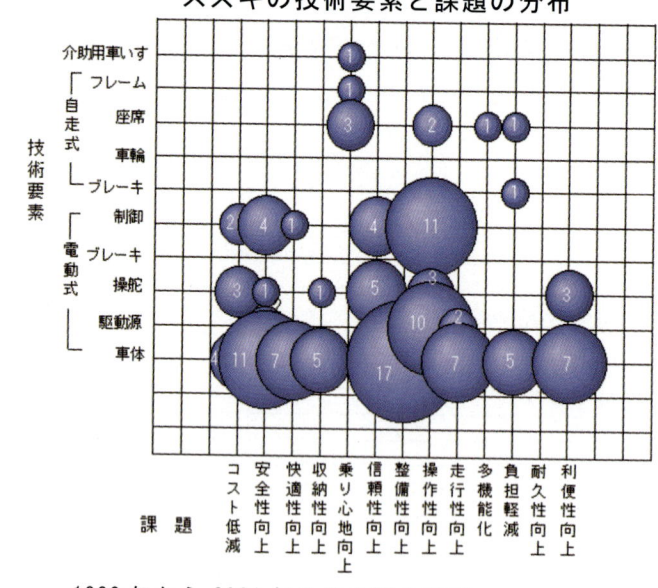

スズキの技術要素と課題の分布

1990年から2001年7月公開の出願
（図中の数字は、登録および係属中の件数を示す。）

## 保有特許リスト例

| 技術要素 | 課題 | 解決手段 | 特許番号 出願日 主FI | 発明の名称、概要 |
|---|---|---|---|---|
| 電動・車体車いす | 整備性向上 | 機構：座席 | 特許3170719 91.7.31 A61G5/04 | **電動車両の回転シート**<br>シートパイプに歯を設けたストッパプレートを固着し、穴をあけた爪に摺動できる機構を設ける |
| 電動・車体車いす | 安全性向上 | 機構：駆動系 | 特許3019391 92.5.3 B62J9/00H | **電動三輪車**<br>充電器・コントローラ収納ボックスの上下面に穿孔し通気性を良くする |

車いす / 主要企業

# ヤマハ発動機 株式会社

| 出願状況 | 技術要素・課題対応出願特許の概要 |
|---|---|
| ヤマハ発動機（株）の保有する出願は、100件である。そのうち登録になった特許が6件あり、係属中の特許が85件ある。<br>　電動車いすの制御、駆動源及び車体に関する特許を多く保有している。 | **ヤマハ発動機の技術要素と課題の分布**<br><br>技術要素（縦軸）：介助用車いす［フレーム、座席、車輪、ブレーキ］／自走式／電動式［制御、ブレーキ、操舵、駆動源、車体］<br>課題（横軸）：コスト低減、安全性向上、快適性向上、乗り心地向上、収納性向上、信頼性向上、整備性向上、操作性向上、走行性向上、多機能化、負担軽減、耐久性向上、利便性向上<br><br>1990年から2001年7月公開の出願<br>（図中の数字は、登録および係属中の件数を示す。） |

## 保有特許リスト例

| 技術要素 | 課題 | 解決手段 | 特許番号 / 出願日 / 主FI | 発明の名称、概要 |
|---|---|---|---|---|
| 電動・車いす・制御 | 操作性向上 | 人力検知と制御：補助動力の作用中心を規定 | 特開平11-47197<br>97.7.30<br>A61G5/04,502 | **補助動力式車椅子**<br>人力の有無と入力方向を検知し、補助動力が車両の幅中央方向に作用するように制御する |
| 電動・車いす・制御 | 信頼性向上 | 配置構造：配置上の工夫 | 特開平9-117476<br>95.10.27<br>A61G5/04,502 | **車両の電動駆動装置**<br>電力制御部をモータから離間した位置に取り付ける |

# 車いす / 主要企業

## 株式会社　アテックス

### 出願状況

（株）アテックスの出願は74件である。

そのうち登録になった特許が14件あり、係属中の特許が42件ある。

電動車いすの車体及び操舵に関する特許を多く保有している。

### 技術要素・課題対応出願特許の概要

**アテックスの技術要素と課題の分布**

1990年から2001年7月公開の出願
（図中の数字は、登録および係属中の件数を示す。）

### 保有特許リスト例

| 技術要素 | 課題 | 解決手段 | 特許番号 / 出願日 / 主FI | 発明の名称、概要 |
|---|---|---|---|---|
| 電動・車体車いす | 安全性向上 | 制御：駆動系 | 特許3114212<br>91.2.1<br>B60L3/08M | **電動車の手押し安全装置**<br>手押し時に速度検出し、安全速度以上になるとモータが発電し減速する |
| 電動・操舵車いす | 操作性向上 | 機構：操縦 | 特許2893587<br>92.3.19<br>A61G5/04 | **電動車椅子の操縦装置**<br>極低速走行の場合、増速時と減速停止時のアクセル回動角度を変える |

| 車いす | 主要企業 |
|---|---|

# 株式会社　いうら

| 出願状況 | 技術要素・課題対応出願特許の概要 |
|---|---|
| （株）いうらの保有の出願は46件である。<br>　そのうち登録になった特許が4件あり、係属中の特許が27件ある。<br>　自走式車いすの座席及びフレームに関する特許を多く保有している。 | 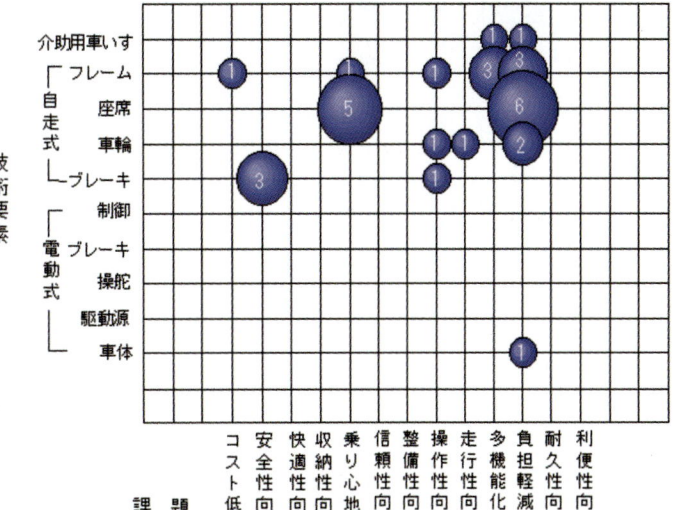<br>1990年から2001年7月公開の出願<br>（図中の数字は、登録および係属中の件数を示す。） |

## 保有特許リスト例

| 技術要素 | 課題 | 解決手段 | 特許番号<br>出願日<br>主FI | 発明の名称、概要 |
|---|---|---|---|---|
| 自走式車いす・座席 | 負担軽減 | 肘掛け：<br>移動・着脱可能 | 特開平6-197929<br>92.8.10<br>A61G5/02,506 | **サイド乗降用の障害者用車椅子**<br>ブリッジ枠を外側へ回動自在に設け、大径車輪を前後揺動させるリンクを備える 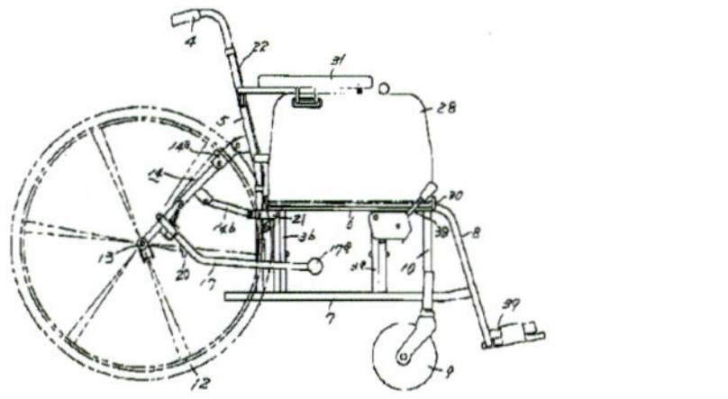 |
| 自走式車いす・座席 | 乗り心地向上 | 背もたれ：<br>フレーム構造変更 | 特開平10-52460<br>96.8.8<br>A47C1/024 | **車椅子におけるリクライニング機構**<br>背部支持枠を本体フレームに対して下方に引き込みながら傾倒するようにリンクを構成 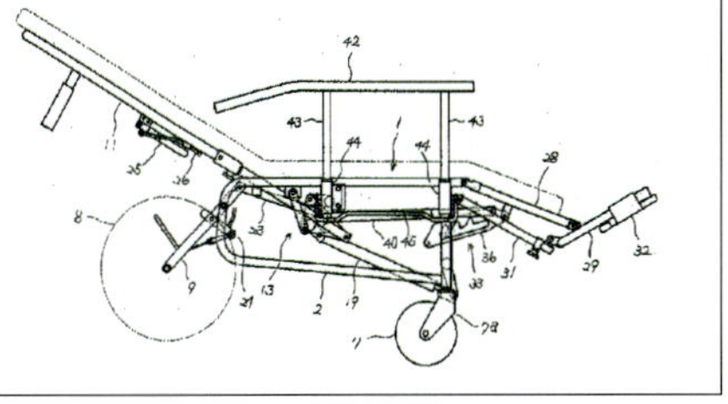 |

# 車いす

主要企業

## 日進医療器 株式会社

### 出願状況

日進医療器(株)の保有する出願は、40件である。

そのうち登録になった特許は22件あり、係属中の特許は13件ある。

自走式車いすの座席、フレーム及び車輪に関する特許を多く保有している。

### 技術要素・課題対応出願特許の概要

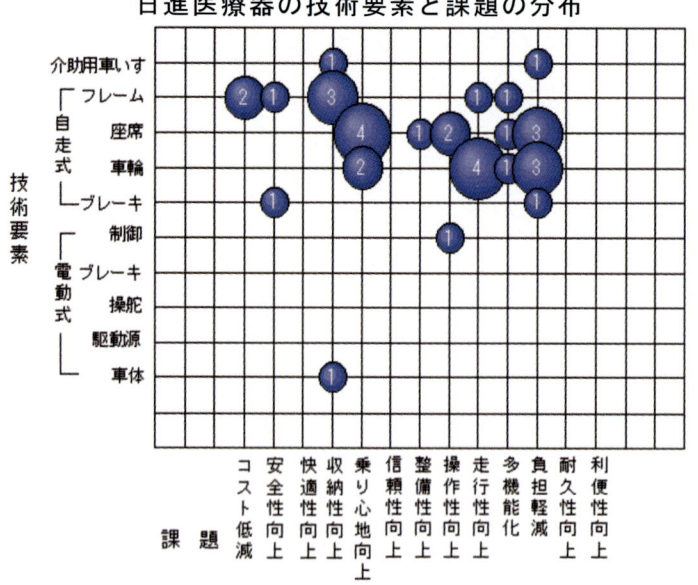

日進医療器の技術要素と課題の分布

1990年から2001年7月公開の出願
(図中の数字は、登録および係属中の件数を示す。)

### 保有特許リスト例

| 技術要素 | 課題 | 解決手段 | 特許番号 出願日 主FI | 発明の名称、概要 |
|---|---|---|---|---|
| 自走式車いす・座席 | 乗り心地向上 | 座席: 座席昇降・移動機構 | 特許 2972977 94.9.2 A61G5/02,506 | **車椅子** シートフレームを車輪フレームの前後2ヶ所で連結し、前側連結部を長孔に、後部連結部を複数のボルト孔で構成したのでシート部の前後・上下の移動が可能 |
| 自走式車いす・車輪 | 走行性向上 | キャスタ取付構造: 角度調整 | 特許 3172909 97.10.14 A61G5/02,511 | **車椅子のキャスタ角の調整構造** ベースパイプに固定させたクランプとキャスター軸受の間にスリーブを介在させる |

# 目次

車いす

**1. 技術の概要**
- 1.1 車いす ........................................... 3
  - 1.1.1 車いすの種類 ............................... 3
  - 1.1.2 手動車いすの概要 ........................... 4
    - (1) 自走式車いす ............................... 4
    - (2) 介助用車いす ............................... 5
  - 1.1.3 電動車いすの概要 ........................... 6
  - 1.1.4 技術要素について ........................... 7
  - 1.1.5 車いすの市場の状況 ......................... 7
- 1.2 車いすの特許情報へのアクセス ..................... 8
- 1.3 技術開発活動の状況 ............................. 10
  - 1.3.1 車いす全体 ................................ 10
  - 1.3.2 介助用車いす .............................. 11
  - 1.3.3 自走式車いす .............................. 12
    - (1) フレーム .................................. 12
    - (2) 座席 ...................................... 13
    - (3) 車輪 ...................................... 14
    - (4) ブレーキ .................................. 15
  - 1.3.4 電動車いす ................................ 16
    - (1) 制御 ...................................... 16
    - (2) ブレーキ .................................. 17
    - (3) 操舵 ...................................... 18
    - (4) 駆動源 .................................... 19
    - (5) 車体 ...................................... 20
- 1.4 技術開発の課題と解決手段 ........................ 21
  - 1.4.1 車いすの技術要素と課題 ..................... 22
  - 1.4.2 介助用車いす .............................. 23
  - 1.4.3 自走式車いす .............................. 25
    - (1) フレーム .................................. 25

（2）座席 ........................................... 27
　　　（3）車輪 ........................................... 29
　　　（4）ブレーキ ....................................... 31
　　1.4.4 電動車いす ....................................... 33
　　　（1）制御 ........................................... 33
　　　（2）ブレーキ ....................................... 35
　　　（3）操舵 ........................................... 35
　　　（4）駆動源 ......................................... 36
　　　（5）車体 ........................................... 37

## 2．主要企業等の特許活動

### 2.1 スズキ ............................................... 44
　2.1.1 企業概要 ........................................... 44
　2.1.2 製品例 ............................................. 44
　2.1.3 技術開発拠点と研究者 ............................... 45
　2.1.4 技術開発課題対応保有特許の概要 ..................... 46

### 2.2 ヤマハ発動機 ......................................... 54
　2.2.1 企業概要 ........................................... 54
　2.2.2 製品例 ............................................. 54
　2.2.3 技術開発拠点と研究者 ............................... 55
　2.2.4 技術開発課題対応保有特許の概要 ..................... 56

### 2.3 アテックス ........................................... 62
　2.3.1 企業概要 ........................................... 62
　2.3.2 製品例 ............................................. 62
　2.3.3 技術開発拠点と研究者 ............................... 63
　2.3.4 技術開発課題対応保有特許の概要 ..................... 64

### 2.4 いうら ............................................... 68
　2.4.1 企業概要 ........................................... 68
　2.4.2 製品例 ............................................. 68
　2.4.3 技術開発拠点と研究者 ............................... 69
　2.4.4 技術開発課題対応保有特許の概要 ..................... 70

### 2.5 本田技研工業 ......................................... 73
　2.5.1 企業概要 ........................................... 73

# 目次

## Contents

- 2.5.2 製品例 ................................................. 73
- 2.5.3 技術開発拠点と研究者 ................................. 74
- 2.5.4 技術開発課題対応保有特許の概要 ...................... 75
- 2.6 松下電器産業 ............................................. 79
  - 2.6.1 企業概要 ............................................. 79
  - 2.6.2 製品例 ............................................... 79
  - 2.6.3 技術開発拠点と研究者 ................................ 80
  - 2.6.4 技術開発課題対応保有特許の概要 ..................... 81
- 2.7 日進医療器 ............................................... 85
  - 2.7.1 企業概要 ............................................. 85
  - 2.7.2 製品例 ............................................... 85
  - 2.7.3 技術開発拠点と研究者 ................................ 86
  - 2.7.4 技術開発課題対応保有特許の概要 ..................... 87
- 2.8 クボタ ................................................... 93
  - 2.8.1 企業概要 ............................................. 93
  - 2.8.2 製品例 ............................................... 93
  - 2.8.3 技術開発拠点と研究者 ................................ 93
  - 2.8.4 技術開発課題対応保有特許の概要 ..................... 94
- 2.9 ナブコ ................................................... 97
  - 2.9.1 企業概要 ............................................. 97
  - 2.9.2 製品例 ............................................... 97
  - 2.9.3 技術開発拠点と研究者 ................................ 98
  - 2.9.4 技術開発課題対応保有特許の概要 ..................... 99
- 2.10 ミキ .................................................... 102
  - 2.10.1 企業概要 ........................................... 102
  - 2.10.2 製品例 ............................................. 102
  - 2.10.3 技術開発拠点と研究者 .............................. 103
  - 2.10.4 技術開発課題対応保有特許の概要 ................... 104
- 2.11 アラコ .................................................. 106
  - 2.11.1 企業概要 ........................................... 106
  - 2.11.2 製品例 ............................................. 106
  - 2.11.3 技術開発拠点と研究者 .............................. 107
  - 2.11.4 技術開発課題対応保有特許の概要 ................... 107
- 2.12 松下電工 ................................................ 109
  - 2.12.1 企業概要 ........................................... 109
  - 2.12.2 製品例 ............................................. 109
  - 2.12.3 技術開発拠点と研究者 .............................. 110

## 目 次

  2.12.4 技術開発課題対応保有特許の概要 ............ 111
 2.13 三洋電機 ............................................. 113
  2.13.1 企業概要 ........................................ 113
  2.13.2 製品例 .......................................... 113
  2.13.3 技術開発拠点と研究者 ......................... 113
  2.13.4 技術開発課題対応保有特許の概要 ............ 114
 2.14 松永製作所 ........................................... 116
  2.14.1 企業概要 ........................................ 116
  2.14.2 製品例 .......................................... 116
  2.14.3 技術開発拠点と研究者 ......................... 116
  2.14.4 技術開発課題対応保有特許の概要 ............ 117
 2.15 ミサワホーム ........................................ 120
  2.15.1 企業概要 ........................................ 120
  2.15.2 製品例 .......................................... 120
  2.15.3 技術開発拠点と研究者 ......................... 121
  2.15.4 技術開発課題対応保有特許の概要 ............ 121
 2.16 アイシン精機 ........................................ 124
  2.16.1 企業概要 ........................................ 124
  2.16.2 製品例 .......................................... 124
  2.16.3 技術開発拠点と研究者 ......................... 124
  2.16.4 技術開発課題対応保有特許の概要 ............ 125
 2.17 サンユー ............................................. 127
  2.17.1 企業概要 ........................................ 127
  2.17.2 製品例 .......................................... 127
  2.17.3 技術開発拠点と研究者 ......................... 127
  2.17.4 技術開発課題対応保有特許の概要 ............ 128
 2.18 丸石自転車 ........................................... 130
  2.18.1 企業概要 ........................................ 130
  2.18.2 製品例 .......................................... 130
  2.18.3 技術開発拠点と研究者 ......................... 130
  2.18.4 技術開発課題対応保有特許の概要 ............ 131
 2.19 日立製作所 ........................................... 134
  2.19.1 企業概要 ........................................ 134
  2.19.2 製品例 .......................................... 134
  2.19.3 技術開発拠点と研究者 ......................... 134
  2.19.4 技術開発課題対応保有特許の概要 ............ 135
 2.20 エクセディ .......................................... 136

## 目次

  2.20.1 企業概要 ..................................... 136
  2.20.2 製品例 ....................................... 136
  2.20.3 技術開発拠点と研究者 ......................... 136
  2.20.4 技術開発課題対応保有特許の概要 ............... 137

### 3. 主要企業の技術開発拠点
 3.1 車いすの技術開発拠点 ........................... 141
 3.1.1 介助用車いす ................................... 143
 3.1.2 自走式車いす ................................... 144
 3.1.3 電動車いす ..................................... 145

### 資料
 1. 工業所有権総合情報館と特許流通促進事業 ........... 149
 2. 特許流通アドバイザー一覧 ......................... 152
 3. 特許電子図書館情報検索指導アドバイザー一覧 ....... 155
 4. 知的所有権センター一覧 ........................... 157
 5. 平成13年度25技術テーマの特許流通の概要 ......... 159
 6. 特許番号一覧 ..................................... 175

## 1. 技術の概要

1.1 車いす
1.2 車いすの特許情報へのアクセス
1.3 技術開発活動の状況
1.4 技術開発の課題と解決手段

> **特許流通支援チャート**
>
> # 1．技術の概要
>
> バリアフリー社会、高齢社会を迎え、車いす利用者の対象が広がり、新たな技術開発が活発に行われている。

## 1.1 車いす

### 1.1.1 車いすの種類

　車いすは、利用する目的、利用者の障害の程度などに対応して、非常に多くの種類が存在し、分類の仕方も様々である。

　本書では、図1.1.1-1に示すように、車いすの種類を大きく手動車いすと電動車いすに分け、手動車いすを自走式車いすと介助用車いすに分けた。また、電動車いすには高齢者などを対象とした電動三・四輪車や、電動ユニットなどで人力の補助をする手動式電動車いす（電動アシスト式車いす）も含めている。

図1.1.1-1 車いすの種類

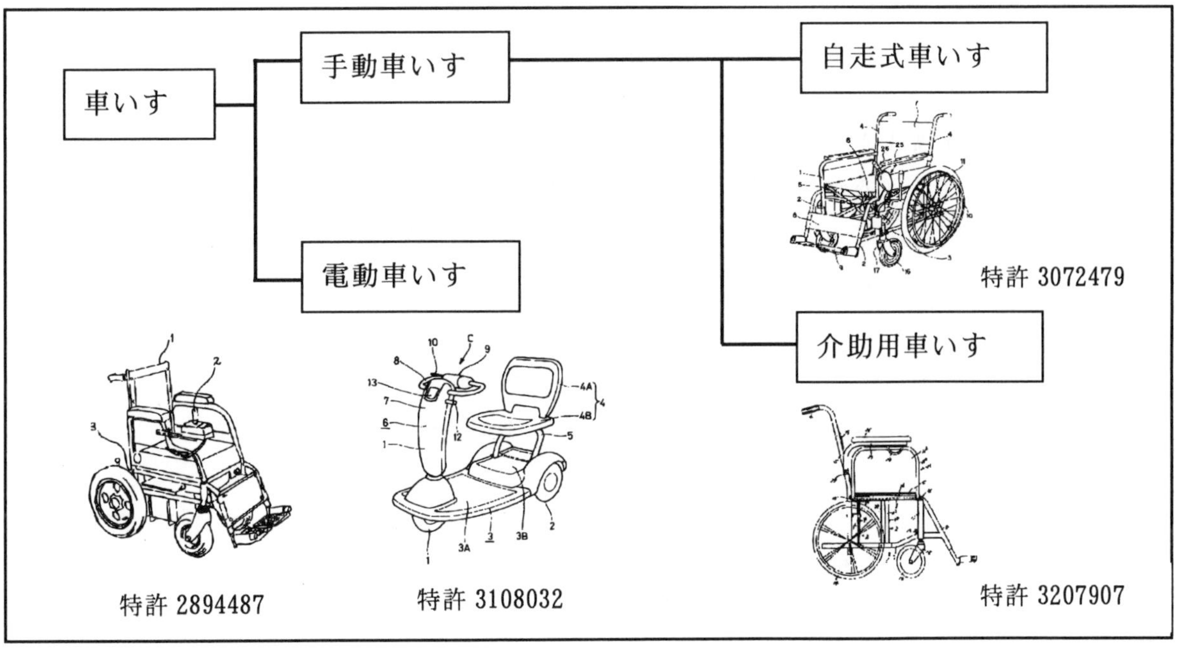

　本特許流通支援チャート「車いす」では、図1.1.1-1に示す範囲を扱う。

### 1.1.2 手動車いすの概要
(1) 自走式車いす

国産第1号の車いすは1921年（大正10年）頃に作られた「廻転自在車」といわれている。その後、軽量化のために木製や籐製などのものが作られるようになった。本格的な開発・生産が行われるようになったのは、1964年（昭和39年）に開催された東京パラリンピック以降のことになる。1971年には「手動車いす（JIS T 9201）JIS」が制定され、多くのメーカが参入し現在に至っている。

図1.1.2-1は、自走式車いすの主要な構成要素を示したものである。

図1.1.2-1 自走式車いすの主要な構成要素

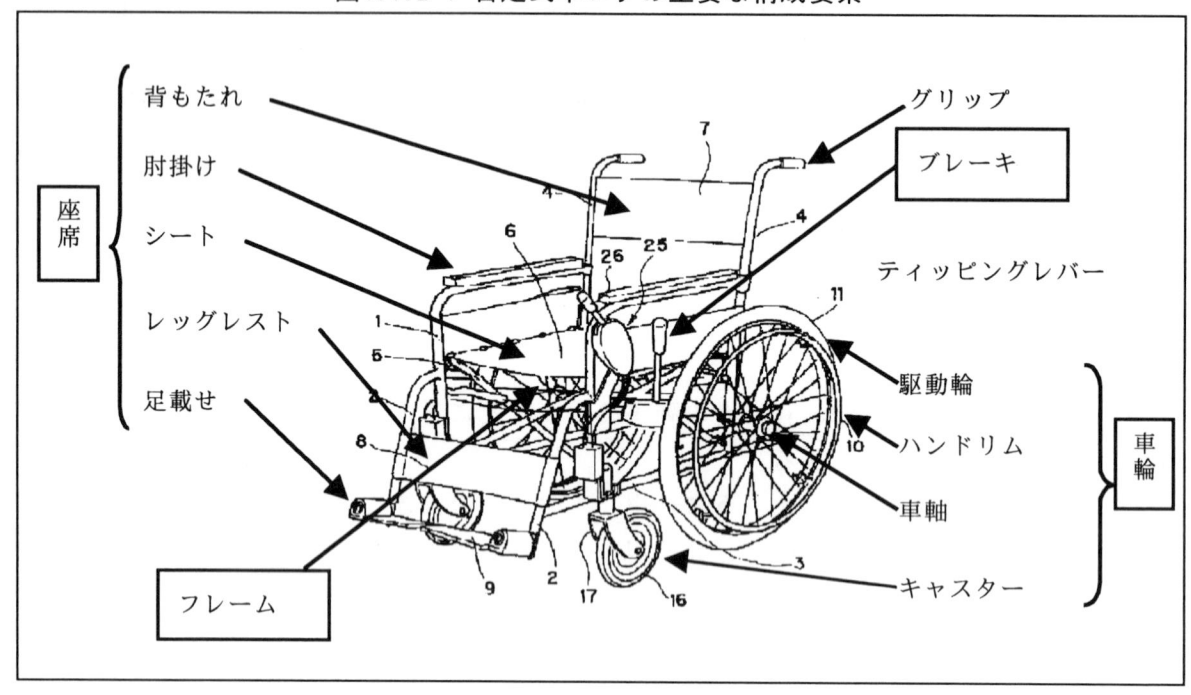

自走式車いすは、その機能面の特徴から、「フレーム」、「座席」、「車輪」、「ブレーキ」から構成されている。以下、上記構成要素ごとに概要を述べる。

a. フレーム

車いすの主要な構成要素を連結して支持するものをフレームと呼ぶ。鉄・アルミ製のパイプ等で構成されるものが多い。車いすの操作性を高めるために軽量化が重要であり、アルミ製パイプの使用が主流になっている。近年では更なる軽量化のためにチタンなどの材質を利用する企業も出ている。また、自動車に積み込んで車いす利用者の行動範囲を広げるなどの目的で携帯・収納性も重要であり、折り畳み可能な車いすが増加している。通常は車いす幅方向にX字状のフレームを取付け折り畳みと固定の役目を持たせているが、近年ではさらにコンパクトに折り畳めるものが要求されている。

b. 座席

車いす利用者が着座する座席周りの構成要素を総称して座席と呼び、シート、背もたれ、肘掛け、足載せなどから構成される。直接利用者に接する部分なので様々な工夫がなされている。車いす利用者の体格は様々であり、利用者の障害レベル等によって各部の必要とされる寸法が異なるので寸法調整が容易にできる構造としているものが多い。また、車いすの重要な課題である移乗を容易にするために、肘掛けの移動・着脱、足載せの移動・着

脱、乗り心地の向上と床ずれ防止のために背もたれのリクライニング、シートのクッション化などに工夫しているものも多い。

#### c．車輪

車輪は、駆動輪と方向転換自在なキャスター、駆動輪に駆動力を与えるハンドリムおよび駆動輪をフレームに固定する車軸により構成される。使用目的により大径輪が前側・キャスターが後側に取り付けたものや、キャスターが前側・大径輪が後側に取り付けたものがある。近年、室内での車いすの利用を目的に、6輪式のものも登場している。これは、大径輪が車いす前後方向のほぼ中心に取り付けられ、前後にキャスターを設けたもので、座席中心が旋回の中心になるので小回りができる。

#### d．ブレーキ

自走式車いすは、駆動輪に取付けたハンドリムを手で制動してブレーキとすることが多いが、利用者の手の力が弱い場合や、坂道の登坂・降坂など手に過大な力を必要とする場合のためにブレーキが備えられている。大半の場合は、車輪を押さえつけて停止させる制動機構を採用している。利用者の障害レベルに合わせて様々な工夫がなされている。

### （2）介助用車いす

介助用車いすと自走式車いすの違いは明確ではないが、一般的には後輪径が小さくて乗員の手が届かないもの、ハンドリムが設けられていない手動式車いすのことを指す。

図 1.1.2-2 に、介助用車いすの主要な構成要素を示す。介助用車いすに特徴的な点は、介助者が操作しやすく作られていることで、グリップ（ハンドル）近辺にブレーキレバーが設けられ、段差通過時にキャスターを段差上に持ち上げるティッピングレバーが備えられていることなどが挙げられる。

図1.1.2-2 介助用車いすの主要な構成要素

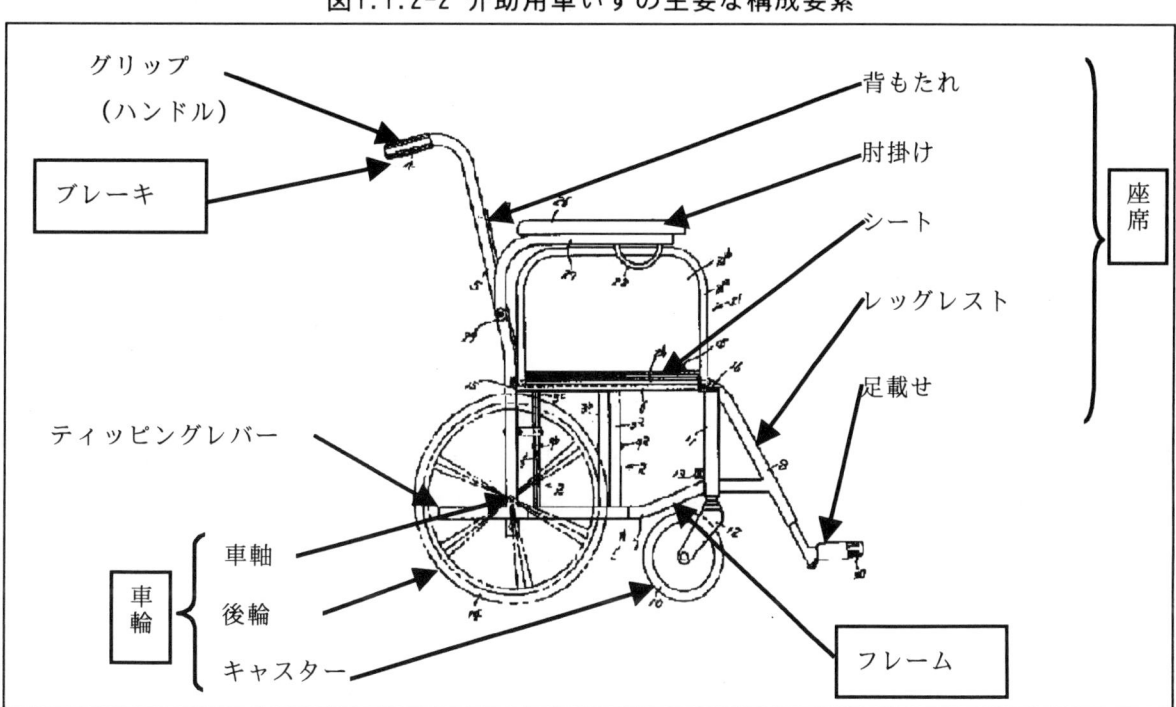

介助用車いすの主要構成要素の概要は、自走式車いすと同じである。

### 1.1.3 電動車いすの概要

電動車いすの国産第1号は、1968年に八重洲リハビリ(株)によって作られた。その後1977年には「電動車いす JIS」が制定され、多くのメーカが参入し、現在では数多くの種類の電動車いすが生産されている。したがって国内での電動車いすの歴史は、30数年であり、それほど古いものではない。近年では、自立歩行支援といったリハビリを視野に入れたものや、従来の車いすのイメージを一新させるデザイン性の優れたもの、がみられる。

電動車いすの形態としては、前輪キャスタ・後輪駆動の手動車いすと同様な形態でジョイステックレバー等で操作するのが標準的であるが、直接ハンドルをもって操舵する電動三輪車、四輪車の形態のものも多くみられる。また、手動車いすに電動駆動ユニットを取り付けた補助動力付車いすも多くみられる。また電動にて姿勢変換や、座席昇降機能を可能とする機能が付加されたものもみられる。

図1.1.3-1に、電動車いすの主要な構成要素を示す。

図1.1.3-1 電動車いすの主要な構成要素

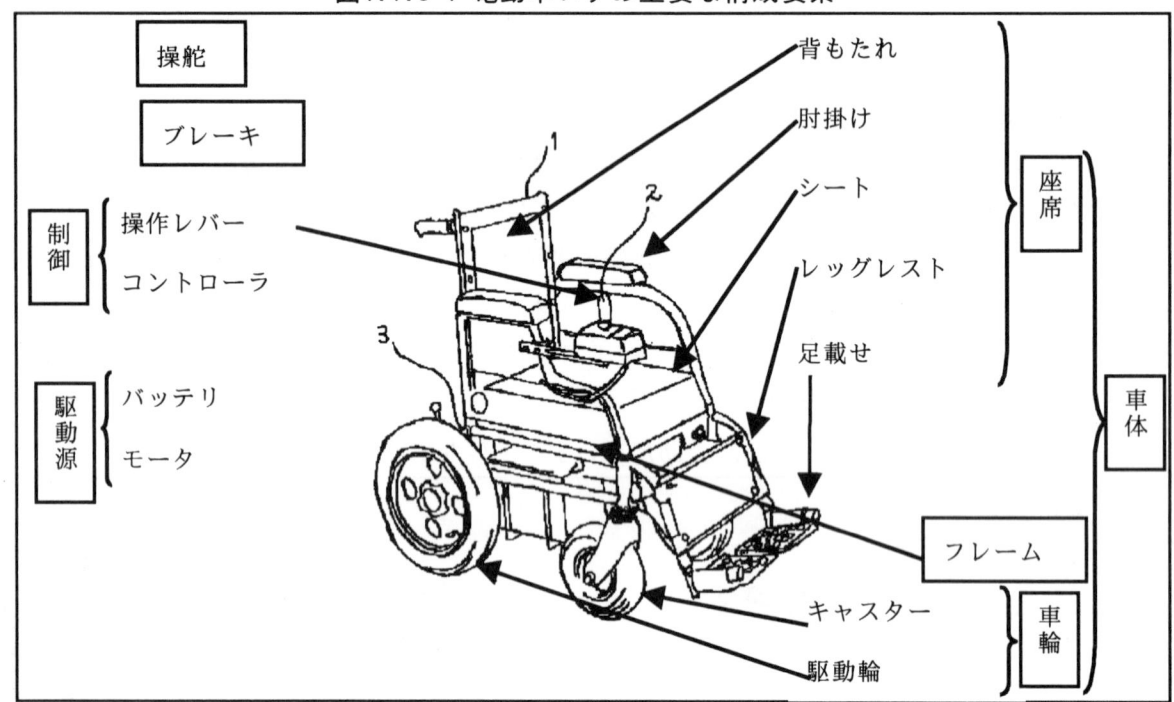

電動車いすは、その機能面の特徴から、「制御」、「ブレーキ」、「操舵」、「駆動源」、「車体」に構成されている。

#### (1) 制御

電動車いすの標準的なタイプでは、左右の後輪にそれぞれ独立に走行用モータを配し、前二輪はキャスターになっている。キャスターは自在輪であるから、左右駆動輪に付けられたモータの推進力に差をつけることで車体を旋回させる。例えば、制御技術はこのコントロールのために用いられる。モータ制御は、PWM (Pulse Width Modulation)を用いて効率良く制御されることが多い。

#### (2) ブレーキ

電動車いすでは、自転車や自動車のような車輪を押さえつけて停止させる制動機構は通常、装備されておらず、電磁ブレーキが採用されている。これは、操舵手段から手を離して、モータへの電流が遮断されると、電磁ブレーキへの電流も切られ、自動的にブレーキ

がかかる構造になっている。そのため、例えば、坂の途中で操舵手段であるジョイスティック（後述）から手を離しても電動車は完全に停止し、暴走の危険はない。

### (3) 操舵

電動車いすの代表的な操舵手段は、1本のレバーだけでコントロール可能なジョイスティックと呼ばれるものである。これは、力が加わっていないときは、バネの力で垂直に立っており、軽く力を加えると、その力の向きと大きさに応じて、いろいろな方向、傾きで倒れる。その量に応じて車体が制御されることになる。

### (4) 駆動源

電動車いすにおいては、手動式と異なり、モータの駆動力を何らかの手段で駆動輪に伝え走行する。駆動輪と走行輪が別になっているものや、駆動車輪に駆動ローラを圧接するといった、駆動方式、また、駆動輪とモータに介在するクラッチなどがその構成要素である。特にクラッチは、これを切ると、駆動輪はフリーの状態になり、手動で簡単に動かすことができ、バッテリ切れなどの時に重要であるが、無ブレーキ状態になり、注意が必要である。

### (5) 車体

電動にて座席の高さが変えられる「リフト式車いす」、座位姿勢を後部に傾けることができる「リクライニング電動車いす」など、走行制御以外を電動で行うものがある。また電動車いすであっても手動と同様に折り畳み可能としたものがある。

### 1.1.4 技術要素について

概要で示した車いすの構成要素をもとに、車いすの技術要素を表1.1.4-1のようにまとめた。

表1.1.4-1 車いすの技術要素の範囲

|  | フレーム | 座席 | 車輪 | 操舵 | ブレーキ | 制御 | 駆動源 |
|---|---|---|---|---|---|---|---|
| 自走式車いす | 自走式車いす/フレーム | 自走式車いす/座席 | 自走式車いす/車輪 | 自走式車いす/ブレーキ | | | |
| 介助用車いす | 介助用車いす | | | | | | |
| 電動車いす | 電動車いす/車体 | | | 電動車いす/操舵 | 電動車いす/ブレーキ | 電動車いす/制御 | 電動車いす/駆動源 |

### 1.1.5 車いすの市場の状況

表1.1.5-1に、車いすの市場規模を示す。1993～97年度のデータであるが、車いすの市場規模は年々増加している。97年度で約270億円の市場規模である。車いすの種類別のデータは97年度のみであるが、手動車いすが全体の約71%を占めており、次いで電動三・四輪車が17%となっている。

表1.1.5-1 車いすの市場規模　（単位：億円）

|  | 1993年度 | 1994年度 | 1995年度 | 1996年度 | 1997年度 |
|---|---|---|---|---|---|
| 車いす | 175 | 189 | 226 | 267 | 270 |
| 　手動車いす | － | － | － | － | 193 |
| 　電動車いす | － | － | － | － | 17 |
| 　電動三・四輪車 | － | － | － | － | 46 |
| 　車いす用品 | － | － | － | － | 14 |

（出典：平成11年　通商産業省　福祉用具産業懇談会　報告書）

## 1.2 車いすの特許情報へのアクセス

車いす技術に関する特許情報へは以下のファイルインデックス（FI）、特許電子図書館（IPDL）によりアクセスできる。

```
A61G5/00,510  ・車椅子一般
A61G5/00,511  ・・介添者が推進するもの
A61G5/02      ・病人によって推進されるもの
A61G5/02,501  ・・車体
A61G5/02,502  ・・・フレーム
A61G5/02,503  ・・・・折りたたみ
A61G5/02,504  ・・・・・前後方向
A61G5/02,505  ・・・・・左右方向
A61G5/02,506  ・・・座席
A61G5/02,507  ・・・・アームレスト
A61G5/02,508  ・・・・フットレスト
A61G5/02,509  ・・・・背板
A61G5/02,510  ・・・車輪
A61G5/02,511  ・・・・キャスター
A61G5/02,512  ・・・・駆動輪
A61G5/02,513  ・・・操舵
A61G5/02,514  ・・・ブレーキ
A61G5/04      ・電動機により駆動するもの
A61G5/04,501  ・・制御
A61G5/04,502  ・・・電気的制御
A61G5/04,503  ・・制動
A61G5/04,504  ・・操舵
A61G5/04,505  ・・駆動源，例．モータ
A61G5/04,506  ・・車体
```

また、車いすの技術はＦターム(FT)によって直接下記のものにアクセスできる。ただし、1994年4月以降の出願には付与されていないので注意が必要である。

```
テーマ 4C039    傷病者運搬具
AA00    目的，機能
AA01    ・高低差移動
AA02    ・・階段昇降
AA03    ・・段差乗越
AA04    ・・傾斜移動（坂道登坂）
AA06    ・傷病者の乗り降り，移床
AA07    ・担架，車椅子の積み降ろし
AA10    ・その他
```

| | |
|---|---|
| DD00 | 車椅子等の種類 |
| DD01 | ・車椅子 |
| DD02 | ・・介添者推進型 |
| DD03 | ・・傷病者推進型 |
| DD04 | ・・電動型 |
| DE00 | 車椅子等の本体の構成 |
| DE01 | ・車体，枠体，（フレーム） |
| DE02 | ・・折りたたみ，分解式 |
| 〜 DE04 | |
| DE06 | ・座席 |
| DE07 | ・・座席の支持機構 |
| DE08 | ・アームレスト（腕置台） |
| DE09 | ・フットレスト，レッグレスト |
| DE10 | ・バッグレスト，ヘッドレスト |
| DE11 | ・車輪（例，キャスター） |
| DE12 | ・・駆動輪（例大車輪） |
| DE14 | ・駆動・変速装置 |
| DE15 | ・制動装置（ブレーキ） |
| 〜 DE17 | |
| DE18 | ・操縦装置 |
| DE19 | ・・手，足以外を利用する操縦装置（例舌，声） |
| DF00 | 車椅子等の付属品，補助具 |
| 〜 DF05 | |

表1.2-1に、本書で扱う車いすの技術要素と検索式を示す。

ここで扱っている技術要素の言葉は、特許分類で使用している厳密な意味で定義された言葉ではなく、一般慣用的に使用されている言葉に直してある。

表1.2-1 車いすの技術要素と検索式

| 技術要素 | | 検索式 |
|---|---|---|
| 介助用車いす | | A61G5/00,510 |
| 自走用車いす | | A61G5/02:A61G5/02,514 |
| | フレーム | A61G5/02,502:A61G5/02,505 |
| | 座席 | A61G5/02,506:A61G5/02,509 |
| | 車輪 | A61G5/02,510:A61G5/02,513 |
| | ブレーキ | A61G5/02,514 |
| 電動車いす | | A61G5/04 |
| | 制御 | A61G5/04,501:A61G5/04,502 |
| | ブレーキ | A61G5/04,503 |
| | 操舵 | A61G5/04,504 |
| | 駆動源 | A61G5/04,505 |
| | 車体 | A61G5/04,506 |

注）先行技術調査を完全に漏れなく行うためには、調査目的に応じて上記以外の分類も調査しなければならないことも有るので、注意を要する。

## 1.3 技術開発活動の状況

### 1.3.1 車いす技術

　図 1.3.1-1 は、車いす全体の出願人数-出願件数の推移を出願年ごとに示したものである。この図によると、車いす技術は 90 年以降継続して成長期にあり、特に 95 年以降の技術開発の拡大が顕著である。

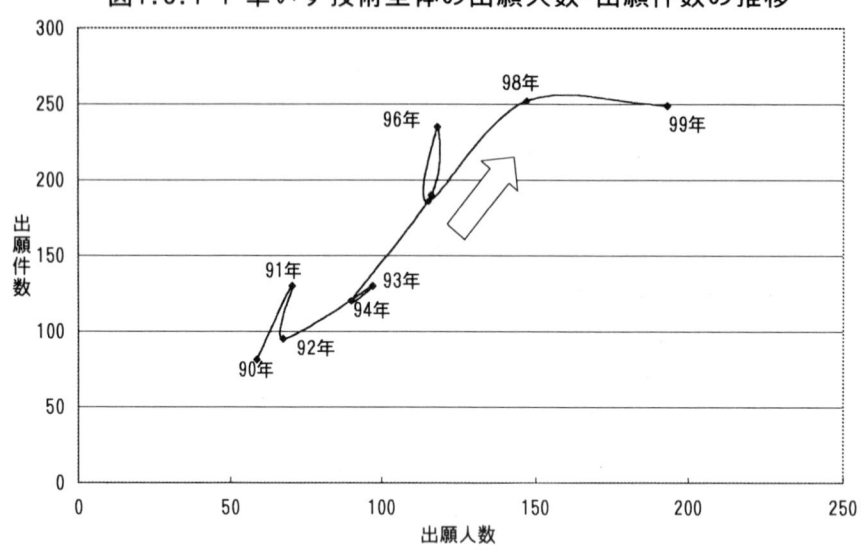

図1.3.1-1 車いす技術全体の出願人数-出願件数の推移

　表 1.3.1-1 は、車いす技術全体の主要出願人の出願件数推移を示したものである。主要な出願人には輸送用機器メーカが多く、電気機器メーカからの出願も急増している。これらのメーカは主に電動車いす・電動車に関する出願であり、95 年以降の顕著な成長は電動車いす・電動車の技術開発によるところが大きい。

表1.3.1-1 車いす技術全体の主要出願人の出願件数推移

| No. | 出願人名 | 合計 | 90 | 91 | 92 | 93 | 94 | 95 | 96 | 97 | 98 | 99 |
|---|---|---|---|---|---|---|---|---|---|---|---|---|
| 1 | スズキ | 140 | 11 | 22 | 3 | 9 | 11 | 7 | 42 | 9 | 17 | 9 |
| 2 | ヤマハ発動機 | 100 | | | 4 | 12 | 11 | 30 | 15 | 16 | 7 | 5 |
| 3 | アテックス（四国製作所　含む） | 69 | 2 | 10 | 10 | 6 | 3 | 14 | 6 | 6 | 4 | 8 |
| 4 | 本田技研工業 | 44 | | | | 1 | 5 | 13 | 12 | 8 | 5 | |
| 5 | いうら（井浦 忠　含む） | 44 | 2 | 8 | 10 | 2 | 5 | 3 | 7 | 3 | 3 | 1 |
| 6 | 松下電器産業 | 43 | 2 | | 3 | | | 3 | 14 | 5 | 10 | 6 |
| 7 | 日進医療器 | 40 | 2 | 5 | 4 | 1 | 3 | 5 | 8 | 8 | 4 | |
| 8 | クボタ | 37 | 4 | 10 | 2 | 6 | 3 | 8 | 2 | | | 2 |
| 9 | ナブコ | 36 | | | | 6 | 1 | 4 | 10 | 5 | 3 | 7 |
| 10 | ミキ（佐藤 光男、佐藤 永佳　含む） | 23 | 2 | 4 | | 2 | 1 | 4 | 6 | 2 | 2 | |
| 11 | アラコ | 22 | | 1 | 1 | | | 1 | 4 | 9 | 1 | 5 |
| 12 | 松下電工 | 16 | | | | | | | | 2 | 7 | 7 |
| 13 | 三洋電機 | 16 | | 1 | | | 2 | 5 | 1 | | 6 | 1 |
| 14 | 松永製作所 | 15 | 3 | | 1 | 2 | 1 | | 3 | 1 | | 4 |
| 15 | ミサワホーム | 12 | | | | | | | | | 7 | 5 |
| 16 | 日立製作所 | 11 | | | | 1 | | 1 | 1 | 6 | 2 | |
| 17 | アイシン精機 | 10 | | | | | | | 3 | | 4 | 3 |
| 18 | エクセディ | 10 | | | | | | | 3 | 7 | | |
| 19 | サンユー | 10 | | | | | | 1 | 1 | 6 | 2 | |
| 20 | 丸石自転車 | 10 | | | | 2 | | 2 | 1 | 4 | 1 | |

### 1.3.2 介助用車いす

図 1.3.2-1 は、介助用車いすの出願人数-出願件数の推移を示したものである。介助用車いすの技術開発のピークは 91、95 年であり、97 年以降再び発展段階にある。

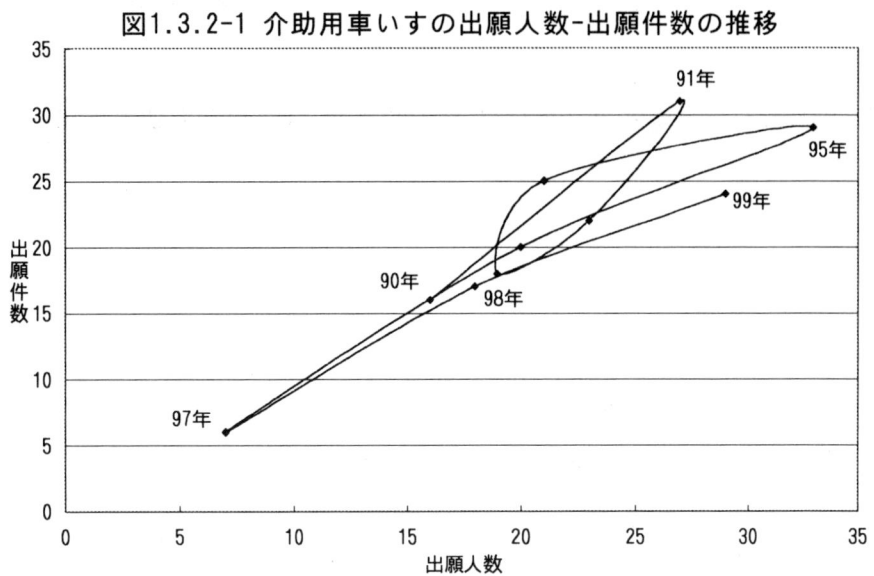

図1.3.2-1 介助用車いすの出願人数-出願件数の推移

表 1.3.2-1 は、介助用車いすの主要出願人の出願件数推移を示したものである。

表1.3.2-1 介助用車いすの主要出願人の出願件数推移

| No. | 出願人名 | 合計 | 90 | 91 | 92 | 93 | 94 | 95 | 96 | 97 | 98 | 99 |
|---|---|---|---|---|---|---|---|---|---|---|---|---|
| 1 | 日進医療器 | 9 | 1 | 3 | 1 |  | 2 | 1 | 1 |  |  |  |
| 2 | いうら（井浦 忠 含む） | 8 | 1 | 1 | 1 | 1 | 2 |  | 1 |  |  | 1 |
| 3 | アラコ | 4 |  | 1 | 1 |  |  |  | 1 |  | 1 |  |
| 4 | ヤマハ発動機 | 4 |  |  |  |  | 4 |  |  |  |  |  |
| 5 | イオンシルバーパイオニア協同組合 | 3 |  | 3 |  |  |  |  |  |  |  |  |
| 6 | OG技研 | 3 |  |  |  |  |  | 3 |  |  |  |  |
| 7 | 丸石自転車 | 3 |  |  |  |  | 1 |  |  |  | 2 |  |
| 8 | クボタ | 3 | 2 |  |  |  |  |  |  |  |  | 1 |
| 9 | アイワ産業 | 2 | 1 |  |  | 1 |  |  |  |  |  |  |
| 10 | アップリカ葛西 | 2 |  |  |  |  | 1 |  | 1 |  |  |  |
| 11 | アテックス | 2 |  |  |  |  | 1 |  |  | 1 |  |  |
| 12 | アマノ | 2 |  |  | 2 |  |  |  |  |  |  |  |
| 13 | アロン化成 | 2 |  |  |  |  |  |  |  |  | 2 |  |
| 14 | ウチエ | 2 |  | 1 |  |  | 1 |  |  |  |  |  |
| 15 | オカモト | 2 |  |  | 1 | 1 |  |  |  |  |  |  |
| 16 | くろがね工作所 | 2 |  |  |  |  |  | 2 |  |  |  |  |
| 17 | タカノ | 2 |  |  |  | 1 | 1 |  |  |  |  |  |
| 18 | トヨタ車体 | 2 |  |  |  |  | 1 |  |  |  | 1 |  |
| 19 | ミサワホーム | 2 |  |  |  |  |  |  |  |  |  | 2 |
| 20 | 共栄プロセス | 2 |  |  |  | 1 | 1 |  |  |  |  |  |
| 21 | ミキ（佐藤 光男 含む） | 2 | 1 |  |  |  | 1 |  |  |  |  |  |
| 22 | 三洋電機 | 2 |  |  |  |  |  |  |  |  | 2 |  |
| 23 | 新日本ホイール工業 | 2 |  |  |  |  | 2 |  |  |  |  |  |
| 24 | 清水建設 | 2 |  | 1 |  |  | 1 |  |  |  |  |  |
| 25 | 静岡県 | 2 |  |  |  |  | 2 |  |  |  |  |  |
| 26 | 多比良 | 2 |  | 1 |  |  |  |  |  |  |  | 1 |
| 27 | ナブコ | 2 |  |  |  |  |  | 2 |  |  |  |  |
| 28 | 片山車椅子製作所 | 2 |  | 1 |  |  |  |  |  |  | 1 |  |
| 29 | 有薗製作所 | 2 |  |  | 1 | 1 |  |  |  |  |  |  |

### 1.3.3 自走式車いす
(1) フレーム

　図 1.3.3-1 は、自走式車いすのフレームに関する出願人数-出願件数の推移を示したものである。この図によると、91、92 年のピークのあと 95 年以降の顕著な成長期になっている。

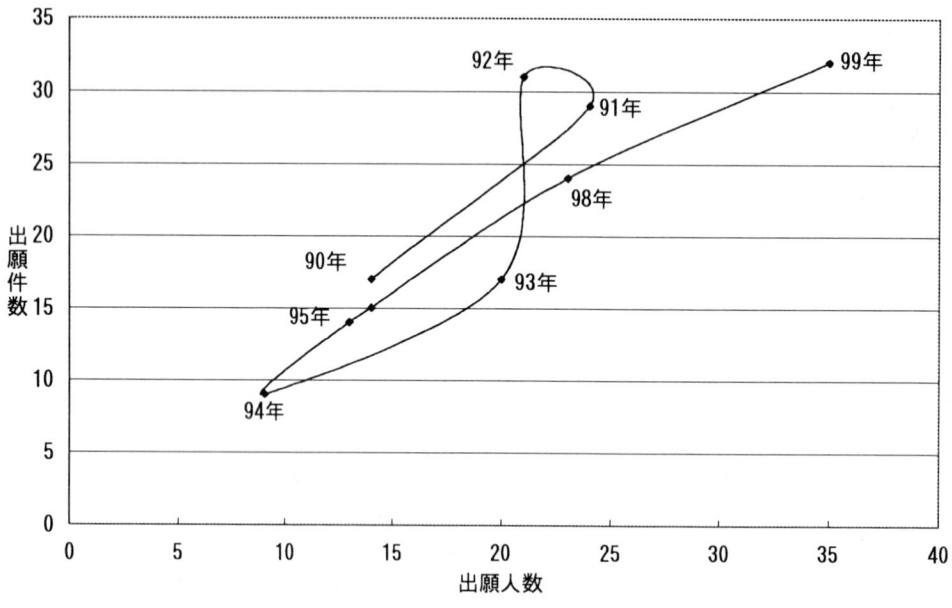

図1.3.3-1 自走式車いす/フレームの出願人数-出願件数の推移

　表 1.3.3-1 は、自走式車いすのフレームの主要出願人の出願件数推移を示したものである。主要出願人には日進医療器、いうらなどの介護機器メーカ、車いす専業メーカなどが上位にある。

表1.3.3-1 自走式車いす/フレームの主要出願人の出願件数推移

| No. | 出願人名 | 合計 | 90 | 91 | 92 | 93 | 94 | 95 | 96 | 97 | 98 | 99 |
|---|---|---|---|---|---|---|---|---|---|---|---|---|
| 1 | 日進医療器 | 17 | 2 | 4 | 4 | 1 | 1 | 3 | 1 | 1 | | |
| 2 | いうら（井浦 忠 含む） | 17 | 1 | 3 | 7 | 1 | 1 | 1 | 2 | 1 | | |
| 3 | 伊東 峻 | 4 | | | | | | | | | 3 | 1 |
| 4 | ウチヱ | 3 | | 1 | | | 1 | | | | 1 | |
| 5 | イオンシルバーパイオニア協同組合 | 3 | | 3 | | | | | | | | |
| 6 | オーエックスエンジニアリング | 3 | | | | 1 | | | 1 | 1 | | |
| 7 | 松永製作所 | 3 | 2 | | | | | | | | | 1 |
| 8 | 松下電器産業 | 3 | | | 2 | | 1 | | | | | |
| 9 | ナブコ | 3 | | | | | | | 1 | | | 2 |
| 10 | アラコ | 2 | | | 1 | | | | | 1 | | |
| 11 | アロン化成 | 2 | | | | | | | | 1 | 1 | |
| 12 | ウイリー | 2 | | | | | | | 1 | | | 1 |
| 13 | カワムラサイクル | 2 | | | | | | | | | 1 | 1 |
| 14 | コンビ | 2 | | | | | | 2 | | | | |
| 15 | パラマウントベッド | 2 | | 1 | | | | | | | | |
| 16 | ヤマハ発動機 | 2 | | | | | | 1 | | | 1 | |
| 17 | 丸石自転車 | 2 | | | | | | | | | 2 | |
| 18 | ワイケーケー | 2 | | | | | | | | 2 | | |

(2) 座席

　図1.3.3-2 は、自走式車いすの座席の出願人数-出願件数の推移を示したものである。この図によると、座席に関する技術開発は 97 年まで停滞していたが 98 年以降顕著な成長期になった。

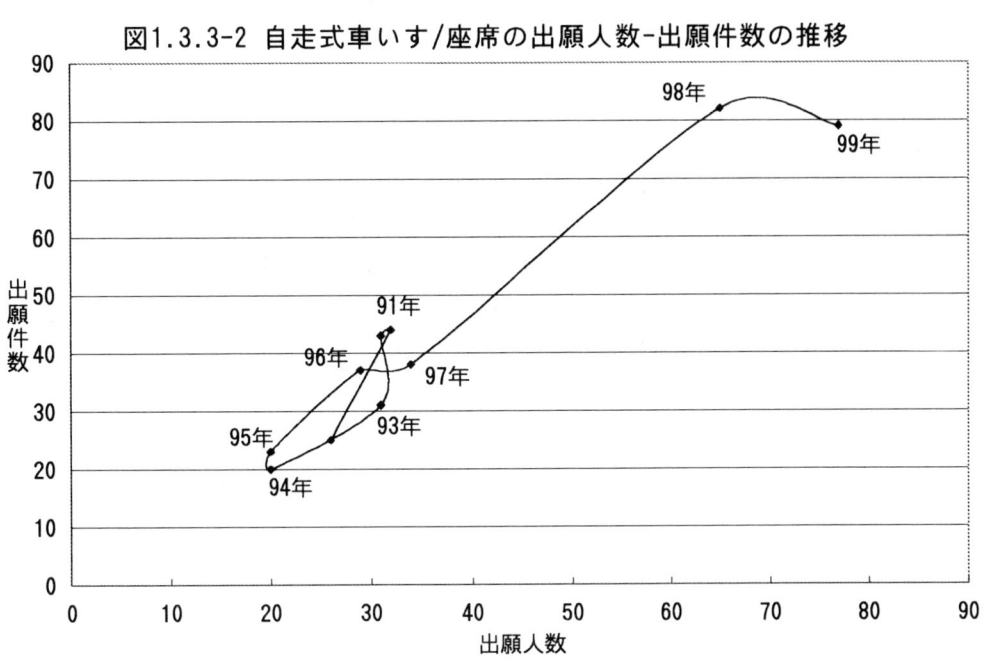

図1.3.3-2 自走式車いす/座席の出願人数-出願件数の推移

　表 1.3.3-2 は、自走式車いすの座席の主要出願人の出願件数推移を示したものである。主要な出願人であるいうら、日進医療器などの介護機器メーカ、車いす専業メーカが継続的な技術開発を行っているが、近年ではスズキなど輸送機器メーカ、松下電工など電気機器メーカが増加している。従って、98 年以降の顕著な成長は電動車いす・電動車などに関する技術開発が活発になっていることによる。

表1.3.3-2 自走式車いす/座席の主要出願人の出願件数推移

| No. | 出願人名 | 合計 | 90 | 91 | 92 | 93 | 94 | 95 | 96 | 97 | 98 | 99 |
|---|---|---|---|---|---|---|---|---|---|---|---|---|
| 1 | いうら（井浦 忠 含む） | 24 |  | 6 | 9 | 1 | 2 |  | 3 | 2 | 1 |  |
| 2 | 日進医療器 | 16 | 2 | 3 | 4 |  | 1 | 1 | 1 | 3 | 1 |  |
| 3 | スズキ | 13 |  | 1 |  |  | 1 |  | 3 | 1 | 6 | 1 |
| 4 | 松永製作所 | 9 | 1 |  |  | 2 | 1 |  | 1 | 1 |  | 3 |
| 5 | アテックス（四国製作所 含む） | 9 |  |  |  | 1 | 1 | 5 |  | 1 | 1 |  |
| 6 | ミキ（佐藤 永佳 含む） | 9 |  |  |  | 1 |  | 2 | 2 | 2 | 2 |  |
| 7 | タカノ | 6 |  |  |  | 2 | 1 |  |  |  | 1 |  |
| 8 | 松下電工 | 6 |  |  |  |  |  |  |  |  | 6 |  |
| 9 | アラコ | 5 |  |  | 1 |  |  | 1 |  | 2 | 1 |  |
| 10 | ヤマハ発動機 | 5 |  |  |  |  |  |  |  |  | 2 | 3 |
| 11 | 村田機械 | 5 |  |  |  |  |  |  |  |  | 4 | 1 |
| 12 | ナブコ | 5 |  |  |  |  |  |  | 1 |  |  | 4 |

## (3) 車輪

図 1.3.3-3 は、自走式車いすの車輪に関する出願の出願人数-出願件数の推移を示したものである。この図によると、車輪に関する技術開発は 95 年以降顕著な成長期である。

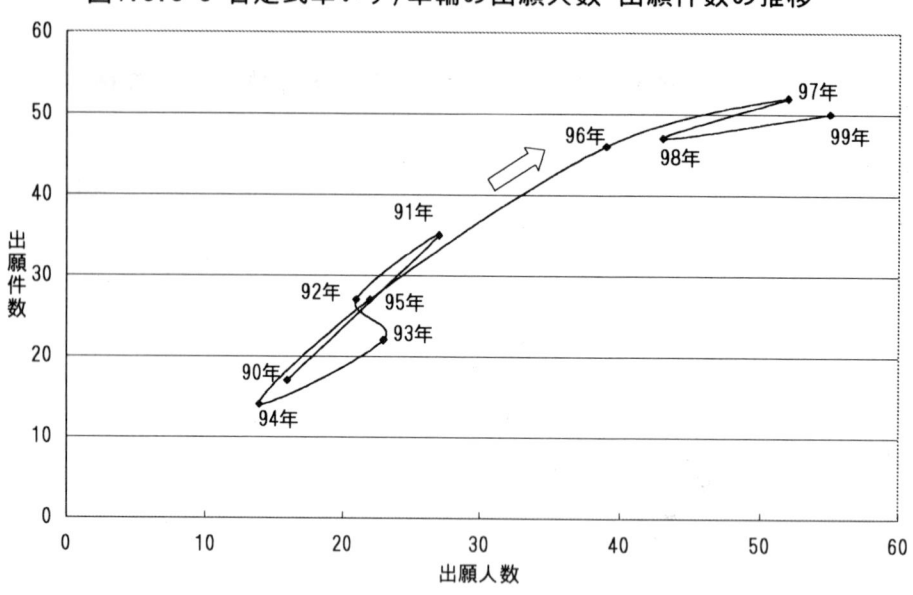

図1.3.3-3 自走式車いす/車輪の出願人数-出願件数の推移

表 1.3.3-3 は、自走式車いすの車輪の主要出願人の出願件数推移を示したものである。主要出願人として介護機器メーカ、車いす専業メーカが上位に現れているが、近年の出願をみると輸送機器メーカからの出願が増加しており、95 年以降の顕著な成長は電動車いす・電動車の技術開発が活発になったことによるものである。特にヤマハ発動機の車輪に関する出願は電動補助駆動に関するものである。

表1.3.3-3 自走式車いす/車輪の主要出願人の出願件数推移

| No. | 出願人名 | 合計 | 90 | 91 | 92 | 93 | 94 | 95 | 96 | 97 | 98 | 99 |
|---|---|---|---|---|---|---|---|---|---|---|---|---|
| 1 | いうら（井浦 忠 含む） | 17 |  | 5 | 8 | 1 |  | 2 |  | 1 |  |  |
| 2 | 日進医療器 | 10 |  | 3 |  |  |  |  | 4 | 3 |  |  |
| 3 | ヤマハ発動機 | 9 |  |  |  |  |  | 2 | 2 | 2 | 1 | 2 |
| 4 | 松永製作所 | 5 | 1 |  | 1 |  |  | 3 |  |  |  |  |
| 5 | 本田技研工業 | 5 |  |  |  |  |  |  | 3 | 1 |  | 1 |
| 6 | スズキ | 4 | 1 |  |  |  |  |  | 2 |  |  | 1 |
| 7 | 丸石自転車 | 4 |  |  |  |  | 1 |  | 2 | 1 |  |  |
| 8 | アラコ | 3 |  |  |  |  |  |  | 2 | 1 |  |  |
| 9 | エヌティエヌ | 3 |  |  |  |  |  |  |  |  | 2 | 1 |
| 10 | オーエックスエンジニアリング | 3 |  |  |  | 1 |  |  |  | 1 |  | 1 |
| 11 | サンユー | 3 |  |  |  |  |  |  |  | 2 | 1 |  |
| 12 | タカノ | 3 |  |  |  |  | 1 |  | 1 | 1 |  |  |
| 13 | フランスベッド | 3 |  | 1 |  |  |  |  | 1 | 1 |  |  |
| 14 | ミキ | 3 |  |  |  |  |  | 1 | 2 |  |  |  |
| 15 | ミサワホーム | 3 |  |  |  |  |  |  |  |  | 2 | 1 |
| 16 | ユニカム | 3 | 1 |  |  |  |  |  |  |  | 2 |  |
| 17 | 三ツ星ベルト | 3 |  |  |  |  |  |  |  | 1 | 2 |  |
| 18 | 松下電器産業 | 3 |  |  | 1 |  |  |  | 1 | 1 |  |  |
| 19 | 矢崎化工 | 3 |  |  |  |  | 1 |  |  | 1 |  | 1 |
| 20 | 工業技術院長 | 2 |  |  |  |  |  |  |  | 2 |  |  |
| 21 | 自転車産業振興協会 | 2 |  | 1 |  |  | 1 |  |  |  |  |  |

(4) ブレーキ

図 1.3.3-4 は、自走式車いすのブレーキに関する出願人数-出願件数の推移を示したものである。この図によると、91、93 年に小さなピークがあった後、96 年に顕著な成長期に入った。

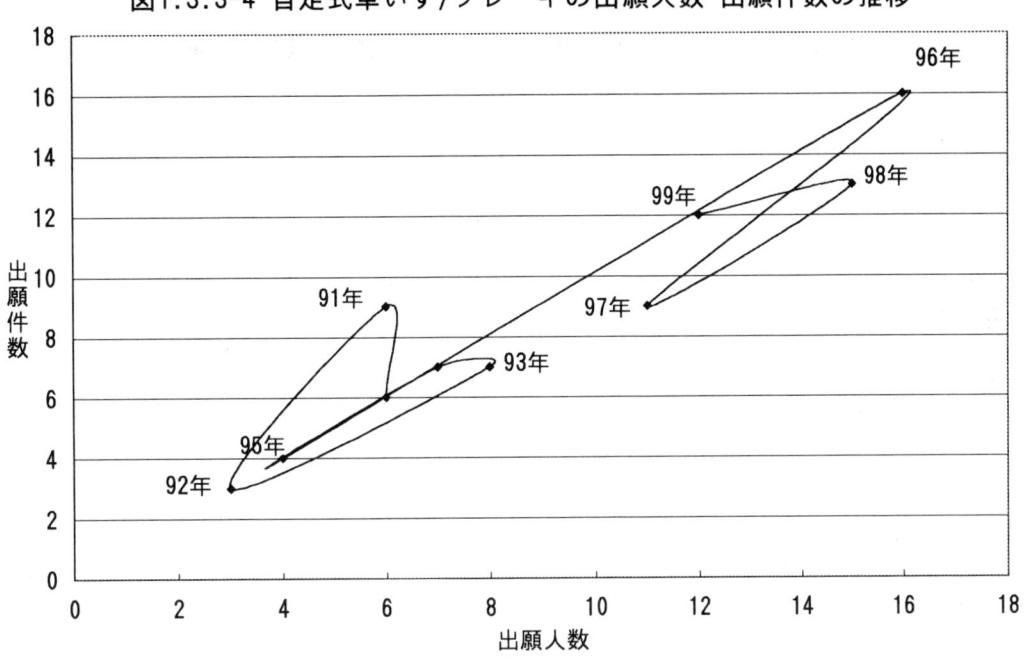

図1.3.3-4 自走式車いす/ブレーキの出願人数-出願件数の推移

表1.3.3-4 は、自走式車いすのブレーキに関する主要出願人の出願件数推移を示したものである。この表によると、この技術要素は個人の出願が多く、比較的参入しやすい分野であるといえる。

96 年の主要出願人による出願件数をみると特に大きな変化がないことから、図 1.3.3-4 にみられる技術開発のピークは、主要出願人以外からの出願の増加による。

表1.3.3-4 自走式車いす/ブレーキの主要出願人の出願件数推移

| No. | 出願人名 | 合計 | 90 | 91 | 92 | 93 | 94 | 95 | 96 | 97 | 98 | 99 |
|---|---|---|---|---|---|---|---|---|---|---|---|---|
| 1 | ミキ（佐藤 光男、佐藤 永佳 含む） | 7 |  | 4 |  | 1 | 1 | 1 |  |  |  |  |
| 2 | 日進医療器 | 4 |  |  |  |  |  |  | 2 | 1 | 1 |  |
| 3 | いうら（井浦 忠 含む） | 5 |  | 1 |  | 1 |  |  | 2 | 1 |  |  |
| 4 | サンユー | 3 |  |  |  |  |  |  | 1 | 2 |  |  |
| 5 | ヘッズ | 3 |  |  |  |  |  |  |  |  | 1 | 2 |
| 6 | 加藤 源重 | 2 |  |  |  |  |  |  |  |  |  | 2 |
| 7 | 加藤 幸雄 | 2 |  |  |  |  |  |  |  |  |  | 2 |
| 8 | 荒井製作所 | 2 |  |  |  |  |  | 1 |  | 1 |  |  |
| 9 | 国立身体障害者リハビリテーションセンター総長 | 2 |  |  |  |  | 1 |  |  | 1 |  |  |
| 10 | 山口 光義 | 2 |  | 1 |  |  |  |  |  |  | 1 |  |
| 11 | 小松 徳二 | 2 |  |  |  |  |  |  |  | 1 | 1 |  |
| 12 | 菅沼 哲郎 | 2 |  |  |  |  |  |  |  |  |  | 2 |
| 13 | 椿本チエイン | 2 |  |  |  |  |  |  |  |  | 1 | 1 |

### 1.3.4 電動車いす
#### (1) 制御

図 1.3.4-1 は、電動車いすの制御に関する出願人数-出願件数の推移を示したものである。この技術要素は全体的に右肩上がりの成長期にあり、特に 95、98 年に技術開発のピークがあったことがわかる。これは出願件数の増加よりは出願人数の増加によるもので、新規参入者が多数出てきたことによる。

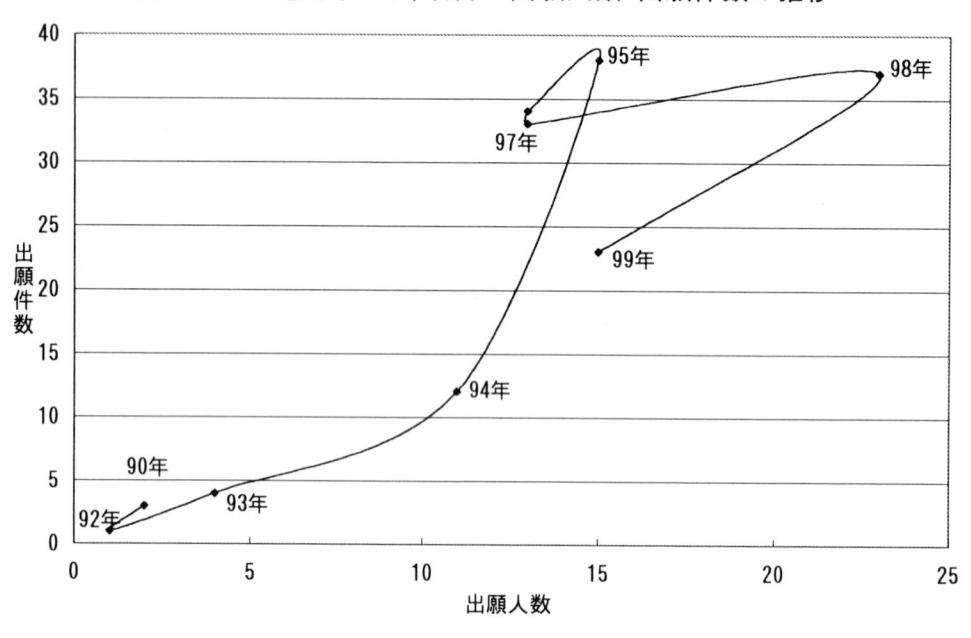

図1.3.4-1 電動車いす/制御の出願人数-出願件数の推移

表 1.3.4-1 は、電動車いすの制御に関する主要出願人の出願件数推移を示したものである。この表によると、95 年のピークはヤマハ発動機の集中的な出願の増加によるものであることが分かる。また 95 年以降、茨城県、静岡県、科学技術庁、高知工科大学など多様な出願人が新規参入してきた。

表1.3.4-1 電動車いす/制御の主要出願人と出願件数推移

| No. | 出願人名 | 合計 | 90 | 91 | 92 | 93 | 94 | 95 | 96 | 97 | 98 | 99 |
|---|---|---|---|---|---|---|---|---|---|---|---|---|
| 1 | ヤマハ発動機 | 37 |  |  |  | 2 | 1 | 16 | 8 | 9 | 1 |  |
| 2 | スズキ | 19 | 1 |  |  | 2 | 1 | 8 | 2 | 4 | 1 |  |
| 3 | 松下電器産業 | 18 |  |  |  |  |  | 1 | 6 | 4 | 4 | 3 |
| 4 | ナブコ | 13 |  |  |  |  | 1 | 2 | 3 | 2 | 2 | 3 |
| 5 | 三洋電機 | 12 |  |  |  |  | 1 | 5 |  |  | 6 |  |
| 6 | 本田技研工業 | 12 |  |  |  |  |  | 1 | 3 | 6 | 2 |  |
| 7 | アテックス | 8 |  |  |  |  |  | 2 | 1 | 2 | 1 | 2 |
| 8 | クボタ | 7 | 2 |  |  |  | 1 | 3 |  |  |  | 1 |
| 9 | ミサワホーム | 4 |  |  |  |  |  |  |  |  | 3 | 1 |
| 10 | ミツバ | 4 |  |  |  |  |  |  |  |  |  | 4 |
| 11 | 松下電工 | 4 |  |  |  |  |  |  |  |  | 2 | 2 |
| 12 | 茨城県 | 1 |  |  |  |  |  |  | 1 |  |  |  |
| 13 | 科学技術庁 | 1 |  |  |  |  |  |  | 1 |  |  |  |
| 14 | 高知工科大学 | 1 |  |  |  |  |  |  |  |  | 1 |  |
| 15 | 静岡県 | 1 |  |  |  |  |  | 1 |  |  |  |  |

(2) ブレーキ

図 1.3.4-2 は、電動車いすのブレーキに関する出願人数-出願件数の推移を示したものである。この図によると、95年および98年にピークがあるものの、全体的には大きな動きはみられない。

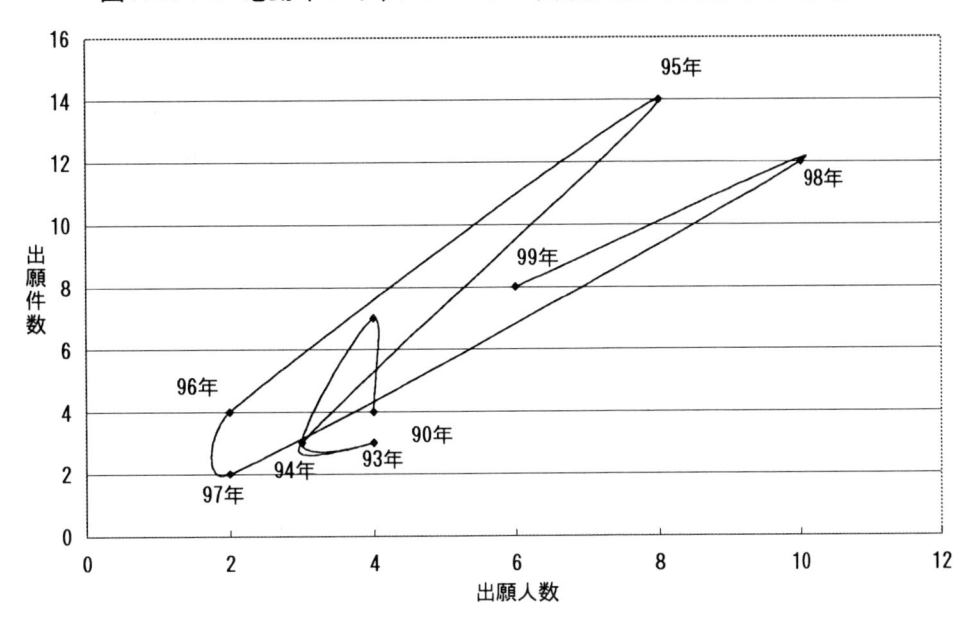

図1.3.4-2 電動車いす/ブレーキの出願人数-出願件数の推移

表 1.3.4-2 は、電動車いすのブレーキに関する主要出願人の出願件数推移を示したものである。

表1.3.4-2 電動車いす/ブレーキの主要出願人の出願件数推移

| No. | 出願人名 | 合計 | 90 | 91 | 92 | 93 | 94 | 95 | 96 | 97 | 98 | 99 |
|---|---|---|---|---|---|---|---|---|---|---|---|---|
| 1 | スズキ | 11 | | | | 1 | 1 | 3 | 3 | 1 | 2 | |
| 2 | クボタ | 9 | 1 | 4 | 1 | | | 3 | | | | |
| 3 | 本田技研工業 | 6 | | | | | | 1 | | | 3 | 2 |
| 4 | アテックス（四国製作所 含む） | 5 | | 2 | | 1 | | 1 | | | 1 | |
| 5 | ヤマハ発動機 | 3 | | | | | | 2 | | | 1 | |
| 6 | ナブコ | 3 | | | | | | 2 | | | | 1 |
| 7 | 日立化成工業 | 2 | | | | | | | | | | 2 |
| 8 | 高知工科大学 | 1 | | | | | | | | | 1 | |
| 9 | 静岡県 | 1 | | | | | | | 1 | | | |
| 10 | 東京都 | 1 | 1 | | | | | | | | | |

### (3) 操舵

図 1.3.4-3 は、電動車いすの操舵に関する出願人数-出願件数の推移を示したものである。この図によると、96 年以降顕著な成長期に入り 98 年にピークを示している。

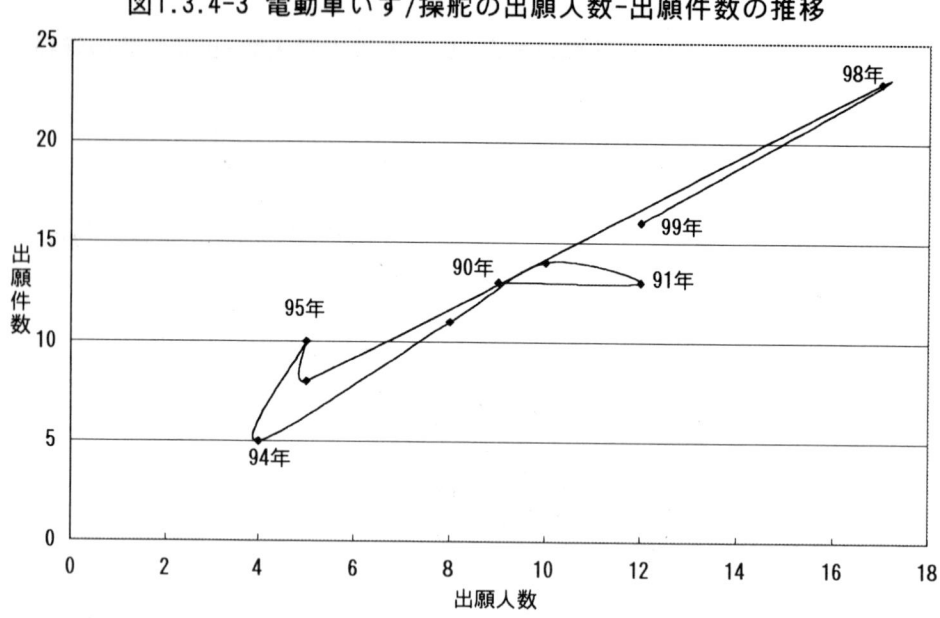

図1.3.4-3 電動車いす/操舵の出願人数-出願件数の推移

表 1.3.4-3 は、電動車いすの操舵に関する主要出願人の出願件数推移を示したものである。

表1.3.4-3 電動車いす/操舵の主要出願人の出願件数推移

| No. | 出願人名 | 合計 | 90 | 91 | 92 | 93 | 94 | 95 | 96 | 97 | 98 | 99 |
|---|---|---|---|---|---|---|---|---|---|---|---|---|
| 1 | スズキ | 19 | 4 | 3 | | 1 | 1 | | 4 | | 4 | 2 |
| 2 | アテックス（四国製作所 含む） | 20 | | 4 | 5 | 1 | 2 | 3 | 2 | | 1 | 2 |
| 3 | ヤマハ発動機 | 12 | | | 3 | 1 | 1 | 3 | | 3 | 1 | |
| 4 | クボタ | 10 | 1 | 1 | 1 | 2 | | 2 | 2 | | | 1 |
| 5 | 松下電工 | 4 | | | | | | | | | 1 | 3 |
| 6 | 松下電器産業 | 4 | 1 | | | | | | | | 2 | 1 |
| 7 | ナブコ | 4 | | | | | 4 | | | | | |
| 8 | 日立製作所 | 3 | | | | | | | | | 3 | |
| 9 | エクセディ | 2 | | | | | | | | 2 | | |
| 10 | カワムラサイクル | 2 | | | 1 | | | | | | 1 | |
| 11 | サンテック | 2 | | | | | | | | | | 2 |
| 12 | ダイワエコー | 2 | 2 | | | | | | | | | |
| 13 | 高知工科大学 | 2 | | | | | | | | | 2 | |
| 14 | 池内鉄工 | 2 | | | | | | | | | 2 | |

### (4) 駆動源

図 1.3.4-4 は、電動車いすの駆動源に関する出願人数-出願件数の推移を示したものである。この図によると、92、98 年にピークが表れており、96 年以降顕著な成長期に入った。

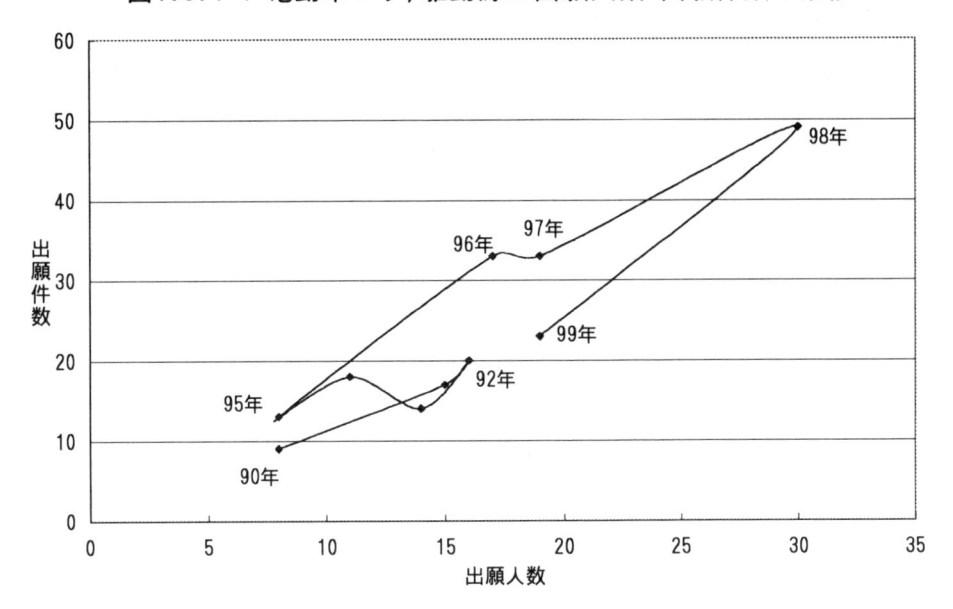

図1.3.4-4 電動車いす/駆動源の出願人数-出願件数の推移

表 1.3.4-4 は、電動車いすの駆動源に関する主要出願人の出願件数推移を示したものである。この表によると、スズキ、ヤマハ発動機など輸送機器メーカがこの技術要素の技術開発の主体であることがわかる。また、96 年以降日立製作所、松下電器産業など電気機器メーカが新規参入してこの技術要素の技術開発が活発になっている。

表1.3.4-4 電動車いす/駆動源の主要出願人の出願件数推移

| No. | 出願人名 | 合計 | 90 | 91 | 92 | 93 | 94 | 95 | 96 | 97 | 98 | 99 |
|---|---|---|---|---|---|---|---|---|---|---|---|---|
| 1 | ヤマハ発動機 | 35 | | | 3 | 1 | 9 | 6 | 3 | 10 | 3 | |
| 2 | スズキ | 24 | | 3 | | 2 | 1 | 1 | 8 | 3 | 5 | 1 |
| 3 | ナブコ | 15 | | | | 6 | | | 5 | 3 | | 1 |
| 4 | アテックス（四国製作所　含む） | 13 | 1 | 4 | 5 | 1 | | | 2 | | | |
| 5 | 日立製作所 | 8 | | | | | | | 1 | 1 | 5 | 1 |
| 6 | 本田技研工業 | 8 | | | | | | 1 | 3 | 3 | 1 | |
| 7 | アイシン精機 | 7 | | | | | | | 2 | | 3 | 2 |
| 8 | 松下電器産業 | 6 | | | | | | | | | 3 | 3 |
| 9 | 東芝テック | 5 | | | | | | | 1 | 1 | 3 | |
| 10 | ミサワホーム | 4 | | | | | | | | | 3 | 1 |
| 11 | クボタ | 4 | 1 | 2 | 1 | | | | | | | |
| 12 | 新明工業 | 4 | | | | | | | | 1 | 3 | |
| 13 | ユニカム | 3 | | | | | | | | | 3 | |
| 14 | 三洋電機 | 3 | | 1 | | | | | 1 | | | 1 |

## (5) 車体

　図 1.3.4-5 は、電動車いすの車体に関する出願人数-出願件数の推移を示したものである。この図によると、全体的に右肩上がりで成長期にあり、特に 92、96、98 年にピークがあることがわかる。92 年のピークは主要出願人であるアテックスが、96 年のピークはスズキが集中的に出願したことによるものである。

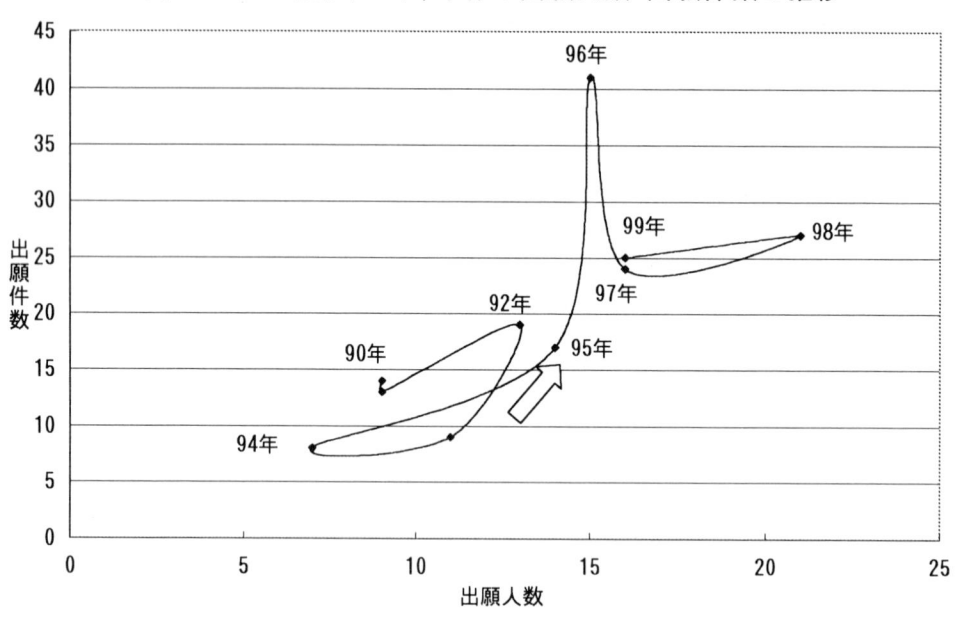

図1.3.4-5 電動車いす/車体の出願人数-出願件数の推移

　表 1.3.4-5 は、電動車いすの車体に関する主要出願人の出願件数推移を示したものである。この表によると、スズキなどの輸送機器メーカが継続的に出願しており、この技術要素に関する技術開発の主体になっている。また 95 年以降アラコ、本田技研工業などの新規参入者が現れ、この技術要素に関する技術開発が活発になっている。

表1.3.4-5 電動車いす/車体の主要出願人の出願件数推移

| No. | 出願人名 | 合計 | 90 | 91 | 92 | 93 | 94 | 95 | 96 | 97 | 98 | 99 |
|---|---|---|---|---|---|---|---|---|---|---|---|---|
| 1 | スズキ | 48 | 5 | 6 | | | 2 | 3 | 20 | 2 | 5 | 5 |
| 2 | アテックス（四国製作所　含む） | 26 | | | 7 | 1 | | 5 | 2 | 3 | 3 | 5 |
| 3 | ヤマハ発動機 | 16 | | | 4 | | | 2 | 6 | 2 | 1 | 1 |
| 4 | アラコ | 10 | | | | | | | 1 | 5 | | 4 |
| 5 | 本田技研工業 | 8 | | | | | | 1 | 1 | 3 | 2 | 1 |
| 6 | クボタ | 5 | 1 | 3 | | | | 1 | | | | |
| 7 | エクセディ | 4 | | | | | | | 3 | 1 | | |
| 8 | セイレイ工業 | 2 | | | | | | | | | | |
| 9 | ソニー | 2 | | | | | | | | 1 | 1 | |
| 10 | 愛知機械工業 | 2 | | | | | | | | | 2 | |
| 11 | 茨城県 | 2 | | | | | | | | 2 | | |
| 12 | 松下電工 | 2 | | | | | | | | | 2 | |
| 13 | 日進医療器 | 2 | | | | | | | | | 2 | |
| 14 | ナブコ | 2 | | | | | | | | 1 | 1 | |
| 15 | 富士機工 | 2 | 2 | | | | | | | | | |

# 1.4 技術開発の課題と解決手段

車いすの技術要素毎に、技術開発の課題とその解決手段を体系化し、各企業が課題に対する解決手段について、特許を何件出願しているかの分析を行う。

車いすの課題を表1.4-1に示す。

表1.4-1 車いすの課題一覧

| 課題（大区分） 課題（中区分） | 課題（大区分） 課題（中区分） | 課題（大区分） 課題（中区分） |
|---|---|---|
| コスト低減：機構の簡素化 | 収納性向上：コンパクト化 | 走行性向上：悪路走行 |
| コスト低減：駆動系 | 収納性向上：駆動系 | 走行性向上：安定性 |
| コスト低減：軽量化 | 収納性向上：携帯性 | 走行性向上：一般走行 |
| コスト低減：座席 | 収納性向上：軽量化 | 走行性向上：狭所通過 |
| コスト低減：車体 | 収納性向上：座席 | 走行性向上：旋回性 |
| コスト低減：車輪 | 収納性向上：車体 | 走行性向上：段差乗越え |
| コスト低減：取付構造 | 収納性向上：車輪 | 走行性向上：直進性 |
| コスト低減：小型化 | 収納性向上：折り畳み | 走行性向上：電動アシスト |
| コスト低減：省エネ | 乗り心地向上：クッション化 | 走行性向上：電動駆動付加 |
| コスト低減：生産性 | 乗り心地向上：リクライニング | 走行性向上：方向転換 |
| 安全性向上：ブレーキ | 乗り心地向上：汚れ防止 | 多機能化：その他の用途 |
| 安全性向上：意図しない操作・動作の防止 | 乗り心地向上：外観向上 | 多機能化：トイレ機能 |
| 安全性向上：一般走行 | 乗り心地向上：姿勢の安定化 | 多機能化：リハビリ |
| 安全性向上：危険予知 | 乗り心地向上：衝撃吸収 | 多機能化：悪路走行 |
| 安全性向上：緊急時の対応 | 乗り心地向上：振動防止 | 多機能化：位置検出 |
| 安全性向上：傾斜面走行、車体の傾き時 | 乗り心地向上：寸法調整 | 多機能化：移乗装置 |
| 安全性向上：固定 | 乗り心地向上：体圧分散 | 多機能化：介護ベッド |
| 安全性向上：視認性 | 乗り心地向上：張り具合調整 | 多機能化：階段昇降 |
| 安全性向上：車体の安定性 | 乗り心地向上：利便性 | 多機能化：競技用 |
| 安全性向上：手指損傷防止 | 信頼性向上 | 多機能化：座席昇降 |
| 安全性向上：周囲への認知 | 整備性向上：シート地交換容易 | 多機能化：使用目的別 |
| 安全性向上：衝撃緩和 | 整備性向上：充電 | 多機能化：車座いす |
| 安全性向上：障害物の回避 | 整備性向上：着脱容易 | 多機能化：上肢不自由者用 |
| 安全性向上：乗降安定性 | 整備性向上：点検 | 多機能化：多機能自転車 |
| 安全性向上：折り畳み時 | 整備性向上：分解組立 | 多機能化：入浴用 |
| 安全性向上：旋回時 | 操作性向上：レバー | 多機能化：歩行器兼用 |
| 安全性向上：走行 | 操作性向上：介護者 | 耐久性向上：強度・耐衝撃性 |
| 安全性向上：脱輪防止 | 操作性向上：快適な旋回性 | 耐久性向上：高強度 |
| 安全性向上：停止機能 | 操作性向上：快適な操作性 | 耐久性向上：耐食性 |
| 安全性向上：転倒防止 | 操作性向上：簡単な操作 | 耐久性向上：腐食防止 |
| 安全性向上：電気系 | 操作性向上：駆動性 | 耐久性向上：摩耗防止 |
| 安全性向上：方向転換 | 操作性向上：傾斜面走行、車体の傾き時 | 負担軽減：移乗の容易化 |
| 安全性向上：路面状況に応じた走行 | 操作性向上：取付構造 | 負担軽減：介助力軽減 |
| 快適性向上：スムーズな発進 | 操作性向上：上肢不自由者 | 負担軽減：車いすの展開・収束 |
| 快適性向上：リハビリ支援 | 操作性向上：旋回半径を小さくする | 負担軽減：着脱容易 |
| 快適性向上：滑らかな走行 | 操作性向上：操作力の低減 | 負担軽減：付属品の脱着 |
| 快適性向上：脚部 | 操作性向上：足漕ぎ | 利便性向上：駆動系 |
| 快適性向上：傾斜面走行、車体の傾き時 | 操作性向上：直進性の向上 | 利便性向上：座席 |
| 快適性向上：座席 | 操作性向上：適正な補助動力付与 | 利便性向上：車体 |
| 快適性向上：振動防止 | 操作性向上：不特定乗員 | 利便性向上：備品 |
| 快適性向上：操作力の低減 | 操作性向上：部材長さ | |
| 快適性向上：惰行量の確保 | 操作性向上：片手漕ぎ | |
| 快適性向上：路面状況に応じた走行 | 操作性向上：片流れ防止 | |

### 1.4.1 車いすの技術要素と課題

図1.4.1-1に、車いすの技術要素と課題の分布を示す。技術要素と課題（大区分）の交点の件数をバブルの大きさで表している。

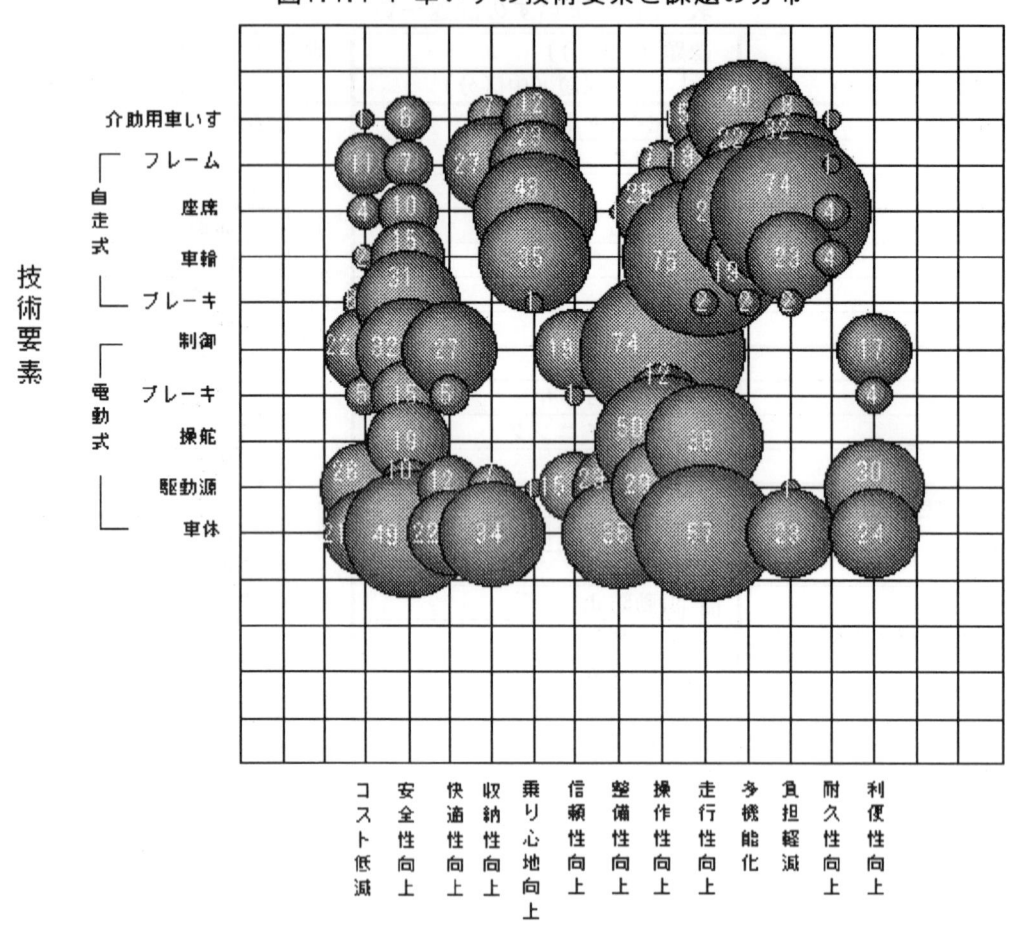

図1.4.1-1 車いすの技術要素と課題の分布

1990年から2001年7月公開の出願
（図中の数字は、登録および係属中の件数を示す。）

　自走式車いすでは、負担軽減、走行性向上の課題に関するものが多く、乗り心地向上、安全性向上などが続いている。

　介助用車いすでは、多機能化の課題に関するものに集中している。

　電動車いすでは、操作性向上、走行性向上、安全性向上の課題に関するものが多くみられる。

　全体では、安全性向上の課題が全ての技術要素で出願されており、車いすの共通な課題であるといえる。

### 1.4.2 介助用車いす

表1.4.2-1は、介助用車いすの課題と解決手段を示したものである。

表1.4.2-1 介助用車いすの課題と解決手段

| 解決技術 | | 乗り心地向上 | | | 負担軽減 | | 走行性向上 | | | | コスト低減 | 耐久性向上 | 安全性向上 | | | 収納性向上 | | 多機能化 | | | | | | |
|---|---|---|---|---|---|---|---|---|---|---|---|---|---|---|---|---|---|---|---|---|---|---|---|---|
| | | 衝撃吸収 | 利便性 | 安楽姿勢 | 座位安定性 | 移乗性 | 介助力軽減 | 段差乗越え | 狭所通過 | 旋回性 | 悪路走行 | 生産合理化 | 高強度 | 手指損傷防止 | 転倒防止 | 乗降安定性 | 停止機能 | 折り畳み | 入浴用 | 移乗装置 | 介護ベッド | 階段昇降 | 車座椅子 | トイレ機能 | 多機能自転車 | 歩行器兼用 |
| フレーム構造 | 前後折り畳み機構 | | | | | | | | | | | | | | | | | 3 | | | | | | | | |
| | シートユニット傾斜 | | | | 1 | | | | | | | | | | 1 | | | 2 | | | 1 | | | | | |
| | リクライニング機構 | | | 1 | | | | | | | | | | | | | | 2 | | | 6 | | | | | |
| | 低車幅フレーム構造 | | | | | | | | 2 | | | | | | | | | | | | | | | | | |
| | ユニット化 | | | | | | | | | | | | | | | | | 2 | | | | | | | | |
| | ベッド格納機構 | | | | | | | | | | | | | | | | | | | | 4 | | | | | |
| | 車体連結機構 | | | | | | 1 | | | | | | | | | | | | | | | | | | | 5 |
| 座席構造 | 座席昇降機構 | | | | | | | | | | | | | | | | | | | 5 | | | 2 | | | |
| | ブリッジ構造 | | | | | | 1 | | | | | | | | | | | | | | | | | | | |
| | 座部構造 | | | | | | | | | | | | | | | | | | | | | | | 1 | | |
| | 座席付属品 | | 1 | 2 | 1 | | | | | | | | | | | | | | | | | | | | | |
| 車輪構造 | 車輪取付構造 | | | | | | | | | | | | | | | | | 2 | | | | | | | | |
| | 車輪形状 | | | | | | | | | 1 | 1 | 3 | | | | | | | | | | | 1 | 3 | | |
| | 駆動機構 | | | | | | | | | | | | | | | | | | | | 4 | | | | | |
| | 車輪付属品 | | | | | | | | | | | | 1 | | | | | | | | | | | | | |
| グリップ構造 | グリップ取付機構 | | | | | 1 | | 1 | 3 | | | | | | 1 | 1 | | 2 | | | | | | | | 1 |
| | グリップ付属品 | 1 | 2 | | | | | | | | | | | | | | | | | | | | | | | |
| その他構造 | 制動機構 | | | | | | | 1 | | | | | 1 | | | | | 3 | | | | | | | | |
| | ティピングレバー取付機構 | | | | | | | 3 | | | | | | | | | | | | | | | | | | |
| | アームレスト構造 | | | 1 | | | | | | | | | | | | | | 1 | | | | | | | | |
| | ヘッドレスト構造 | | | 1 | | | | | | | | | | | | | | | | | | | | | | |

　介助用車いすは、介助者が駆動、操作するため、技術開発の課題も、段差乗越えやリクライニング時などにおける介助力の負担軽減に関するものが多く、介助用ブレーキの改良にみられるような介助者の操作性改善に関する研究も注力されている。また、特に身体機能が充分でない使用者に対しては、安定な座位姿勢を長時間保持する車いすの開発が求められており、安楽姿勢、座位安定性等の安全で快適な乗り心地向上を課題とする出願が行われている。

　特別な使用を目的とした多機能型車いすの出願も多くみられ、室内用の小型軽量タイプ、ベッド兼用型、入浴用車いすなど、それぞれの用途に応じた研究が進められている。

　出願件数の多い主要な課題と解決手段（表1.4.2-1の濃色部分）に着目し、この出願人を表1.4.2-2に表す。

表1.4.2-2 介助用車いすの主要課題と解決手段に関する出願人

| 解決技術 | | 課題 | 乗り心地向上 | 負担軽減 | | 走行性向上 | | 安全性向上 | 収納性向上 | 多機能化 |
|---|---|---|---|---|---|---|---|---|---|---|
| | | | 安楽姿勢・座位安定性 | 移乗性 | 介助力軽減 | 段差乗越え | 狭所通過 | 停止機能 | 折り畳み | 入浴用 |
| フレーム構造 | 前後折り畳み機構 | | | | | | | | 日進医療器<br>東陽精工 }共願<br>マンテン<br>興南技研 | |
| | シートユニット傾斜 | | 多比良 | | | | | | | タカノ<br>酒井医療 |
| | リクライニング機構 | | ウチヱ | | | | | | | 井浦忠<br>オージー技研 |
| | 低車幅フレーム構造 | | | | | | 片山車椅子製作所<br>個人 | | | |
| | ユニット化 | | | | | | | | 松下電器産業<br>タカノ | |
| | 車体連結機構 | | | | エム・イー工房 | | | | | |
| 座席構造 | ブリッジ構造 | | | いうら | | | | | | |
| | 座席付属品 | | タカノ<br>日本エンゼル<br>サンワード }共願<br>個人 | | | | | | | |
| 車輪構造 | 車輪取付構造 | | | トヨタ車体 | | | | | | 酒井医療<br>矢崎化工 |
| | 車輪形状 | | | | | | | 芙蓉工芸 | | |
| グリップ構造 | グリップ取付機構 | | 個人 | 日進医療器 }共願<br>アラコ | アップリカ葛西<br>個人(2) | | | | 丸石自転車<br>川村技研 | |
| その他構造 | 制動機構 | | | | 個人 | | | アラコ<br>ナブコ<br>個人 | | |
| | ティピングレバー取付機構 | | | | | 丸石自転車<br>ミサワホーム }共願<br>ユニカム<br>アロン化成(2) }共願<br>新日本ホイール工業(2)<br>静岡県(2)<br>個人(2) | | | | |
| | アームレスト構造 | | アテックス | | | | | | | オージー技研 |
| | ヘッドレスト構造 | | 個人 | | | | | | | |

表中、( )内の数字は2件以上の出願件数を示し、ブランクは1件を示す。

　介助用車いすでは、段差乗越え時に、介助者がティッピングレバーを足で踏みこむことにより前輪を持上げる方式が多く採用されており、その操作性を改良したレバー構造（ミサワホーム、ユニカム、新日本ホイール工業）や、折り畳み機能を持たせた構造（アロン化成）が出願されている。また、介助者の手押し用のグリップについても、格納式、回動式とし、介助者の移乗等における作業性を改善している（日進医療器、アラコ、アップリカ葛西）。この他、介助者によるブレーキ操作（ナブコ）、ストッパ操作（アラコ）に関する検討もなされている。

　特に、室内等で使用される場合は、小型化、収納性の向上が望まれ、折り畳み容易なフレーム構造（日進医療器、東陽精工、マンテン）やグリップ構造（丸石自転車、川村技研）、あるいは狭所通過が可能な車幅構造（片山車椅子製作所）が開発されている。

　この一方、使用者にとっては、座り心地の良い車いすの提供が求められており、長時間にわたる座位安定性を保持するシートフレーム構造（多比良）、安楽姿勢を得るためのリクライニング機構（ウチヱ）などが数多く出願されている。

　また、特殊用途のうち、浴用車いすとして、入浴に適したリクライニング機構（井浦忠、タカノ）、防錆構造（矢崎化工）等の開発も活発に行われている。

## 1.4.3 自走式車いす

### (1) フレーム

表1.4.3-1に、自走式車いすのフレームに関する課題と解決手段を示す。

**表1.4.3-1 自走式車いす/フレームの課題と解決手段**

| 解決手段＼課題 | 負担軽減 | 収納性向上 | 乗り心地向上 | 多機能化 | 走行性向上 | コスト低減 | 操作性向上 | 安全性向上 | 耐久性向上 |
|---|---|---|---|---|---|---|---|---|---|
| 部材の回動 | いうら③ アオノ① 金森工業① トヨタマックス① レバーセービングマシン① 個人② (9件) | マツダ産業① アップリカ葛西① 村田機械① 個人② (4件) | コンパイドプロダクツ① 村田機械① 松下電器産業① (3件) | タカラベルモント① 大日工業① 個人② (4件) | | | 丸石自転車① (1件) | | |
| 寸法可変 | 共栄プロセス① 日本電信電話① パラマウントベッド① (3件) | | | インダストリアルテクノロジイリサーチ(台湾)① オットーボック オルトペーディッシュ ベジッツウントフェルバルツングス(ドイツ)① 緑泰(台湾)① | いうら① ウチエ① 個人② (4件) | | 片山車椅子製作所① (1件) | レバーセービングマシン① (1件) | |
| 脱着機構 | トヨタ車体① 藤本産商① 松下電器産業① いうら① 個人① (5件) | 日進医療器① 個人③ (4件) | スズキ① ウインウッド・個人① 個人① (3件) | タイガー医療器① 松下電器産業① いうら① 個人② (5件) | エヌティーエル① (1件) | | | キャプテン① シンピーティーエヌコーポレーション① (2件) | |
| 部材の追加 | システムデザインケイ① キヨウシヤルデザイン① ヒラマツ① 個人④ (7件) | 松永製作所① 松下電器産業① (2件) | マルビシカンパニー① ミキ① 個人② (4件) | いうら① エムティアイ① オージー技研① 個人⑤ (8件) | ダクロ静岡③ 日進医療器① アロン化成① 藤本産商① 上田産業① 個人② (9) | | 日進医療器① (1件) | 相互電気① アラコ① (2件) | |
| 部材の位置 | いうら① パラマウントベッド① | 東芝テック① (1件) | | 日進医療器① 平野整機工業① 個人① (3件) | 個人① (1件) | ウチエ① (1件) | | 日進医療器① (1件) | |
| 部材寸法 | いうら① (1件) | | | | | | | | |
| 移送 | 東海化工①(1件) | | | | | | | | |
| 部材の連動 | ヤマハ発動機② 日進医療器① 東陽精工・マンテン① (4件) | 日進医療器① 興南技研① アコ① (3件) | ウチエ① (1件) | | ヤマハ発動機① (1件) | 個人① (1件) | いうら① ヤマハ発動機① (2件) | | |
| 折畳み方式 | コンビ② サンライズメディカルエイチエイジー① (3件) | 日進医療器③ フジサワ② ウチエ① 金星工業① アロン化成① 武蔵自動車① ワイケイケイ① (10件) | 個人① (1件) | | | | | | |
| 部材の形状等 | 丸石自転車① (1件) | オーエックスエンジニアリング① (1件) | オーエックスエンジニアリング① タカノ① ミキ① 個人① (4件) | | 本田技研工業① (1件) | 日進医療器① アイワ産業① ビジョン① ナブコ① (4件) | メーコー工業① 川村技研① (2件) | ウイリー① (1件) | |
| 部材材質 | | アイワ産業① サンライズメディカル① (2件) | いうら① ミキ① 個人③ (5件) | | | | | | カワムラサイクル① (1件) |
| 部材のユニット化 | | | | | 日進医療器① (1件) | | | | |
| 機能兼用 | | | | | 山田工業① (1件) | | | | |
| 逆走防止 | | | | | | | | 個人① (1件) | |
| 取付構造 | | オーエックスエンジニアリング① ワイケイケイ① | | | | いうら① アイワ産業① (2件) | | ミキ① (1件) | |

課題別にみると、負担軽減の出願が最も多く、乗り移り、乗り降り時に側部の回動や取外し、後輪の移動により、車椅子横から移乗が可能な出願や車椅子の収束・展開を電動化、あるいは、ワンタッチ式にするなど介護者の負担を軽くしようとする出願が多い。次いで、収納性向上、持運びや収納性に関しては、折畳み方法を改善し、よりコンパクト化する出願が多い。乗り心地向上には、座部などを身体に合った寸法に変えられる出願やリクライニング性、クッション性に関する出願が多い。出願人からみると、車椅子全体の出願件数上位の日進医療器、いうら（個人出願も含む）が、各課題にまんべんなく出願している。また、個人の出願も約4分の1と多い。

表1.4.3-1の課題と解決手段のマトリックス中で出願件数が8件以上の「収納性向上・

折畳み方式」を表1.4.3-2に、「負担軽減・部材の回動」を表1.4.3-3に、「多機能化、走行性向上・部材の追加」を表1.4.3-4に課題と解決手段の小区分別に出願人を示す。

表1.4.3-2 収納性向上の出願人

| 解決手段 | 課題 | 収納性向上 携帯性 |
|---|---|---|
| 折畳み方式 | 上下 | 日進医療器① |
| | 前後・左右・上下 | フジワラ② ウチヱ① |
| | 前後・上下 | 日進医療器① |
| | 前後 | 日進医療器① 金星工業① アロン化成① |
| | 左右 | 武蔵自動車① |
| | 左右・上下 | ワイケイケイ① |

表1.4.3-3 負担軽減・部材の回動の出願人

| 解決手段 | 課題 | 負担軽減 移乗の容易化 |
|---|---|---|
| 部材の回動 | 各部水平化 | 金森工業① アオノ① 個人① |
| | 後着座 | 個人① |
| | 前脚 | トヨタマックス① |
| | 側部 | いうら② |
| | 座部・背部 | いうら① |
| | 背部 | レイバーセービングマシン |

　表1.4.3-2の収納性向上には、持運び性と収納性を合せたが、収納性向上の小区分には表には載せていないが軽量化に関し軽金属などを使用する出願もある。フレームに分類された出願は、基本的に折畳みができる構造であるが、小区分の携帯性はよりコンパクトにするための、種々の折畳み方式が出願されており、折畳むと鞄のようなケースに収まり何処にでも持運べる出願もある。この区分は個人の出願人はなかった。

　表1.4.3-3の負担軽減には、従来、前からの移乗であったため負担が大きかったが、各部を回動させ横になったまま、あるいは座ったまま横からの移乗できる方式や後ろから移乗できる方式が出願されている。この区分は個人の出願人は少ない。

　表1.4.3-4に多機能化、走行性向上・部材の追加の出願人を示す。

表1.4.3-4 多機能化、走行性向上・部材の追加の出願人

| 解決手段 | 課題 | 多機能化 歩行器兼用 | リハビリ | その他 | 走行性向上 段差乗越え | 電動駆動付加 |
|---|---|---|---|---|---|---|
| 部材の追加 | 座部 | いうら① 個人① | | | | |
| | ロッキングチェア | | 個人② | | | |
| | 脇部支持アーム | | エムティアイ① | | | |
| | 下肢訓練装置 | | オージー技研① | | | |
| | スキー | | | 個人① | | |
| | 階段昇降補助装置 | | | 個人① | | |
| | 後輪 | | | | 日進医療器① | |
| | 持上げバー | | | | ダクロ静岡① 個人① | |
| | ストッパ | | | | ダクロ静岡① | |
| | 支持枠 | | | | アロン化成① | |
| | 把持部材 | | | | ダクロ静岡① | |
| | 動力装置 | | | | | 藤本産商① 個人① |
| | スライドリフタ | | | | 上田産業① | |

　多機能化は座部を追加して歩行器兼用とするもや立上り用支持部材を設けることにより、リハビリができるような出願がされている。この区分では個人による出願が多い。

　走行性向上には、段差乗越えのため補助後輪や持上げバー、ストッパなど部材を取付け、少しでも楽に段差を乗越えようとする工夫がみられる。また、電動駆動を付加し疲れた場合にも走行可能な出願がされている。この区分の個人出願人も少ない。

## (2) 座席

表1.4.3-5は、座席に関する出願の課題と解決手段を示したものである。この表によると、座席に関する課題は移乗の容易化などの負担軽減に関するもの、ベッド兼用やシャワー用車いすなどの多機能化、リクライニングなどの乗り心地向上に関するものなどがある。

このうち、特に負担軽減の移乗の容易化に関する出願が多い。

**表1.4.3-5 座席の課題と解決手段**

| 解決手段 | | 負担軽減 | | | 多機能化 | | | | | | | | 乗り心地向上 | | | | | | 操作性向上 | | | 安全性向上 | | | 耐久性向上 | | コスト低減 | 収納性向上 | 整備性向上 |
|---|---|---|---|---|---|---|---|---|---|---|---|---|---|---|---|---|---|---|---|---|---|---|---|---|---|---|---|---|---|
| | | 移乗の容易化 | 介助力軽減 | 付属品の脱着 | トイレ機能 | 入浴用 | 使用目的別 | リハビリ | 介護ベッド | 座席昇降 | 歩行器兼用 | 車座いす | 移乗装置 | その他の用途 | 寸法調整 | リクライニング | 姿勢の安定化 | 振動防止 | 体圧分散 | 外観向上 | 取付構造 | 足漕ぎ式 | 部材長さ | 坂道 | 転倒防止 | 衝撃緩和 | 手指損傷防止 | 強度・耐衝撃性 | 摩耗防止 | 機構の簡素化 | 軽量化 | 折りたたみ | シート地交換容易 |
| 座席 | 座席構造 | 8 | | 1 | 5 | 1 | | 1 | 1 | | 1 | | | 1 | 1 | | 4 | | 2 | | 1 | | | | 1 | | | | | | | | |
| | 座席昇降・移動機構 | 12 | | | 1 | 1 | 2 | | | 2 | 1 | | | | 2 | 1 | | | | | | | | | 1 | | | | | | 1 | | |
| | 座席昇降 | 5 | | | 1 | | | 1 | 1 | 1 | | | | | | | | | | | | | | | 1 | 1 | | | | | | | |
| | 座席傾動機構 | 4 | 1 | | | | | | | | | | | | | 1 | | | | | | 1 | 3 | | | | | | | | | | |
| | 回転機構 | 4 | 1 | | 1 | 1 | | | | | | | | | | | | | | | | | | | | | | | | | | | | |
| | 連動 | 3 | | | | | | | | | | | | | | | | | | | | | | | | | | | | | | | | |
| | 着脱構造 | | | | | | | | | | | | | | | | 1 | | | | | | | | | | | | | | | | | |
| | 部材の追加 | | | | | | | | | | | | | 1 | | | | | | | | | | | | | | | | | | | | |
| 足載せ台 | 回動・着脱機構 | 7 | | | | | | | | | | | 3 | 1 | 2 | | | | | | 1 | 6 | | | 1 | | | | | | | | |
| | 係止構造改良 | 1 | | | | | | | | | | | 1 | 2 | | | | | | | | 1 | | | | | 1 | 1 | 1 | | | | |
| | 開閉装置の設置 | 2 | | | | | | | | | | | | | | | | | | | | 2 | | | | | | | | | | | |
| | 足載せ台構造 | | | | | | | | | | | | | | | | | | | | | 1 | | | | | 1 | 1 | | | | | |
| | 接地部を設ける | 2 | | | | | | | | | | | | | | | | | | | | | | | | | | | | | | | | |
| 肘掛け | 移動・着脱可能 | 17 | | | 1 | 1 | | | | | | | | 1 | | | | | | | 2 | | | | | | | | | | | | |
| | 構造変更 | 1 | 1 | | | | | | | | | | | | | 1 | | | | | | 4 | | | 1 | | | | 1 | | | | |
| | 新機能の追加 | 1 | | | | | | | | | | | 1 | | 1 | | | | | | | | | | | | | | | | | | 1 |
| | 係合位置選択 | | | | | | | | | | | | | 1 | | | | | | | | | | | | | | | | | | | | |
| フレーム | フレーム構造変更 | | | | 3 | 3 | 1 | 1 | | | 1 | | | 2 | 1 | | | | | 1 | | | | 1 | | 1 | 2 | | 1 | | | 1 |
| | 部材追加 | 1 | | | | 1 | | | | 3 | | | | | | | | | | | | | | | | | | | | | | | |
| | 緩衝機構 | | | | | | | 1 | | | | | | | 2 | | | | | | | | | | | | | | | | | | |
| | 寸法調整装置 | | | | | | | | | | | | | 2 | | | | | | | | | | | | | | | | | | | |
| | 昇降機構改良 | | | | | | | | | | | | | | | | | | | | | | | | | | | | | | | | |
| | 連接部の高剛性化 | | | | | 1 | | | | | | | | | | | | | | | | | | | | | | | | | | | |
| 背もたれ | フレーム構造変更 | 1 | | | | | | | | | | | 1 | 5 | | | | | | | | | | | | | | | | | | | |
| | 新機能の追加 | 1 | | | | | | | | | | | 1 | | | | | | | | | | | | | | | | | | | | |
| | 上端部が後方へ可動自在 | | 1 | | | | | | | | | | | | | | | | | | | | | | | | | | | | | | |
| 車輪 | 移動 | | | | | | | | | | | | | | | | | | 1 | | | | | | | | | | | | | | |
| | 緩衝機構の設置 | | | | | | | | | | | | | | | | | 1 | | | | | | | | | | | | | | | |
| | 動力伝達機構 | | | | | | | | | | | | | | | | | | | | | | | | | | | | | | | | |
| | 無限軌道式車輪 | | | | | | | | | | | | 1 | | | | | | | | | | | | | | | | | | | | |
| ベッド部 | U形切欠き部の形成 | | | | | | 1 | | | | | | | | | | | | | | | | | | | | | | | | | | |
| | カバー部材の設置 | | | | | | 1 | | | | | | | | | | | | | | | | | | | | | | | | | | |
| | 嵌込み案内ガイドの設置 | | | | | | 1 | | | | | | | | | | | | | | | | | | | | | | | | | | |
| 起立いす | | 3 | | | | | | | | | | | | | | | | | | | | | | | | | | | | | | | |

表1.4.3-6は、負担の軽減に関する出願を解決手段との関連から主要な出願人の出願件数を示したものである。移乗の容易化の解決手段を部位別にみると、座席と肘掛けに関するものが多い。座席側方への移乗に関して肘掛けの移動を解決手段とする出願は、いうら、日進医療器、ミキなどの福祉機器メーカによるところが大きい。

足載せ台の移動を解決手段とするところは、アテックス、松下電器産業などの電動車いすのメーカや、サンユーなど木製車いすをはじめとする室内用の車いすのメーカなどによるところが大きい。

また、個人による出願も活発で、特に移乗の容易化の解決手段として座席昇降、座席構造、および肘掛けの移動・着脱機構に関するものに集中しており、この分野は比較的参入のしやすい分野であるといえる。

表1.4.3-6 移乗の容易化に関する主要出願人

| 解決手段 | | 負担軽減 | | |
|---|---|---|---|---|
| | | 移乗の容易化 | 介助力軽減 | 付属品の脱着 |
| 座席 | 座席昇降・移動機構 | いうら<br>間組<br>松下電工<br>明幸商会<br>大和工業所 ] 共願<br>個人⑧ | | |
| | 座席構造 | 井浦 忠<br>トヨタマックス<br>東海化工・個人（共願）<br>石原産業<br>根本企画工業<br>個人③ | | 本田技研工業 |
| | 座席昇降 | 日進医療器<br>富士変速機<br>テックイチ<br>個人③ | | |
| | 連動 | アルファー精工<br>アイシステム<br>個人 | | |
| | 座席傾動機構 | コンビ<br>個人 | | |
| | 回転機構 | ヤマハ発動機 | | |
| 肘掛け | 移動・着脱可能 | いうら④<br>日進医療器②<br>ミキ②<br>アテックス<br>スズキ<br>メーコー工業<br>ナニワ企業団地協同組合<br>東予産業創造センター<br>コクヨ<br>個人③ | | |
| | 新機能の追加 | 個人 | | |
| | 構造変更 | | | トキワ工業 |
| 足載せ台 | 回動・着脱機構 | アテックス<br>サンユー<br>アマノ<br>パラマウントベッド②<br>片山車椅子製作所<br>個人 | | |
| | 開閉装置の設置 | サンユー② | | |
| | 接地部を設ける | アテックス<br>松下電器産業 | | |
| | 係止構造改良 | メーコー工業 | | |
| フレーム | フレーム構造変更 | 個人 | | |
| | 部材追加 | 太志工業開発 | | |
| 背もたれ | 上端部が後方へ可動自在 | | 松下電工 | |
| | フレーム構造変更 | レイバーセイビングマシン | | |
| | 新機能の追加 | 個人 | | |
| 起立いす | | 松下電器産業③ | | |

## (3) 車輪

表 1.4.3-7 に、自走式車いすの車輪に関する課題と解決手段を示す。

**表1.4.3-7 自走式車いす/車輪の課題と解決手段**

| 解決技術 | 課題 | 乗り心地向上：衝撃吸収 | 乗り心地向上：利便性 | 乗り心地向上：汚れ防止 | 負担軽減：寸法調整 | 負担軽減：移乗性 | 負担軽減：着脱容易 | 走行性向上：段差乗越え | 走行性向上：旋回性 | 走行性向上：直進性 | 走行性向上：狭所通過 | 走行性向上：悪路走行 | 安全性向上：転倒防止 | 安全性向上：手指損傷防止 | 安全性向上：停止機能 | 操作性向上：駆動性 | 収納性向上：軽量化 | コスト低減：生産合理化 | 耐久性向上：高強度 | 耐久性向上：耐食性 | 多機能化：階段昇降 | 多機能化：競技用 | 多機能化：リハビリ用 | 多機能化：トイレ機能 | 多機能化：歩行器兼用 | その他の用途 |
|---|---|---|---|---|---|---|---|---|---|---|---|---|---|---|---|---|---|---|---|---|---|---|---|---|---|---|
| 車軸支持機構 | 車軸位置調整機構 | | | | 8 | | | | | | | | | | | | 1 | | | | | | | | | |
| | 緩衝機構 | 3 | | | | | | | | | | | | | | | | | | | | | | | | |
| | 締付構造 | | | | | | 1 | | | | | | | | | | | 1 | | 1 | 1 | | | | | |
| | ハンドリム取付構造 | | 1 | | | | | | | | | | | | | 1 | | | | | | | | | | |
| 駆動輪の移動 | | | | | | 10 | 1 | 1 | 1 | | 1 | | | | | | | | | | | | | | | |
| 駆動機構 | レバー駆動 | | | | | | | | 1 | | | 1 | | | | 4 | | 1 | | | | 1 | | | | |
| | 足駆動 | | | | | | | | | | | 1 | | | 1 | | | | | | | 3 | | | | |
| | 補助動力 | | | | | | | | | | | | | | 2 | | | | | | | 1 | | | | |
| | 変速機構 | | | | | | | | | | | | | | 1 | | | | | | | 1 | | | | |
| キャスター取付構造 | 角度調整 | 2 | | | | 1 | | | 3 | 7 | | | | | | | | | | | | | 1 | | | |
| | 回転調整 | | | | | | | | | 1 | | | | | | | | | | | | | | | | |
| | 取付位置調整 | | | | | 2 | | | | | | | | | 1 | | | | | | | | | | | |
| | 緩衝機構 | 6 | | | | | | | | | | | | | | | | | | | | | | | | |
| | 支持構造 | | | | | | | 2 | | 1 | | | | | | | | | | | | | | | | |
| 補助輪取付構造 | 取付位置 | | | | | 1 | | 1 | 2 | 1 | | | | | 1 | | | | | | | | | | | 1 |
| | 上下可動 | | | | | | | 4 | 1 | | | | | | | | | | | | | | | | | |
| | 段差乗越え補助機構 | | | | | | | 23 | | | | | | | | | | | | | | | | | | |
| | 車体持上げ機構 | | | | | 1 | 2 | 1 | 1 | | | | | | | | | | 1 | | | | | | | |
| 車輪形状・材質 | 駆動輪 | 2 | 1 | | | | | | | | | 1 | 1 | 1 | | | 1 | | | | | | | | | |
| | キャスター | 1 | | | | | | | | | | | | | | | | | | | | | | | | |
| | ハンドリム | | | 1 | | | | | | | | | | | | 1 | | | | | | | | | | |
| | キャタピラ他 | | | | | 2 | | | | | 3 | 1 | | | | | | | | 1 | | | | | | |
| | 車輪材質 | | | | | | | | | | | | | | | | 1 | 1 | | | | | | | | |
| フレーム構造 | 車輪配置の変更 | | | | | 1 | 3 | | 3 | | | | | | | 4 | | | | | 1 | 1 | | | 1 | |
| | 足空間の確保 | | | | | 1 | | | 1 | | | | | | | | | | | | | | | | | |
| | ユニット化 | | | | | 2 | 1 | | | | | | | | | | | | | | | | | | | 1 |
| | 車体連結機構 | | | | | | | | 1 | | | | | | | | | | | | | | | | | |
| その他機構 | 付属品 | | 4 | | 1 | 1 | | | | | 1 | 1 | | | 2 | | | | | 1 | | | | | | |
| | 制動機構 | | | | | | | | | | | | | 2 | 6 | | | | | | | | | | | |
| | 操舵機構 | | | | | | | | 4 | 2 | | | | | | | | | | 1 | | | | | | |
| | 検知技術 | | | | | | | | 1 | 1 | | | 1 | | | | | | | | | | | | | |

車いすの車輪は、標準型車いすで使用される駆動輪、キャスターの他、6輪型車いす等に設けられる補助輪などから構成されている。これら車輪技術の課題としては、旋回性能、傾斜路の直進走行、段差乗越えなどに代表される走行性特性の向上や、ベッド等への移乗性、車輪着脱の容易性に見られる使用者や介助者の負担軽減に関する出願が多い。また、車いすは、使用者の体格、身体機能、目的、使用環境など個々の条件により適用状況が異なるため、各部の寸法調整ができることが好ましく、駆動輪の車軸位置、キャスターの角度、高さなどの位置調整も主要課題となっている。

出願件数の多い主要な課題と解決手段（表1.4.3-7の濃色部分）に着目し、この出願人を表1.4.3-8に表す。

表1.4.3-8 自走式車いす/車輪の課題と解決手段

| 解決技術 | | 課題 乗り心地向上 寸法調整 | 負担軽減 移乗性 | 着脱容易 | 走行性向上 段差乗越え | 旋回性 | 直進性 |
|---|---|---|---|---|---|---|---|
| 車軸支持機構 | 車軸位置調整機構 | 日進医療器(2) 松永製作所 武蔵自動車 ヤマハ発動機 ワイケイケイ(2) | | | | | |
| | 締付構造 | | | 本田技研工業 | | | |
| 駆動輪の移動 | | | いうら 井浦忠(3) パラマウントベッド 間組 タカノ | 松下電器産業 | 個人 | フランスベッド | |
| 駆動機構 | レバー駆動 | | | | | 自転車産業振興協会 | |
| キャスター取付構造 | 角度調整 | 松永製作所 | | | | 日進医療器(3) | 松下電器産業 丸石自転車(3) 三ツ星ベルト 個人(2) |
| | 回転調整 | | | | | 高木産商 | |
| | 取付位置調整 | メーコー工業 松永製作所 | | | | | |
| | 支持構造 | | | 本田技研工業 日進医療器 | | | 個人 |
| 補助輪取付構造 | 取付位置 | 個人 | | 本田技研工業 | 個人(2) | 松下電工 | |
| | 上下可動 | | | | トヨタ車体 日進医療器 ユニカム エヌピーエヌ コミュニケーションズ 共願 個人 | 矢崎化工 | |
| | 段差乗越え補助機構 | | | | 工業技術院長(2) 共願 個人(2) オージー技研 日高ガス 個人 共願 五大エンボディ 個人(18) | | |
| | 車体持上げ機構 | | 日進医療器 アラコ 共願 | 日進医療器 アラコ 共願 アップリカ葛西 | 個人 | 松下電工 | |

表中、（ ）内の数字は2件以上の出願件数を示し、ブランクは1件を示す。

　走行性能に影響を与える旋回性については、キャスター輪の鉛直方向への角度調整が容易なキャスター構造が研究され（日進医療器）、横傾斜面での片流れ防止には直進性を維持するキャスター構造（松下電器産業、三ツ星ベルト）や、ワイヤー等の補助手段によるキャスター傾斜（丸石自転車）などがみられる。

　また、段差乗越えを目的として、補助輪による車体持上げ（日進医療器、トヨタ車体、ユニカム）、二輪キャスターや段差乗越え部材等の補助機構による方法（工業技術院）などが数多く出願されているが、補助機構の開発が個人を中心に行われていることが特徴的である。

　車いすの寸法等の調節機構としては、駆動輪（後輪）車軸位置の上下前後への微調整が可能な軸受け構造（松永製作所、日進医療器、ワイケイケイ）の他、走行性能にも影響を与える駆動輪のキャンパ角調整（日進医療器、ヤマハ発動機）、キャスターの角度調整（松永製作所）が容易な車輪取付構造などが出願されている。

　車輪着脱による車輪交換や、大径車輪の取外しによる狭所通過などを目的とする着脱容易性については、使用者を乗せたまま大径車輪の着脱を可能とするリフトアップ機構（ア

ラコ、日進医療器、アップリカ葛西)、大径車輪の後方移動機構(松下電器産業)を備えた方法が見られ、キャスターに関しても着脱容易な支持構造(本田技研、日進医療器)が研究されている。また、移乗性においては、駆動輪を後方あるいは上下に移動させ側面からの乗り移りが容易な構造(いうら、パラマウントベッド、間組など)を有するものが主流となっている。

## (4) ブレーキ

表1.4.3-9は、自走式車いすのブレーキに関する課題と解決手段を示す。

**表1.4.3-9 自走式車いす/ブレーキの課題と解決手段**

| 解決手段＼課題 | 安全性向上 | 操作性向上 | コスト低減 | 制動力向上 | 走行性向上 | 負担軽減 | 多機能化 | その他 |
|---|---|---|---|---|---|---|---|---|
| 作動機構 | ダイヤアルミ① 松浦カ・成和ブレス・三協産業① 個人⑤ (7件) | | | | | | | |
| 逆走防止機構 | ヘッズ② 曙ブレーキ① ハートナ・タカフジ① 個人② (6件) | フクトクダイヤ① (1件) | | | | | | |
| 部材の追加 | 日進医療器① いうら① 個人④ (6件) | 椿本チェイン① (1件) | | | | | ミキ① (1件) | |
| 制動力制御 | いうら① 旭化成工業・兵庫県社会福祉事業団① 個人① (3件) | 国立身体障害者リハビリテーションセンター総長① ミキ① (2件) | | | | | ユージエイトレーディング① (1件) | |
| 部材固定 | 荒井製作所① ミキ① 個人① (3件) | | | | | | アルファー精工① (1件) | |
| 制動機構 | 椿本チェイン① 個人① (2件) | サンユー② 個人② (4件) | ヘッズ① (1件) | | | | | |
| 操作機構 | いうら① (1件) | 東和医療器① サンユー① 個人① (3件) | | | | | | |
| 部材位置 | 東陶機器・オーエム機器① (1件) | 松永製作所① 個人① (2件) | アイワ産業① (1件) | | 日進医療器① (1件) | | | |
| 取付機構 | | ミキ① 個人① (2件) | 荒井製作所① 林口儀器工業(台湾)① (2件) | ワイケイケイ① (1件) | | 日進医療器① (1件) | | オーエサクスエンジニアリング① (1件) |
| 動作連動 | | 個人① (1件) | | | | スズキ① (1件) | | |
| その他 | | ヤマシタコーポレーション・ハラキン① いうら① ミキ① (3件) | | 日進医療器① (1件) | | | | ヤマハ発動機① (1件) |

課題別にみると、安全性向上の出願が全体の約半数をしめ、ブレーキの掛け忘れや坂道走行での安全性確保が大きな課題となっており、自動ブレーキ的なものや逆走防止機構等の解決手段が採られている。次いで操作性向上が約4分の1と多く、身障者、介護者にとって簡単な操作で使い易い操作性が課題となっており、2輪を同時にブレーキを掛ける際の操作性、制動用、駐車用または逆走防止用のブレーキの操作性や操作の間違いを起こさせないなど安全性も考慮した出願となっている。上記2つの課題でブレーキ全体の約4分の3となっている。

出願人からみると、個人の出願が約3分の1と多い。

表1.4.3-9の課題と解決手段のマトリックス中で出願件数が3件以上(解決手段その他は除く)の項目について、表1.4.3-10に課題と解決手段の小区分別に出願人を示す。安全性向上には、座部の上下動や操作レバーの握り力により自動的にブレーキが掛る機構を設けた出願が多い。また、車体の傾きや衝突予知センサーによりブレーキが掛る出願もある。坂道での逆走防止機構としては、一方向にのみ回転するクラッチ等を設け、登り坂での後

退を防止し、坂道途中でも休憩がとれる出願がある。坂道、転倒防止等の課題に対し、部材を追加した解決手段として、足踏みブレーキ、キャスターブレーキ，減速装置等の制動装置を付加し、より安全な走行をめざしている。同様に坂道での制動力制御では、操作レバーの操作量や車軸の回転速度に応じて制動力を変え、暴走を防止する出願がある。その他の課題では、制動装置部材の脱落や磨耗に対して、部材の固定方式を変更した出願や介護者用足踏みブレーキの付加、脱輪事故防止のために補助輪を付加、また、不測の動きをセンサ等で検知しせい動力を発生させるような出願もある。

操作性向上には、従来の左右または前後車輪を別々の制動操作や逆走防止装置と制動装置の制動操作を、一本の操作レバーにより簡単に操作できる出願が多い。また、操作レバーの入れ間違い防止のため、レバーは前後と中間位置に移動可能とし、前後位置いずれに移動してもブレーキが掛けられる出願や操作レバーを離しても制動力を加え続けることができる出願がある。

この区分は個人の出願人が多く、約半数を占めている。

**表1.4.3-10 出願件数の多い課題と解決手段の出願人**

| 解決手段<br>大区分 | 小区分 | 安全性向上<br>坂道 | 自動ブレーキ | 転倒防止 | その他 | 操作性向上<br>簡単な操作 | レバー |
|---|---|---|---|---|---|---|---|
| 作動機構 | 座部上下動 | | 松浦力<br>成和プレス<br>三協産業①<br>久保和男① | | | | |
| | 操作レバー握り | | ダイヤアルミ①<br>加藤源重<br>加藤幸雄<br>菅沼哲郎② | | | | |
| | その他 | | 早坂紘一①<br>鳴海正人<br>白石良一① | | | | |
| 逆走防止機構 | 一方向クラッチ | ヘッズ②<br>パートナ・タカフジ① | | | | | |
| | その他 | 曙ブレーキ①<br>白井寿①<br>山口光義① | | | | | |
| 部材の追加 | 制動装置 | 久万重仁①<br>吉森純一① | | 奥村洋①<br>いうら① | 日進医療器① | | |
| | その他 | | | | 長谷川初① | | |
| 制動力制御 | 流量制御 | 清水敏嗣① | | | | | |
| | その他 | いうら① | | | 旭化成工業<br>兵庫県社会福祉事業団① | | |
| 部材固定 | | | | | 荒井製作所①<br>ミキ<br>倉地幸雄① | | |
| 制動機構 | 2輪同時制動 | | | | | サンユー②<br>野尻清①<br>川端正一① | |
| | その他 | | | | | | |
| 操作機構 | | | | | | 小松徳二① | サンユー①<br>東和医療器① |

### 1.4.4 電動車いす
#### (1) 制御

表1.4.4-1は、電動車いすの制御に関する課題と解決手段をみたものである。操作性に関する課題が全体の約3分の1を占め、次いで安全性に関するものが多く、身障者等に使い易い操作性と安全面への配慮といった内容が、制御技術の大きな課題である。また、解決手段は、「モータ・駆動輪の制御に特徴のあるもの」、「検知に特徴のあるもの」、「制御一般」（制御用のスイッチ等に係るものなど車体のコントロールという意味で制御にかかわるもの）、に大別される。電動車いすにおける制御は、通常、なんらかの信号（例えば、電動アシスト車においてハンドリムに加わるトルク）を検出して行うものが多く、「検知に特徴のみられるもの」も多いのも特徴である。

表1.4.4-1 電動車いす/制御の課題と解決手段

| 解決手段 | 課題 | 操作性向上 | 安全性向上 | 快適性向上 | 信頼性向上 | コスト低減 | 利便性向上 | その他 |
|---|---|---|---|---|---|---|---|---|
| モータ、駆動輪の制御 | モータ、駆動輪の制御一般 | 2 | | | | | | |
| | 電気制御 | 6 | | 2 | | 5 | 1 | 1 |
| | 制御のメカニズム | 松下電器産業4件 他5件 | ヤマハ発動機5件 他5件 | ヤマハ発動機7件 本田技研工業3件 他7件 | | 2 | 1 | |
| | 制御のメカニズム：特に左右のトルク制御に特徴 | ヤマハ発動機5件 スズキ3件 他5件 | 1 | 1 | | | | |
| 検知に特徴のあるもの | 検知の対象：走行に伴う性能 | 3 | | 3 | 1 | 3 | | |
| | 検知の対象：人力 | ヤマハ発動機9件 他5件 | 1 | | ヤマハ発動機9件 他1件 | 4 | | 1 |
| | 検知の対象：傾斜 | | 5 | 4 | | 1 | | |
| | 検知の対象：その他 | 2 | 2 | | 2 | 2 | | 1 |
| | 検知手法以外 | | 1 | | | | | |
| 制御一般（車体コントロール関連） | 制御一般（車体コントロール関連） | 4 | 3 | 1 | | 3 | 2 | |
| | 補助駆動のon/off | 4 | | | | | | |
| | 制御用のSW | スズキ3件 他5件 | 4 | | | 1 | | |
| | 遠隔操作/集中管理 | | | | | | 6 | |
| | 制御用機器の配置等 | 1 | 本田技研2件 | | スズキ3件 他1件 | | | 1 |

出願人をみると、各項目（図のマトリックスの要素に対応、件数3件以上の出願人のみ表示）の件数がそれほど多くないこともあり、件数の多い出願人は少ないが、ヤマハ発動機の出願が目立ち、とくに、制御、人力検知に多い。

「電気制御」には、例えば、始動の低速時には相補PWM (Pulse Width Modulation) を所定の速度以上で通常のPWM制御を行いスムーズな発進を行うもの（特開2000-134971）といった電気的な信号制御に特徴があるものが含まれ、「制御のメカニズム」には、補助動力の時間減衰率を人力が小さいほど大きく人力が大きいほど小さく設定し惰行量の確保を行うもの（特開平11-342159）といったものが含まれるが、後者においても電気的制御技術を用いて具現化されるのが通常であるから、両者の違いは、必ずしも明確なものではなく、その点を留意されたい。"左右のトルク"には、例えば、一方の車輪の制御に他方の車輪の回転速度を反映させた制御方法（特開平9-130921）といったものが含まれる。

「検知に特徴のあるもの」は、前述のように当然制御方法もからんでくることは当然であり、明確に区分できるものではないが、その中でも、検知に特徴があるものを含めている。「検知の対象が人力」であるものには、前述したように、ハンドリムに加わるトルクを検出する機構に関するものが多く含まれている。ここに「信頼性」という課題には、高精度検出を目的とするものが多く含まれている。検知対象が「その他」のものには、障害物

を検出するセンサとその検出信号に基づいて停止するか否かを判断するもの（特開2000-210340）がある。また「検知に特徴のある：その他」には、折り畳み状態か否かを検知し車体停止手段と連動して制御するものがある。

　課題の観点から、「操作性」について詳しくみてみると、制御のメカニズムに関するものが多く、人力検知に特徴があるものが多いが、さらに、これらに、どういった具体的課題があるかをみてみたのが、表1.4.4-2である。操作力の低減や快適な操作性、あるいは、特に左右のトルクの制御に関するものは直進性の向上を課題としているものが多い。

表1.4.4-2 操作性の課題

| 解決手段 | 課題 | 簡便な操作 | 操作力の低減 | 快適な操作性 | 直進性の向上 | 適正な補助動力付与 | 片手漕ぎ | 傾斜面走行、車体の傾き時 | 旋回半径を小さくする | 快適な旋回性 | 片流れ防止 |
|---|---|---|---|---|---|---|---|---|---|---|---|
| モータ、駆動輪の制御 | モータ、駆動輪の制御一般 |  | 1 | 1 |  |  |  |  |  |  |  |
|  | 電気制御 |  | 3 | 1 | 1 |  |  |  |  |  | 1 |
|  | 制御のメカニズム | 1 | 2 | 3 |  |  |  |  | 2 | 1 |  |
| 検知に特徴のあるもの | 制御のメカニズム：特に左右のトルク制御に特徴 | 3 |  | 3 | 5 | 1 |  | 1 |  |  |  |
|  | 検知の対象：走行に伴う性能 |  | 2 | 1 |  |  |  |  |  |  |  |
|  | 検知の対象：人力 | 4 | 3 | 1 |  |  | 3 | ヤマハ発動機3件 |  |  |  |
|  | 検知の対象：その他 |  | 1 |  |  |  |  | 1 |  |  |  |
| 制御一般（車体コントロール関連） | 制御一般 | 1 | 1 |  |  |  |  |  | 2 |  |  |
|  | 補助駆動のon/off | 2 | 2 |  |  |  |  |  |  |  |  |
|  | 制御用のSW | 6 | 1 |  |  |  |  |  | 1 |  |  |
|  | 制御用機器の配置等 |  |  | 1 |  |  |  |  |  |  |  |

　表1.4.4-3は、「安全性」について示したものである。傾斜面走行時の安全性を確保するために制御のメカニズムが工夫されている。

表1.4.4-3 安全性の課題

| 解決手段 | 課題 | 傾斜面走行、車体の傾き時 | 緊急時の対応 | 危険予知 | 路面状況に応じた走行 | 意図しない操作・動作の防止 | 車体の安定性 | 障害物の回避 | 折り畳み時 | 旋回時 |
|---|---|---|---|---|---|---|---|---|---|---|
| モータ、駆動輪の制御 | 制御のメカニズム | ヤマハ発動機3件 他4件 |  |  |  | 1 |  |  |  |  |
|  | 制御のメカニズム：特に左右のトルク制御に特徴 |  |  |  |  |  |  |  |  | 1 |
| 検知に特徴のあるもの | 検知の対象：人力 |  |  | 1 |  |  |  |  |  |  |
|  | 検知の対象：傾斜 | 3 |  | 1 |  | 1 |  |  |  |  |
|  | 検知の対象：その他 |  |  |  | 1 |  |  | 1 |  |  |
|  | 検知手法以外 |  |  |  |  |  |  |  | 1 |  |
| 制御一般（車体コントロール関連） | 制御一般 |  |  | 1 | 1 |  | 1 |  |  |  |
|  | 制御用のSW | 1 | 2 |  |  | 1 |  |  |  |  |
|  | 制御用機器の配置等 | 三洋電機3件 |  |  |  |  |  |  |  |  |

表1.4.4-4は、「快適性」について示したものである。さきほどと同じ傾斜面走行時の快適性を確保するため、傾斜の検知に特徴のあるものも多く、「安全性」との違いがみられる。また、「制御のメカニズム」は種々の具体的な課題の解決手段として扱われており、適用の柔軟性が伺われる。

表1.4.4-4 快適性の課題

| 解決手段 | 課題 | 傾斜面走行、車体の傾き時 | 滑らかな走行 | 路面状況に応じた走行 | スムーズな発進 | リハビリ支援 | 操作力の低減 | 惰行量の確保 |
|---|---|---|---|---|---|---|---|---|
| モータ、駆動輪の制御 | 電気制御 |  | 1 |  | 1 |  |  |  |
|  | 制御のメカニズム | 3 | 4 | 3 | 1 | 1 |  | 1 |
|  | 制御のメカニズム：特に左右のトルク制御に特徴 |  | 1 |  |  |  |  |  |
| 検知に特徴のあるもの | 検知の対象：走行に伴う性能 |  |  | 2 |  |  | 1 |  |
|  | 検知の対象：傾斜 | 4 |  |  |  |  |  |  |
| 制御一般 |  |  |  |  |  | 1 |  |  |

(2) ブレーキ

表1.4.4-5に、電動車いすのブレーキに関する課題と解決手段を示す。

制動技術に関してはやはり安全性をその一番の課題とするものが多い。中でも、制動制御について、緊急停止機構/機能に関するものが多い点が注目される。これには例えば、アクセルレバーを強く握ることで走行停止となるもの（特許 2744169）がある。また、この項目に、本田技研工業の出願が3件みられる。

表1.4.4-5 電動車いす/制動の課題と解決手段

| 解決手段 | 課題 | 安全性向上 | 操作性向上 | 快適性向上 | 利便性向上 | コスト低減 | 信頼性向上 |
|---|---|---|---|---|---|---|---|
| 制動制御 | 制動制御一般 | 1 | 1 | 1 |  | 1 |  |
|  | 検知に特徴 | 2 |  |  | 1 |  |  |
|  | 電気制御 |  |  |  | 1 |  | 1 |
|  | 人力検知とそれに応じた制御 | 1 | 1 | 3 |  |  |  |
| 緊急停止機構/機能 |  | 本田技研工業3件 他5件 |  |  |  |  |  |
| ブレーキのメカニズム |  | 2 | 3 |  |  | 3 |  |
| その他 |  | 1 |  |  |  |  |  |

(3) 操舵

表1.4.4-6に電動車いすの操舵に関する技術課題を分類し、解決手段との関連性を示す。

操舵に関する技術課題は、操作、安全、走行に大別され、中でも、操作に関する課題が多く出願されている。出願上位のアテックスは、操作に関する課題の割合が多く、不特定乗員の操作のみならず、介護者の操作に関する出願割合も多い。例えば、介護者と乗員の意思の疎通を図るため、自分では操縦できない乗員用に意思疎通用の操作スイッチを設け

る（特開平 8-182707）などを出願している。

　安全に関する課題は、クボタの出願割合が多い。例えば、高齢者等が偶発的事態に直面した際のアクセル操作による暴走防止に関し、最大速度以上にアクセルレバーを握るとブレーキがかかる制御（特許3170297）などを出願している。

　走行に関する技術課題は、方向転換に関するものが多い。中でも、旋回時における操舵指示方角と実際の旋回経路の違いによる違和感という技術課題に関し、スズキ（特開平10-126906、特開 2000-5239）、ヤマハ発動機（特開平 11-56923）、松下電工（特開平 2000-42046）、松下電器産業（特開平 2001-104396）等各社が出願しているのが注目される。

### 表1.4.4-6 電動車いす/操舵の課題と解決手段

| 技術課題 | | 操作性向上 | | | 安全性向上 | | 走行性向上 | | |
|---|---|---|---|---|---|---|---|---|---|
| | | 不特定乗員 | 介護者 | 上肢不自由者 | 方向転換 | 一般走行 | 段差乗越 | 方向転換 | 一般走行 |
| 制御系 | | スズキ4件<br>松下電器産業2件<br>ヤマハ発動機1件<br>アテックス1件 | ナブコ2件<br>ヤマハ発動機1件 | 松下電器産業1件<br>ヤマハ発動機1件<br>クボタ1件<br>日立製作所1件 | クボタ2件<br>スズキ1件<br>アテックス1件 | クボタ3件 | | スズキ3件<br>ヤマハ発動機3件<br>クボタ2件<br>松下電器産業1件<br>松下電工1件 | スズキ2件<br>ナブコ2件<br>アテックス1件<br>高知工科大学1件<br>池内鉄工1件 |
| 機構系 | 操縦系 | アテックス5件<br>スズキ3件<br>日立製作所2件<br>クボタ1件<br>松下電工1件<br>松下電器産業1件 | アテックス4件<br>スズキ1件<br>カワムラサイクル1件 | ヤマハ発動機2件<br>スズキ1件 | クボタ2件<br>スズキ1件<br>アテックス1件 | | | | |
| | 車体 | スズキ1件 | | | | アテックス1件 | | 高知工科大学1件<br>池内鉄工1件 | |
| | 座席 | アテックス1件 | | スズキ1件 | | | | カワムラサイクル1件 | |
| | 車輪 | アテックス1件<br>ヤマハ発動機1件 | | | スズキ1件<br>アテックス1件 | | アテックス1件 | スズキ1件<br>エクセディ1件 | アテックス1件<br>エクセディ1件<br>松下電工1件 |
| | 駆動系 | ソニー1件 | | | | | | サンテック1件 | |

### （4）駆動源

　表1.4.4-7に、電動車いす/駆動源に関する課題と解決手段の関連性を示す。

　駆動源に関する出願の解決手段は、駆動源の全体構成によるもの、駆動源の各部によるもの、バッテリ等に分けられる。

### 表1.4.4-7 電動車いす/駆動源の課題と解決手段

| 解決手段 | | 利便性向上 | 操作性向上 | 快適性向上 | 安全性向上 | 収納性向上（折り畳み） | 収納性向上（異機種への取付） | 信頼性向上 | コスト低減 |
|---|---|---|---|---|---|---|---|---|---|
| 駆動源の全体構成 | | 4 | 1 | 5 | 1 | | 4 | 4 | 1 |
| 駆動源の各部 | 駆動ユニット | 1 | | | | | ヤマハ発動機3件<br>他4件 | 1 | 1 |
| | モータ | 1 | | 1 | | | | 2 | 1 |
| | クラッチ | | スズキ3件<br>他4件 | 2 | 4 | | | 1 | 2 |
| | 伝動機構一般 | 1 | | | 2 | | | | |
| | 伝動機構：直接 | | | 1 | | | | 1 | |
| | 伝動機構：接触 | 1 | | | | | 2 | | |
| | 伝動機構：ギア | | | | | | | | 1 |
| | 伝動機構：チェーン | | | | | | 1 | | |
| | ハンドリム（電動アシスト） | | ヤマハ発動機3件<br>他1件 | | | | | | |
| バッテリ | バッテリ | 6 | | | | | | 1 | |
| | バッテリの配置 | 6 | | | | ナブコ4件<br>他1件 | ヤマハ発動機3件 | 1 | |
| 駆動車輪と走行車輪が別 | | | | 2 | 1 | | 2 | | |
| その他 | | 7 | 2 | | | 1 | | 5 | 2 |

駆動源全体の構成についての出願が多いが、様々な課題に対してなされているようである。「異機種への取付」に関してはヤマハ発動機の出願が多い。また、バッテリに関する出願も多いが、バッテリがスペースをとるため取り付け位置を工夫したもの（特許3084205）等が多くみられる。さらに、駆動源全体構成についてさらにどのような解決手段がとられているかをみてみると、構造上の工夫によるものと、配置上の工夫によるものが同程度みられる。駆動源全体構成の詳細を表1.4.4-8に示す。

表1.4.4-8 駆動源全体構成の詳細

| 解決手段 | | コスト低減 | 信頼性向上 | 収納性向上 | | 快適性向上 | 操作性向上 | 利便性向上 |
|---|---|---|---|---|---|---|---|---|
| | | | | 異機種への取付 | 折り畳み | | | |
| 駆動源の全体構成 | 構造上の工夫 | | 1 | 1 | | 4 | 1 | 4 |
| | 配置上の工夫 | 1 | 3 | 3 | 1 | 1 | | |

　前者の例としては、懸空回転時に補助輪に動力を出力して地面に接触させる、ことで懸空回転を回避し快適性の課題を克服するもの（特許3048449）、後者の例としては、小型化を図る目的で、モータ、減速器等を枠体に収納し、各々の枠体はそれぞれの軸方向に並置して一体化を図るもの（特許3105464）。
　次に、クラッチについても、具体的な解決手段をみてみる。
　表1.4.4-9に、クラッチの細展開を示す。クラッチの構造/構成は操作性と密接に結びついていることが伺われるが、小型化、省エネ、低コストといった生産に直接結びつく課題とも関係がある。

表1.4.4-9 クラッチの細展開

| 解決手段 | 課題 | 操作性向上 | 快適性向上 | 安全性向上 | コスト低減 | 小型化 | 省エネ |
|---|---|---|---|---|---|---|---|
| クラッチの構造/構成 | クラッチの構造/構成 | 5 | | | 2 | 1 | 2 |
| | クラッチの制御 | 1 | 2 | 1 | | | |
| | クラッチレバーの構造/配置 | 1 | | 2 | | | |
| | 誤動作を防止する構造的工夫 | | | 1 | | | |

(5) 車体
　表1.4.4-10に電動車いすの車体に関する技術課題を分類し、解決手段との関連性をまとめた。

### 表1.4.4-10 電動車いす/車体に関する課題と解決手段

| 課題 | 解決手段 | 制御系 | 機構系 車体 | 機構系 座席 | 機構系 車輪 | 機構系 駆動系 | 材料系 |
|---|---|---|---|---|---|---|---|
| 走行性向上 | 段差乗越 | エクセディ2件 | エクセディ1件 | クボタ1件 | ヤマハ発動機1件 | | |
| 走行性向上 | 方向転換 | | スズキ1件<br>クボタ1件 | スズキ1件<br>ヤマハ発動機1件 | アテックス1件 | 松下電器産業1件 | |
| 走行性向上 | 一般走行 | アテックス2件<br>松下電器産業1件<br>ソニー1件<br>本田技研工業1件 | スズキ1件 | | スズキ2件<br>クボタ1件<br>アテックス1件<br>ヤマハ発動機1件 | スズキ2件 | スズキ1件<br>ヤマハ発動機1件 |
| 負担軽減 | 乗降 | アテックス1件 | スズキ3件<br>ソニー1件<br>ヤマハ発動機1件<br>茨城県1件 | スズキ3件<br>ヤマハ発動機1件<br>アテックス1件 | | | |
| 負担軽減 | 乗移 | | | 北浜清2件<br>北浜つる子2件<br>松下電工1件 | | | |
| 安全性向上 | 走行 | エクセディ2件<br>アテックス2件<br>福伸電機2件<br>松下電器産業2件 | スズキ6件<br>アテックス4件<br>セイレイ工業2件<br>アラコ1件<br>本田技研工業1件<br>愛知機械工業1件 | アテックス2件<br>アラコ1件<br>スズキ1件<br>宝和工業1件 | クボタ2件<br>スズキ1件<br>アテックス1件 | | |
| 安全性向上 | 電気系 | アテックス1件 | | | | スズキ6件<br>アテックス2件<br>ヤマハ発動機1件<br>本田技研工業1件 | |
| 整備性向上 | 点検 | 松下電器産業1件 | | スズキ2件<br>松下電工1件 | ヤマハ発動機1件<br>松下電工1件 | スズキ2件 | |
| 整備性向上 | 充電 | クボタ1件 | スズキ5件<br>ヤマハ発動機1件 | スズキ3件<br>本田技研工業1件 | | スズキ5件<br>ヤマハ発動機1件<br>本田技研工業1件 | |
| 整備性向上 | 分解組立 | | スズキ2件<br>クボタ1件 | スズキ1件<br>宝和工業1件<br>アラコ1件<br>ヤマハ発動機1件 | | | |
| 快適性向上 | 脚部 | | スズキ5件<br>アテックス1件 | | | | |
| 快適性向上 | 座席 | | | スズキ2件<br>松永製作所2件<br>宝和工業1件<br>松下電工1件<br>アテックス1件 | | | |
| 快適性向上 | その他 | | スズキ1件 | | | ヤマハ発動機1件 | ヤマハ発動機1件 |
| 収納性向上 | 車体 | | アラコ6件<br>スズキ4件<br>茨城県1件<br>クボタ1件 | | | | |
| 収納性向上 | 座席 | | ヤマハ発動機1件 | スズキ1件 | | | |
| 収納性向上 | 車輪 | | | | ヤマハ発動機2件 | ヤマハ発動機1件 | |
| 収納性向上 | 駆動系 | | スズキ2件<br>ナブコ2件 | 本田技研工業1件 | ヤマハ発動機1件 | ヤマハ発動機3件<br>本田技研工業1件<br>日進医療器1件 | |
| 利便性向上 | 車体 | | スズキ2件 | ミサワホーム2件<br>クボタ1件 | | | |
| 利便性向上 | 座席 | | スズキ1件 | アテックス1件<br>スズキ1件<br>愛知機械工業1件 | | | |
| 利便性向上 | 駆動系 | | | | | スズキ2件 | |
| 利便性向上 | 備品 | | スズキ1件 | スズキ2件<br>アテックス1件<br>アラコ1件 | | フクダ産業2件 | |
| コスト低減 | 車体 | | 本田技研工業2件<br>スズキ1件<br>ヤマハ発動機1件 | | | | |
| コスト低減 | 座席 | | | アテックス2件<br>スズキ1件 | | | |
| コスト低減 | 車輪 | | | | クボタ3件<br>アテックス1件<br>ヤマハ発動機1件 | ヤマハ発動機1件 | |
| コスト低減 | 駆動系 | | スズキ2件<br>アラコ1件 | | | スズキ1件<br>クボタ1件 | スズキ1件 |

安全性や持ち運びなどの可搬性に関するものが課題として多く出願されている。解決手段としては、車体などの機構系が多く、材料系に着目しているものは少ない。

各企業の特徴の見てみると、出願件数上位のスズキは、各技術課題に対して満遍なく出願しており、機構系や材料系で解決を図っている。一方、同様に出願上位のアテックスでは、制御系での解決を図っているのが目立つ。また、アラコは、可搬性の向上に関する課題が比較的多い。

走行性の向上に関する技術課題の中で段差乗越に分類されるものでは、解決手段として、センサを利用した制御系が注目され、特開平9-309471（エクセディ）のように、階段の端を検知し、螺旋階段のようなステップ幅が異なる階段でも昇降可能としたもの等が見られる。また、方向転換に関しては、狭い通路等での旋回を課題とし、座席や車輪の機構系を解決手段として利用しているのがみられる。

乗降性の向上に関する技術課題は、解決手段として、座席の回転等に関するものが多く、特開平8-215251（アテックス）のように、肘掛の開閉に連動して座席が回転するもの等をみられる。

安全性の向上に関する技術課題は、転倒に関するものが多く、例えば、車体張出し部を設けた実登2594136（セイレイ工業）や後輪の振動吸収機構を接地体と共に上下変更できるように連係させ後転防止機構を改善した特許2588973（クボタ）などがある。電気系に関する安全では、充電器に関するものが多く出されている。

メンテナンス性の向上に関する技術課題は、充電器の取り扱いに関するものが多く出されている。

快適性の向上に関する技術課題は、フットレストなどの脚部や座席に関する課題が多い。

可搬性の向上に関する技術課題は、車体の分割に関するものや補助駆動装置の脱着に関するもの等が多く見られる。例えば、車体前後を連結させるロック手段の解除操作に伴って車体スタンドが回動し起立姿勢となる構造によって、可搬時の車体分解作業の容易化を図っている特開2001-29398（アラコ）などや、後方よりの着脱を可能にした自走装置（特許3095096及び特許3139581、ヤマハ発動機）などがある。

利便性の向上に関する技術課題は、小物などの収納に関するものや医療機器を備え付けるためのものなどがみられる。

低コストに関する技術課題に対しては、部品共通化や部品点数削減を図ったものや車体構造などを工夫し簡素化したものなどが出願されている。例えば、配線経路も考慮した剛性の高い車体フレーム構造を採用することで、車体強度を保ち、組み付け性の向上を図ったもの（特許3038774、スズキ）などがみられる。

## 2．主要企業等の特許活動

2.1 スズキ
2.2 ヤマハ発動機
2.3 アテックス
2.4 いうら
2.5 本田技研工業
2.6 松下電器産業
2.7 日進医療器
2.8 クボタ
2.9 ナブコ
2.10 ミキ
2.11 アラコ
2.12 松下電工
2.13 三洋電機
2.14 松永製作所
2.15 ミサワホーム
2.16 アイシン精機
2.17 サンユー
2.18 丸石自転車
2.19 日立製作所
2.20 エクセディ

> 特許流通
> 支援チャート
>
> # 2．主要企業等の特許活動
>
> 出願件数 1,684 件のうち、主要企業 20 社の登録特許は 117 件、
> 係属中の特許が 499 件であり、これらの特許を中心に解析している。

　車いすに対する出願件数の多い企業について、企業毎に企業概要、主要製品・技術の分析を行う。表 1.3.1-1 に示した主要企業 20 社を選出し、20 社の保有する特許の解析を行う。最近 10 年間の車いす全出願件数は 1,684 件、主要企業 20 社の出願件数は 700 件でほぼ全体の 4 割を占める。主要企業 20 社の出願件数 700 件の内訳は登録特許が 117 件（特許 76 件、実用新案登録 41 件）、係属中の特許が 499 件であり、全体に審査請求が遅く登録特許が少ない。このうち日進医療器は審査請求を比較的早く行っているので登録特許件数が多い。

　一方主要企業以外の企業の出願件数は 984 件であり全体の出願件数比率では 6 割を占めているが、そのうち登録特許は 162 件（特許 74 件、実用新案登録 88 件）となっている。これらの登録特許を中心に別添の資料 5)に課題別に解析して示す。

　なお、ここで示す特許リストは主要企業各社が保有する特許であり、ライセンスの可否は、主要企業各社の特許戦略による。

## 2.1 スズキ

### 2.1.1 企業概要
表2.1.1-1は、スズキに関する企業概要を示す。

表2.1.1-1 スズキの企業概要

| 商号 | スズキ株式会社 |
|---|---|
| 本社所在地 | 静岡県浜松市 |
| 設立年月日 | 1920年（大正9年）3月 |
| 資本金 | 1,196億2,992万円（2001年3月末現在） |
| 売上高 | 1兆2,947億円（2000年度）　　（連結：1兆6,003億円）<br>福祉機器関連（移動機器、福祉車両など）の売上げは48億円 |
| 従業員数 | 14,460人（2001年4月1日現在） |
| 事業内容<br>（売上構成比は連結ベース） | 四輪車（売上構成比81％）<br>二輪車（売上構成比27％）<br>その他（売上構成比2％）<br>　（船外機・発電機・汎用エンジン・電動車両・住宅など） |
| URL | http://www.suzuki.co.jp/ |
| 技術移転窓口 | 知的財産グループ<br>静岡県浜松市高塚町300 |

（出典：スズキのHP、2001年度版福祉機器企業要覧）

スズキは、二輪車、四輪車のメーカとして有名であるが、その他に船外機、発電機、汎用エンジンなどの事業を展開している。1974年（昭和49年）に医療機器部門に進出し、電動車いす「スズキモーターチェア Z600型」を発売。以後、電動四輪車、電動三輪車、車いす電動ユニットなどを開発し、製造・販売を行っている。

### 2.1.2 製品例
スズキは、電動四輪車、電動三輪車の「スズキセニアカー」、電動車いすの「スズキモーターチェア」、手動式車いすに電動化ユニットを取付け、手動でも電動でも使える「スズキカインドチェア」および電動化ユニットの製造・販売を行っている。

表2.1.2-1 スズキの製品例

| スズキセニアカー | | | |
|---|---|---|---|
| 型番 | | | 備考 |
| ET-4a | 四輪タイプ | | |
| ET-3b | 三輪タイプ | | 三輪標準モデル |
| ET-3c | 三輪タイプ | | |
| スズキモーターチェア | | | |
| 型番 | | | |
| MC-2000S | ニューモジュール型電動車いす | | 最高速度4.5km/h |
| MC-3000S | ニューモジュール型電動車いす | | 最高速度6.0km/h |
| MC15R | モジュール型電動車いす | | 最高速度4.5km/h |
| MC16P | モジュール型電動車いす | | 最高速度6.0km/h |
| スズキカインドチェア | | | |
| 型番 | | | |
| AC22 | 車いすにAC22Uをセットした完成車 | | 駆動輪22インチタイプ |
| AC22U | 車いすの電動化ユニット | | 駆動輪22インチタイプ |
| AC20U | 車いすの電動化ユニット | | 駆動輪20インチタイプ |

### 2.1.3 技術開発拠点と研究者

図 2.1.3-1 にスズキの車いすに関する出願件数と発明者数を示す。発明者数は明細書の発明者を年次毎にカウントしたものである。

スズキの車いす関連の開発拠点：静岡県浜松市高塚町 300 番地　スズキ株式会社内

図2.1.3-1　スズキ株式会社の出願件数と発明者数

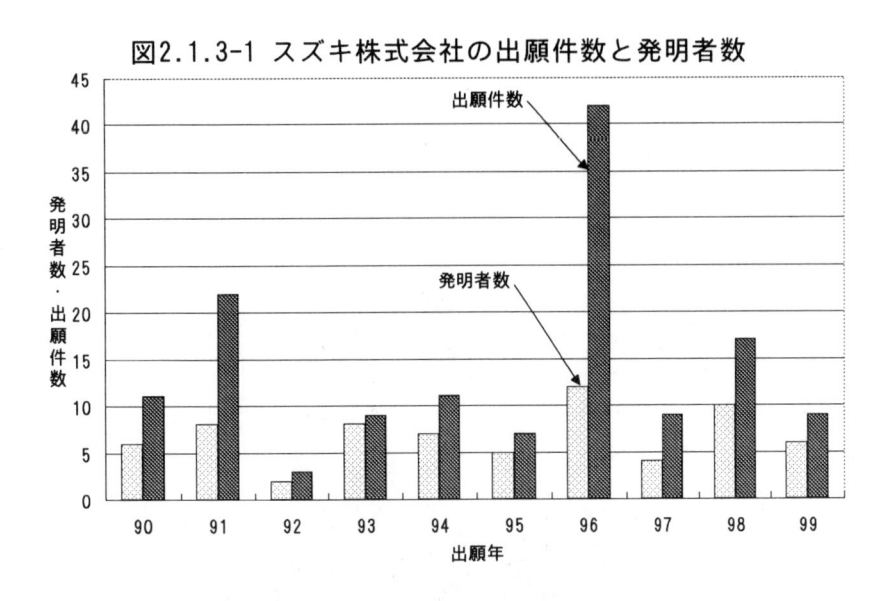

図 2.1.3-2 は、出願件数と発明者数の関連を示したものである。この図から、91、96、98 年に技術開発活動が活発で、特に 96 年の伸びが顕著である。

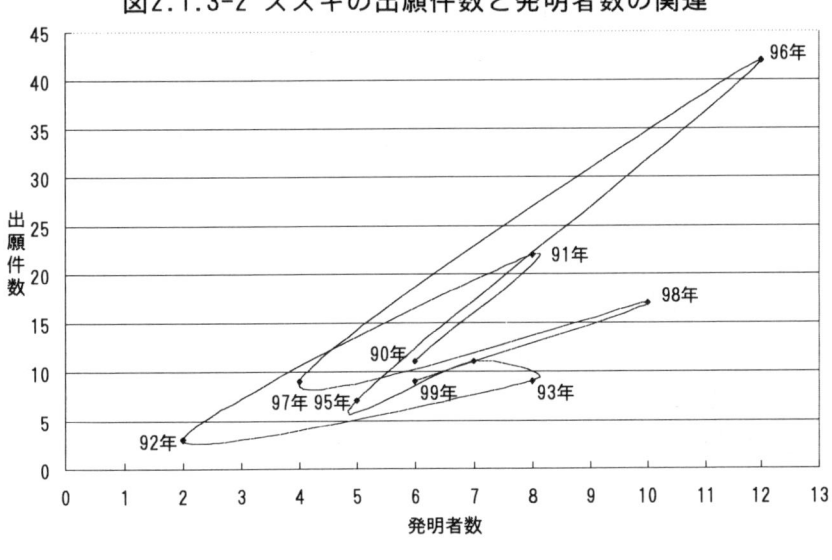

図2.1.3-2　スズキの出願件数と発明者数の関連

### 2.1.4 技術開発課題対応保有特許の概要

図2.1.4-1は、スズキの車いす関連の技術要素と課題の分布を示す。技術要素と課題別に出願件数が多いのは下記のようになるが、その中で特徴的に整備性向上の課題に関する出願が多い。

    電動車いす/車体：整備性向上
    電動車いす/車体：安全性向上
    電動車いす/制御：操作性向上

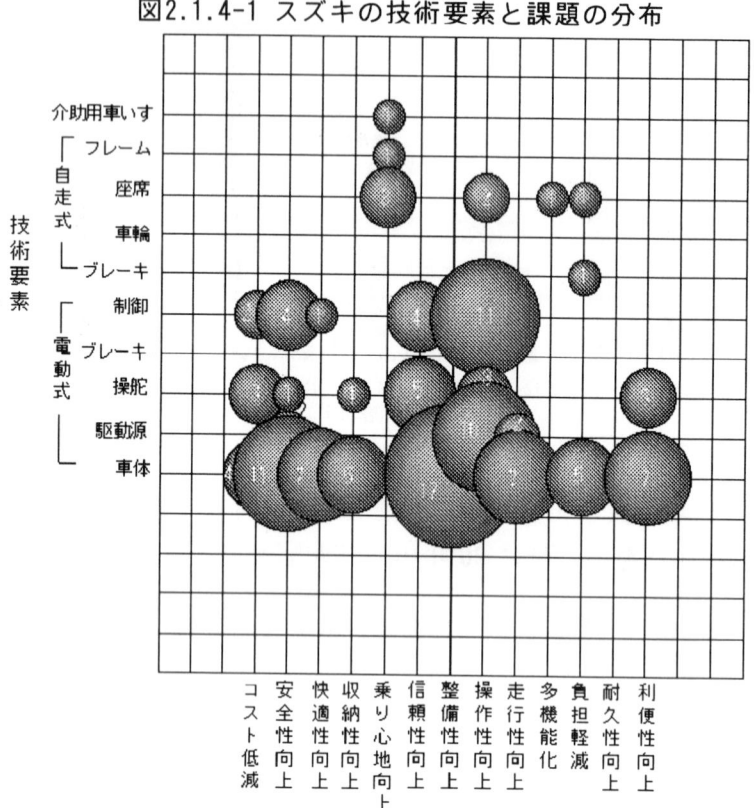

図2.1.4-1 スズキの技術要素と課題の分布

1990年から2001年7月公開の出願
（図中の数字は、登録および係属中の件数を示す。）

整備性向上の課題に関するものとして
「電動車両のバッテリ保持装置」（特許2943432）
「電動車椅子の充電装置」（特開平9-224978、特開平9-224979）など
バッテリ周辺の整備性に関するものが多く出願されている。

安全性向上の課題に関するものとして
「小型車両の電装部防水構造」（特開平8-175448）
「電動車椅子の足載せフロア構造」（特開平9-294780）
「電動四輪車の車体構造および電動車両の車体構造」（特開平10-29572）など
車体構造に関するものが多く出願されている。

表2.1.4-1は、スズキの車いす関連の保有特許一覧を示す。出願取下げ、拒絶査定の確定、権利放棄、抹消、満了したものは除かれている。

表2.1.4-1 スズキ株式会社の車いす関連の保有特許一覧（1/7）

| 技術要素 | 課題 | 解決手段 | 特許番号<br>出願日<br>筆頭FI<br>共同出願人 | 発明の名称<br>概要 |
|---|---|---|---|---|
| 介助用車いす | 乗り心地向上 | 座席構造：座席付属品 | 特開平9-234223 | 車椅子 |
| 自走式車いす/フレーム | 乗り心地向上 | 脱着機構：メンバー部材 | 特開平11-169408 | 車椅子のフレーム構造 |
| 自走式車いす/座席 | 乗り心地向上 | 座席：座席構造 | 特開平10-117877 | 座席シート |
| | | 肘掛け：構造変更 | 特開平10-179648<br>96.12.27<br>A61G5/02,507 | 車椅子のアームレスト<br>アームレストの高さ・幅・前後方向の調節が可能 |
| | | 足載せ台：係止構造改良 | 特開2000-42042 | 電動車椅子 |
| | 操作性向上 | 足載せ台：回動・着脱機構 | 特開2000-37421 | 車椅子のフットレスト構造 |
| | | 肘掛け：構造変更 | 特開2000-42040 | アームレスト構造 |
| | 多機能化 | フレーム：部材追加 | 特開2000-5234 | 車椅子用テーブル取付構造 |
| | 負担軽減 | 肘掛け：移動・着脱可能 | 特開平11-155910 | 車椅子のアームレスト装置 |
| 自走式車いす/ブレーキ | 負担軽減 | 動作連動：フットレスト回転機構・ブレーキ | 特開平8-66430 | 車椅子装置 |
| 電動車いす/車体 | コスト低減 | 機構：車体 | 特許3038774<br>90.3.31<br>A61G5/04,506 | 電動三輪型車椅子<br>配線経路も考慮した剛性の高い構造の採用 |
| | | | 特開平10-201795 | 電動車両のフレーム構造 |
| | | | 特開平11-206821 | 電動車両 |
| | | 機構：駆動系 | 特開平9-238985 | 電動車椅子の車体構造 |
| | 安全性向上 | 機構：駆動系 | 特許3019391<br>92.5.3<br>B62J9/00H | 電動三輪車<br>充電器・コントローラ収納ボックスの上下面に穿孔し通気性を良くする |
| | | | 特開平7-213560 | 電動車 |
| | | | 特開平8-58395 | 電動車 |
| | | | 特開平8-175448 | 小型車両の電装部防水構造 |
| | | | 特開平10-14012 | 電動車両 |

表 2.1.4-1 スズキ株式会社の車いす関連の保有特許一覧（2/7）

| 技術要素 | 課題 | 解決手段 | 特許番号<br>出願日<br>筆頭FI<br>共同出願人 | 発明の名称<br>概要 |
|---|---|---|---|---|
| 電動車いす/車体 | 安全性向上 | 機構:車体 | 特開平 9-294780 | 電動車椅子の足載せフロア構造 |
| | | | 特開平 10-6998 | 電動車両の車体前部構造 |
| | | | 特開 2000-140031 | 車椅子用キャリヤ |
| | | | 特開 2000-237249 | 電動車両の方向指示装置 |
| | | | 実登 2519807 | 電動三輪型車椅子 |
| | | 機構:車輪 | 特開平 10-29572 | 電動四輪車の車体構造および電動車両の車体構造 |
| | 快適性向上 | 機構:座席 | 特許 3143941<br>91.2.28<br>B60N2/10 | 電動車両のシート装置<br>シートパイプに干渉しないで背もたれを傾斜できる機構 |
| | | | 特開平 11-318996<br>宝和工業 | 電動車両の着座シート装置 |
| | | 機構:車体 | 特開平 9-322914 | 電動四輪車のフロア構造 |
| | | | 特開平 10-14988 | 電動車椅子 |
| | | | 特開平 10-16788 | 電動車両 |
| | | | 特開平 10-118129 | 電動車椅子のフットレスト装置 |
| | | | 実登 2532457 | 電動車両の足カバー取付構造 |
| | 収納性向上 | 機構:車体 | 特許 3000699<br>91.2.28<br>B62K5/04B | 電動三輪車<br>シートポストに設けた取っ手で車体を持ち上げ、分割された車体両側の係合部に整合させる |
| | | | 特開平 6-78955 | 電動車両のフレーム構造 |
| | | | 特開平 7-315274 | 電動三輪車 |
| | | | 特開 2000-237247 | 小型電動車両 |
| | | 機構:座席 | 実登 2565446 | 電動三輪車のシート着脱装置 |
| | 整備性向上 | 機構:座席 | 特許 3170719<br>91.7.31<br>A61G5/04<br>宝和工業 | 電動車両の回転シート<br>シートパイプに歯を設けたストッパプレートを固着し、穴をあけた爪に摺動できる機構を設ける |
| | | | 特開平 9-234224 | 電動車椅子 |
| | | | 特開平 10-24067 | 電動車椅子 |
| | | 機構:駆動系 | 特許 3055185 | 電動三輪車のバッテリ装着装置 |
| | | | 特許 2943432<br>91.7.31<br>A61G5/04 | 電動車両のバッテリ保持装置<br>充電器間の防塵カバーを上方回転させると充電器の押さえ板が上に動く |
| | | | 特開平 6-340285 | 電動車両 |
| | | | 特開平 9-192174 | 電動車椅子のパワーステアリング装置 |

表 2.1.4-1 スズキ株式会社の車いす関連の保有特許一覧 (3/7)

| 技術要素 | 課題 | 解決手段 | 特許番号<br>出願日<br>筆頭FI<br>共同出願人 | 発明の名称<br>概要 |
|---|---|---|---|---|
| 電動車いす/車体 | 整備性向上 | 機構:駆動系 | 特開平9-224979 | 電動車椅子の充電装置 |
| | | | 実登2517609 | 車載用バッテリ抑え装置 |
| | | 機構:車体 | 特開平9-224978 | 電動車椅子の充電装置 |
| | | | 特開平10-28706 | 電動車椅子 |
| | | | 特開平10-43250 | 電動車椅子 |
| | | | 特開2000-238677 | 電動車両の車体カバー構造 |
| | | | 実開平3-37771 | 電動車両の充電用コネクタ装置 |
| | | 機構:座席 | 特開平10-118130 | 電動車椅子の充電装置 |
| | | | 特開2000-166980 | 電動車椅子の充電コード収容装置 |
| | | | 実登2560160 | 電動車両の車体カバー開閉装置 |
| | 走行性向上 | 機構:車体 | 特許3081958<br>95.12.14<br>A61G5/04,506 | 電動三輪車の車体構造<br>フロアカバーの両縁が後方に徐々に広がっていく構造とする |
| | | | 特開平10-24068<br>96.7.10<br>B62B7/04 | 電動車椅子のサスペンションユニット<br>スイングアームをクッションユニットで緩衝する |
| | | 機構:座席 | 特開2000-237248 | 電動車椅子のシート抜け止め装置 |
| | | 機構:車輪 | 特開2001-70354 | 電動車椅子の走行補助車輪装置 |
| | | | 特開2001-170114 | 車椅子の後方転倒防止装置 |
| | | 機構:駆動系 | 特開平10-118131 | 電動車椅子の後輪懸架装置 |
| | | 材料系:駆動系 | 特開平11-165516 | 電動車両の後車軸取付構造 |
| | 負担軽減 | 機構:座席 | 特許3038789<br>90.4.28<br>A61G5/04 | フットレスト付電動三輪車<br>足台が座席の回動と連動して床下から出て来る構造とする |
| | | | 特許3109484<br>98.7.22<br>A61G5/02,506 | 電動車輌における回転シートのロック構造<br>操作レバーを回動するだけでロックできる機構 |
| | | | 特許3180810<br>2000.6.21<br>B60N2/14 | 電動車輌における回転シートのロック構造 |
| | | 機構:車体 | 特開平9-315343 | 電動四輪車の車体構造 |
| | | | 特開2000-42037 | 電動車椅子 |

49

表 2.1.4-1 スズキ株式会社の車いす関連の保有特許一覧 (4/7)

| 技術要素 | 課題 | 解決手段 | 特許番号<br>出願日<br>筆頭FI<br>共同出願人 | 発明の名称<br>概要 |
|---|---|---|---|---|
| 電動車いす/<br>車体 | 利便性向上 | 機構:車体 | 特開平 7-16262 | 電動車両のステッキホルダ |
| | | | 特開平 10-221 | 電動車両の前部構造 |
| | | | 実登 2524070 | 電動車両の足載せ装置 |
| | | 機構:座席 | 特開平 9-28738 | 車椅子の荷かご取付装置 |
| | | | 特開平 9-140745 | 車椅子用テーブル |
| | | | 実登 2516205 | 電動車両の物入れ装置 |
| | | 機構:駆動系 | 特開 2000-42047 | 充電コード収納装置 |
| 電動車いす/<br>操舵 | 安全性向上 | 機構:車輪 | 特許 3008997<br>91.6.30<br>B62D61/06 | 電動三輪車<br>旋回時の安定性を高めるため、前輪に補助輪を傾斜を設けて設置する |
| | | 機構:操縦系 | 実登 2500231 | 電動車椅子の操作装置 |
| | 操作性向上 | 制御:操縦 | 特許 2879766<br>90.2.28<br>B62D6/02Z | 電動車椅子のパワーステアリング装置<br>降坂時のパワステ操作を円滑にするため、駆動制御信号を坂の状態によって変化させる |
| | | | 特許 3194175<br>93.9.30<br>A61G5/04 | 電動車<br>アクセルレバーの回動範囲内にハンドル握り部を配置する |
| | | | 特開平 6-70959 | 電動車両の操舵装置 |
| | | | 特開平 7-255787 | 電動車 |
| | | | 特開 2000-14713 | 電動車椅子の足操作機構 |
| | | | 特開 2000-51278 | 電動車椅子 |
| | | | 特開 2000-237245 | 小型電動車両のハンドル構造 |
| | | 制御:車輪 | 特開平 10-126906<br>96.10.23<br>B60K7/00 | 電動車椅子<br>前進方向角度と指示角度を一致させる制御 |
| | | | 特開 2000-5239 | 電動車の駆動制御装置 |
| | | 機構:車体 | 実登 2560174 | 電動三輪車 |
| | 走行性向上 | 制御:車輪 | 特許 2993025<br>90.1.23<br>A61G5/02,513 | 直進制御信号の時間によって前輪回動抑制を制御する |
| | | 制御:駆動系 | 特開平 10-126907 | 電動車両の駆動制御装置 |
| 電動車いす/<br>駆動源 | コスト低減 | 配置と構造:構造上の工夫 | 特開平 8-67152 | 電動車 |
| | | | 特開平 10-216178 | 電動車両の懸架装置 |

表2.1.4-1 スズキ株式会社の車いす関連の保有特許一覧（5/7）

| 技術要素 | 課題 | 解決手段 | 特許番号<br>出願日<br>筆頭FI<br>共同出願人 | 発明の名称<br>概要 |
|---|---|---|---|---|
| 電動車いす/駆動源 | コスト低減 | 配置と構造：クラッチの構造/構成 | 特開平9-296829 | **電動車両のクラッチ装置** |
| | 安全性向上 | 配置と構造：クラッチレバーの構造/配置 | 特開平11-310051 | **電動車両のクラッチ操作装置** |
| | 収納性向上 | 配置と構造：配置上の工夫 | 特開平10-57423 | **電動車椅子** |
| | 信頼性向上 | 検知と報知：報知 | 特開平7-142099 | **電動車両用バッテリ液面レベル警報装置** |
| | | 構造：構造上の工夫 | 特開平10-118127 | **電動車両の電装品防水構造** |
| | | 配置と構造：配置上の工夫 | 特開平9-263144 | **電動車両** |
| | | | 特開2000-247155 | **電動車両** |
| | | 配置と構造：構造上の工夫 | 特開平11-309179 | **電動車椅子のシートセンサー装置** |
| | 操作性向上 | 配置と構造：クラッチレバーの構造/配置 | 特開平9-294777 | **電動車椅子のクラッチ操作装置** |
| | | 配置と構造：クラッチの構造/構成 | 特開平9-294778<br>96.4.30<br>B62B7/04 | **電動車椅子のクラッチ操作装置**<br>搭乗者用および介助者用クラッチレバーを接続する |
| | | | 特開平10-118126<br>96.10.24<br>A61G5/04,501 | **電動車椅子のクラッチ操作装置**<br>クラッチレバーを左右の駆動ユニットに設け、車両後部にて連結する |
| | 利便性向上 | 配置と構造：配置上の工夫 | 特開平10-57422 | **電動車椅子** |
| | | 配置と構造：構造上の工夫 | 特開平10-258085 | **電動車両のバッテリー取付け構造** |
| | | | 特開平11-155911 | **電動車椅子** |
| 電動車いす/制御 | コスト低減 | 制御：乗員の操作による出力指令 | 特開平9-262258<br>96.3.28<br>A61G5/04,502 | **車椅子補助動力制御装置**<br>乗員の操作による出力指令手段、モータのスロースタート手段、乗員がリムをもって車輪をロック可能な範囲内にし、所定最高速度が得られるようにする手段を有する |
| | 安全性向上 | 報知：緊急状態の検知 | 特開平8-182104 | **電動車両** |
| | | 配置構造：操作方法 | 特開平9-150644 | **電動車両のアクセル装置** |

表 2.1.4-1 スズキ株式会社の車いす関連の保有特許一覧 (6/7)

| 技術要素 | 課題 | 解決手段 | 特許番号<br>出願日<br>筆頭FI<br>共同出願人 | 発明の名称<br>概要 |
|---|---|---|---|---|
| 電動車いす/制御 | 安全性向上 | 配置と構造:意図しない動作をシステム/構造的に防止 | 特開平10-304515 | 電動車両のアクセル装置 |
| | | 検知と制御:走行速度に応じた制御 | 特開2000-24046 | 電動車両 |
| | 信頼性向上 | 配置構造 | 特開平7-236661 | 電動三輪車 |
| | | | 特開平9-226650 | 電動車両 |
| | | 配置構造:構造上の工夫 | 特開平9-311085 | トルク検出装置 |
| | | 配置と構造:配置上の工夫 | 特開平10-277099<br>97.4.7<br>A61G5/04,502 | 電動車両の速度制御構造<br>変位電気信号変換手段を金属製のメインコントローラケース内に設ける |
| | 操作性向上 | 配置と構造:構造上の工夫 | 特開平8-126126 | 電動車両の走行操作装置 |
| | | | 特開平9-51919 | 電動車椅子のジョイスティックボックス取付構造 |
| | | | 特開平9-140744<br>95.11.29<br>A61G5/04,503 | 電動車両<br>キーが、キー穴に対して左右両側から挿脱可能で、その挿脱により電源SWがON/OFF |
| | | | 特開平9-149918 | 電動車椅子のコントロールボックスの取付構造 |
| | | 制御:モータ制御 | 特開平9-262259 | 車椅子補助動力制御装置 |
| | | 制御:制御電流を徐々に供給 | 特開平9-294776<br>96.4.30<br>B62B7/04 | 電動車椅子<br>最初は制御電流として所定の初期電流を供給し、その後は徐々に基準電流値に近づけるように制御する |
| | | 検知と制御:トルク検出とジョイスティック出力の併用 | 特開平10-220 | 電動アシスト車椅子 |
| | | 配置と構造 | 特開平9-38147<br>95.8.1<br>A61G5/04,503 | 電動車椅子のアクセルレバー<br>利用者の利き手が置かれるハンドグリップに操作レバーの位置を決める間隔を変位自在にできる |

表 2.1.4-1 スズキ株式会社の車いす関連の保有特許一覧 (7/7)

| 技術要素 | 課題 | 解決手段 | 特許番号<br>出願日<br>筆頭FI<br>共同出願人 | 発明の名称<br>概要 |
|---|---|---|---|---|
| 電動車いす/制御 | 操作性向上 | 検知と制御：左右駆動輪関連制御 | 特開平10-5282 | **電動アシスト車椅子** |
| | | 検知と制御：介助者と使用者の駆動指令を比較制御 | 特開平10-179651 | **電動車椅子** |
| | | 配置構造：手動以外の手段 | 特開2001-70355 | **感圧式操作スイッチ装置を用いた電動車椅子の制御装置** |
| | コスト低減 | 配置と構造：速度に応じて電磁ブレーキ | 特開平11-244340 | **電動車両のブレーキ装置** |
| | 快適性向上 | 検知と制御：回転数依存の2段階制御 | 特開平10-201793 | **電動車両の制動補助装置** |

## 2.2 ヤマハ発動機

### 2.2.1 企業概要

表2.2.1-1に、ヤマハ発動機の企業概要を示す。

表2.2.1-1 ヤマハ発動機の企業概要

| 商号 | ヤマハ発動機株式会社 |
|---|---|
| 本社所在地 | 静岡県磐田市 |
| 設立年 | 1955年（昭和30年） |
| 資本金 | 231億97百万円（2001年3月末現在） |
| 売上高 | 5,902億90百万円（2001年3月）　（連結：8,840億54百万円）<br>福祉機器関連の売上げは9億円 |
| 従業員数 | 8,350人（2000年3月末）　（連結：32,289人） |
| 事業内容<br>（売上構成比<br>は連結ベース） | モーターサイクル（売上構成比50.1%）<br>マリン（売上構成比19.9%）<br>特機（売上構成比18.7%）<br>その他（売上構成比11.3%） |
| URL | http://www.yamaha-motor.co.jp/ |

（出典：ヤマハ発動機のHP、2001年度版福祉機器企業要覧）

ヤマハ発動機は、二輪車、ボート、船外機などで有名であるが、車いすに関しては比較的最近の参入である。1993年に世界初の電動ハイブリッド自転車「ヤマハ パス」を発売し、96年に車いす用電動補助ユニットおよび電動化ユニットを発売した。

### 2.2.2 製品例

ヤマハ発動機は、介護用車いすのタウニィシリーズ、手動車いすの電動化ユニットを軸にしたJWシリーズ、2001年には電動カート（電動四輪車）の「マイメイト」の製造・販売を行っている。

表2.2.2-1 ヤマハ発動機の製品例（ヤマハ発動機のHPより）

| タウニィシリーズ | | | |
|---|---|---|---|
| 製品名 | 製品内容 | 備考 | |
| タウニィパス | 電動ハイブリッド介護用車いす | | |
| タウニィ | 介護用車いす | タウニィユニット後付けでタウニィパスになる | |

| JWシリーズ | | | |
|---|---|---|---|
| 製品名 | 製品内容 | 備考 | |
| JW-Ⅰ | 車いす用電動ユニット | 手動車いすの電動化ユニット | |
| JW-ⅠB | 電動車いす | JW-Ⅰを装着した超軽量電動車いす | |
| JW-Ⅱ | 車いす用電動補助ユニット | 手動車いすのパワーアシスト化ユニット | |
| JW-Ⅲ | ニューコンセプトパワーホイール | 次世代型電動車いす | |

| 電動カート | | | |
|---|---|---|---|
| 製品名 | 製品内容 | 備考 | |
| マイメイト | 電動四輪車 | | |

### 2.2.3 技術開発拠点と研究者

図 2.2.3-1 に、ヤマハ発動機の車いす関連の出願件数と発明者数を示す。発明者数は明細書の発明者をカウントしたものである。

ヤマハ発動機の開発拠点：静岡県磐田市新貝 2500 番地　ヤマハ発動機株式会社内

出願件数のピークは 95 年であり、車いすの電動化ユニットが発売された 96 年に時期が一致する。

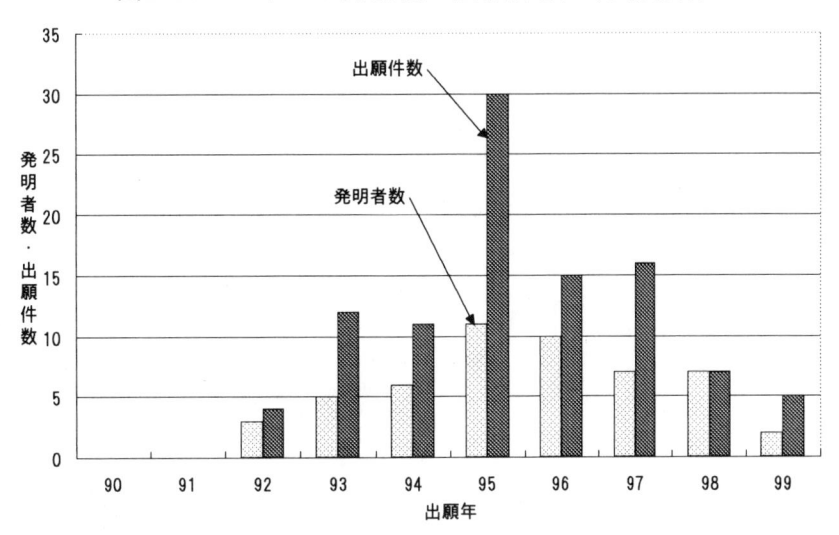

図2.2.3-1 ヤマハ発動機の出願件数と発明者数

図 2.2.3-2 は、ヤマハ発動機の出願件数と発明者数との関連をみたものである。この図でも、95 年以前が成長期で、これ以降減少している。

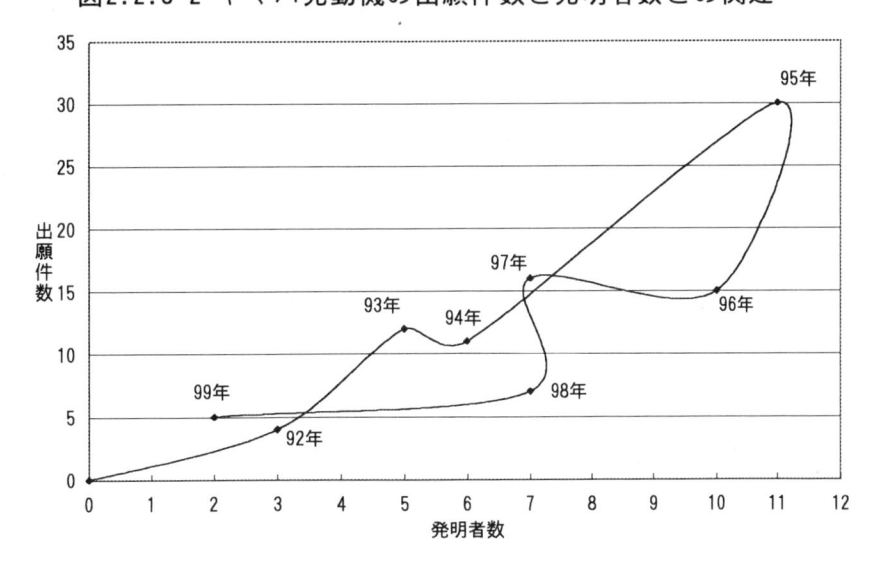

図2.2.3-2 ヤマハ発動機の出願件数と発明者数との関連

### 2.2.4 製品開発課題対応保有特許の概要

図 2.2.4-1 に、ヤマハ発動機の技術要素と課題の分布を示す。技術要素と課題別に出願件数が多いのは下記のようになる。その中で特徴的に操作性向上の課題に関する出願が多い。

　　　電動車いす/制御　　：操作性向上、信頼性向上、コスト低減
　　　電動車いす/駆動源　：整備性向上
　　　電動車いす/車体　　：収納性向上

図2.2.4-1 ヤマハ発動機の技術要素と課題の分布

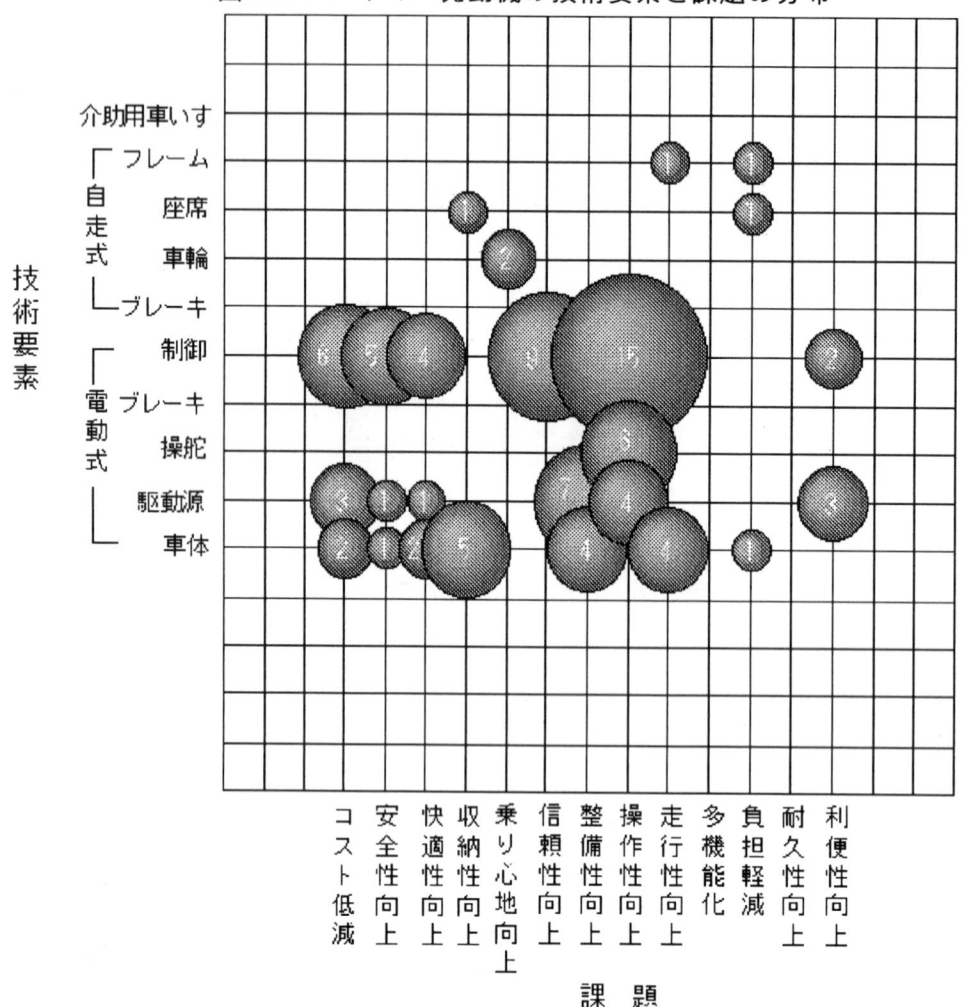

1990 年から 2001 年 7 月公開の出願
（図中の数字は、登録および係属中の件数を示す。）

表2.2.4-1に、ヤマハ発動機の車いす関連保有特許一覧を示す。出願取下げ、拒絶査定の確定、権利放棄、抹消、満了したものは除かれている。

表2.2.4-1 ヤマハ発動機の車いす関連保有特許一覧(1/5)

| 技術要素 | 課題 | 解決手段 | 特許番号<br>出願日<br>筆頭FI<br>共同出願人 | 発明の名称<br>概要 |
|---|---|---|---|---|
| 自走式車いす/フレーム | 走行性向上 | 部材の連動:前キャスターと駆動輪が一体的に上下揺動 | 特開2000-24043 | 車椅子 |
| | 負担軽減 | 部材の連動:背部とクロス部材 | 特開2000-24045<br>98.7.8<br>A61G5/02,504 | 折り畳み式車椅子<br>クロス部材を着座部フレーム前端部、背凭れ部フレーム下部に可動的に連結する |
| 自走式車いす/座席 | 収納性向上 | 肘掛け:新機能の追加 | 特開2001-104386 | 車椅子におけるシート装置 |
| | 負担軽減 | 座席:回転機構 | 特開2001-104387 | 車両における回動シート装置 |
| 自走式車いす/車輪 | 乗り心地向上 | 車軸支持機構:車軸位置調整機構 | 特開2001-104395 | 車椅子における車輪支持装置 |
| | | キャスター取付構造:緩衝機構 | 特開2001-104391 | 車椅子 |
| 電動車いす/車体 | コスト低減 | 機構:駆動系 | 特開平9-575 | 手動式電動車椅子 |
| | | 機構:車輪 | 特開平9-262255 | 車椅子 |
| | 安全性向上 | 機構:駆動系 | 特開平10-71176 | 電動車椅子 |
| | 快適性向上 | 機構:駆動系 | 特開平8-294515 | 電動式車椅子 |
| | | | 特開平9-173387 | 電動車椅子の回り止め構造 |
| | 収納性向上 | 機構:駆動系 | 特許3139581<br>92.9.18<br>A61G5/04,504 | 車椅子用自動走行装置 |
| | | | 特開平7-195946 | 電動式車椅子のバッテリユニット着脱構造 |
| | | 機構:車輪 | 特許3095096<br>92.9.18<br>B60S9/02 | 車椅子用自動走行装置<br>補助輪によって装置本体の一部が路面から離反した状態でジャッキアップされる |
| | | | 特開平10-43249 | 車椅子の車輪脱着構造 |
| | | | 特開平11-104185 | 手動式電動車椅子 |
| | 整備性向上 | 機構:駆動系 | 特開平7-194653 | 電動式車椅子の駆動ユニット着脱構造 |
| | | 機構:座席 | 特開2001-104399 | 電動式車椅子における電源手段の配設構造 |
| | | 機構:車体 | 特開平10-203459 | 小型車両 |
| | | 機構:車輪 | 特開平8-294513 | 車椅子 |
| | 走行性向上 | 機構:座席 | 特開平10-155838 | 小型車両 |

表 2.2.4-1 ヤマハ発動機の車いす関連保有特許一覧(2/5)

| 技術要素 | 課題 | 解決手段 | 特許番号<br>出願日<br>筆頭FI<br>共同出願人 | 発明の名称<br>概要 |
|---|---|---|---|---|
| 電動車いす/車体 | 走行性向上 | 機構:車輪 | 特開平 8-56991 | 車椅子用電動ユニット |
| | | | 特許 3084206 | 電動式車椅子 |
| | | 材料系:車輪 | 特開平 10-43248 | 手動式電動車椅子 |
| | 負担軽減 | 機構:車体 | 特開平 11-115858 | 小型車両 |
| 電動車いす/操舵 | 操作性向上 | 機構:車輪 | 特許 3084204 | 電動式車椅子 |
| | | 機構:操縦 | 特開平 9-19461 | 電動車椅子の操作装置 |
| | | | 特開 2000-51279 | 電動車椅子 |
| | | 制御:車輪 | 特開平 7-136218<br>93.11.12<br>A61G5/04 | 手動式電動車椅子<br>一方に加えられた力を他方の車輪にも分配し、片腕が利かない人でも運転可能 |
| | | | 特開平 11-56923 | 電動車椅子 |
| | | 制御:操縦 | 特開平 9-135866 | 電動車椅子 |
| 電動車いす/駆動源 | 安全性向上 | 配置と構造:誤動作を防止する構造的工夫 | 特開 2000-70309 | 電動車両の安全装置 |
| | コスト低減 | 配置と構造:クラッチの構造/構成 | 特開平 8-196572 | 車椅子の走行駆動切換装置 |
| | | 配置と構造:配置上の工夫 | 特開平 8-150179 | 手動式電動車椅子 |
| | | 配置と構造:構造上の工夫 | 特開平 11-56920 | 手動式電動車椅子 |
| | 快適性向上 | 検知と制御:クラッチの制御 | 特開平 10-295736 | 補助動力式車椅子 |
| | 整備性向上 | 配置と構造:クラッチレバーの構造/配置 | 特開 2000-325403 | 電動式車椅子 |
| | | 配置と構造:構造上の工夫 | 特開平 8-56992 | 車椅子 |
| | | | 特許 3084205<br>95.4.26<br>B62B3/00B | 電動式車椅子<br>バッテリの取り付け位置をフレームや他の部分に干渉しないようにする |
| | | 配置と構造:配置上の工夫 | 特開平 9-262260 | 電動車椅子の駆動輪取付構造 |
| | | | 特開 2000-334001 | 電動式車椅子 |
| | | 配置と構造:構造上の工夫 | 特許 3117690<br>2000.3.31<br>A61G5/04,501 | 電動式車椅子<br>バッテリの取り付け位置をフレームや他の部分に干渉しないようにする |

表 2.2.4-1 ヤマハ発動機の車いす関連保有特許一覧(3/5)

| 技術要素 | 課題 | 解決手段 | 特許番号<br>出願日<br>筆頭FI<br>共同出願人 | 発明の名称<br>概要 |
|---|---|---|---|---|
| 電動車いす/駆動源 | 整備性向上 | 配置と構造:配置上の工夫 | 特開平8-56993<br>94.8.24<br>A61G5/02,501 | 車椅子<br>駆動モータ、バッテリ、コントローラを一体化し、ブラケットに着脱可能とする |
| | 操作性向上 | 配置と構造:クラッチの制御 | 特開平8-117290 | 手動式電動車椅子 |
| | | 配置と構造:構造上の工夫 | 特開平11-56921 | 手動式電動車椅子 |
| | | | 特開平11-56922 | 手動式電動車椅子 |
| | | | 特開平11-56919 | 手動式電動車椅子 |
| | 利便性向上 | 配置と構造:構造上の工夫 | 特開平8-196571 | 車椅子の走行用駆動装置 |
| | | | 特開平11-76313 | 電動車椅子 |
| | | 配置と構造:配置上の工夫 | 特開2000-51280 | 電動車椅子 |
| 電動車いす/制御 | コスト低減 | 配置と構造:構造上の工夫 | 特開平8-127385<br>94.10.28<br>B62M23/02H | 補助動力式ビークル<br>遊星歯車機構のサンギヤとリングギヤの回転数が同一となるよう制御する |
| | | | 特開平8-117291<br>94.10.28<br>B62M23/02H | 補助動力式ビークル<br>入力部材と推進手段に連なる出力部材との相対回転量から入力を検知 |
| | | モータを発電ブレーキとして機能 | 特開平9-75398<br>95.9.11<br>A61G5/04,502 | 電動車椅子用制御装置<br>停止命令により、共通端子と常閉端子とを接続し、モータを発電ブレーキとする |
| | | 報知手段 | 特開平9-121401 | 車両のモータ制御装置 |
| | | 検知と制御 | 特開平9-130919 | 電動車両の制御装置 |
| | | 配置構造 | 特開平10-14985 | 電動車椅子 |
| | 安全性向上 | 検知と制御:惰行の検知 | 特開平7-313555 | 手動式電動車椅子 |
| | | 検知と制御:実際の速度と指示速度に基づく判断 | 特開平9-28737 | 電動車椅子 |

表 2.2.4-1 ヤマハ発動機の車いす関連保有特許一覧(4/5)

| 技術要素 | 課題 | 解決手段 | 特許番号<br>出願日<br>筆頭FI<br>共同出願人 | 発明の名称<br>概要 |
|---|---|---|---|---|
| 電動車いす/制御 | 安全性向上 | 配置構造：他者による対応 | 特開平 9-24068<br>95.7.10<br>A61G5/04,501 | **電動車椅子**<br>乗員と介助者の操縦手段を別個に設け、選択的に操作可能とする |
| | | 検知と制御：閾値で走行制御 | 特開平 10-99379 | **補助動力付き車椅子** |
| | | | 特開平 11-276527 | **補助動力付き車椅子** |
| | 快適性向上 | 検知と制御：傾斜の検出 | 特開平 9-130920 | **車両速度制御装置** |
| | 快適性向上 | 検知と制御：左右車輪関連制御 | 特開平 9-130921 | **電動車両の速度制御装置** |
| | | 検知と制御：補助動力の制御 | 特開平 10-314232 | **補助動力式車椅子** |
| | | 検知と制御：補助動力の時間減衰に基づく制御 | 特開平 11-342159 | **補助動力式車椅子** |
| | 信頼性向上 | 検知と制御：検出値と設定値との比較 | 特開平 9-130903 | **モータの制御装置** |
| | | 検知と制御：電気回路的な異常検出 | 特開平 9-131092 | **モータ制御装置** |
| | | 人力検知：構造上の工夫 | 特開平 8-117287 | **手動式電動車椅子** |
| | | | 特開平 9-292293 | **手動式電動車椅子の入力検出装置** |
| | | 人力検知：視認手段を設ける | 特開平 10-94562 | **手動式電動車椅子** |
| | | 人力検知と制御：構造上の工夫 | 特開平 8-182708 | **補助動力式ビークル** |
| | | 配置構造：機能材を用いた構成 | 特開平 10-94563 | **入力検出装置** |
| | | 配置構造：検出構造上の工夫 | 特開平 9-19460 | **手動式電動車椅子の入力検出装置** |
| | | 配置構造：配置上の工夫 | 特開平 9-117476<br>95.10.27<br>A61G5/04,502 | **車両の電動駆動装置**<br>電力制御部をモータから離間した位置に取り付ける |
| | 操作性向上 | 検知と制御：駆動輪の独立制御 | 特開平 11-188065 | **電動車椅子の制御装置** |
| | | 検知と制御：手動以外の手段 | 特開平 10-23613 | **電動式移動体** |
| | | 人力検知：人力が不感帯幅を超えたときに動力を出力 | 特開平 10-99380 | **補助動力付き車椅子** |

表 2.2.4-1 ヤマハ発動機の車いす関連保有特許一覧(5/5)

| 技術要素 | 課題 | 解決手段 | 特許番号<br>出願日<br>筆頭FI<br>共同出願人 | 発明の名称<br>概要 |
|---|---|---|---|---|
| 電動車いす/制御 | 操作性向上 | 人力検知:方向も検知 | 特開平 8-52177 | **手動式電動車椅子** |
| | | 人力検知と制御:2段階制御 | 特開平 11-56916 | **補助動力式車椅子** |
| | | | 特開平 11-56917 | **補助動力式車椅子** |
| | | | 特開平 11-56918 | **補助動力式車椅子** |
| | | 人力検知と制御:人力検知に基づく走行制御 | 特開平 9-2371 | **補助動力式ビークル** |
| | | 人力検知と制御:人力除去後も動力を残存 | 特開平 8-168506 | **補助動力式ビークル** |
| | | 人力検知と制御:補助動力の作用中心を規定 | 特開平 11-47197<br>97.7.30<br>A61G5/04,502 | **補助動力式車椅子**<br>人力の有無と入力方向を検知し、補助動力が車両の幅中央方向に作用するように制御する |
| | | 制御 | 特開平 8-206157 | **手動式電動車椅子** |
| | | 制御:ジョイスティック指令信号の不感帯 | 特開平 9-130918 | **車両の操作装置** |
| | | 制御:左右の駆動輪の関連制御 | 特開平 9-215713 | **補助動力付き車椅子** |
| | | 配置と構造:制御パラメータ調整 | 特開平 11-099180 | **手動式電動車椅子** |
| | | 配置構造:SW類の配置 | 特開平 9-19459 | **手動式電動車椅子** |
| | 利便性向上 | 配置構造 | 特開平 9-10263 | **手動式電動車椅子** |
| | | 配置構造:構造上の工夫 | 特開平 9-173385 | **手動式電動車椅子** |

## 2.3 アテックス

### 2.3.1 企業概要
表 2.3.1-1 は、アテックスの企業概要を示す。

表2.3.1-1 アテックスの企業概要

| 商号 | 株式会社アテックス |
|---|---|
| 本社所在地 | 愛媛県松山市 |
| 設立年 | 創立 昭和9年 |
| 資本金 | 6,080万円 |
| 売上高 | 40億円<br>福祉機器関連の売上げは4億円 |
| 従業員数 | 220名 |
| 事業内容 | 電動車いす<br>動力運搬車<br>農業関連機械<br>省力化機械 |
| URL | http://www.atexnet.co.jp/ |

（出典：アテックスのHP、2001年度版福祉機器企業要覧）

昭和9年に鋳造所として設立された同社は、戦後、農機具の製造に転換、昭和56年には運輸省より小型特殊自動車の製造型式認定を受ける。

昭和63年に電動三輪車の製造を開始して、現在に至っている。

### 2.3.2 製品例
表 2.3.2-1 に、アテックスの車いす関連製品を示す。

アテックスは、電動三輪・四輪タイプの「マイピア」シリーズと、コンパクト型電動三輪・四輪タイプの「ララウォーク」シリーズを製品構成としている。

「ララウォーク」シリーズはコンパクト性を前面に打ち出しており、BT400とBTX40とを比較すると、全幅で20mm、機体重量で約30kg（バッテリー含む）コンパクト・軽量化されている。

「マイピア」シリーズでは、音声案内機能（BT400）を搭載し便利さ・快適さを強調している。

その他、荷籠や雨よけ用のルーフセットなどオプションも豊富に用意されている。

表2.3.2-1 アテックスの製品例

電動車いす　マイピア

| 型番 | タイプ |
|---|---|
| BT400 | 四輪タイプ |
| BT90 | 三輪タイプ |

軽快電動カー　ララウォーク

| 型番 | タイプ |
|---|---|
| BTX40 | 四輪タイプ |
| BTX5 | 三輪タイプ |

### 2.3.3 技術開発拠点と研究者

図 2.3.3-1 にアテックスの車いすに関する出願件数と発明者数を示す。発明者数は明細書の発明者を年次毎にカウントしたものである。なお、アテックスの旧社名である株式会社四国製作所からの出願を含めている。

アテックスの車いす関連の開発拠点：
　　　　　　　愛媛県松山市衣山１丁目２番５号　株式会社アテックス内

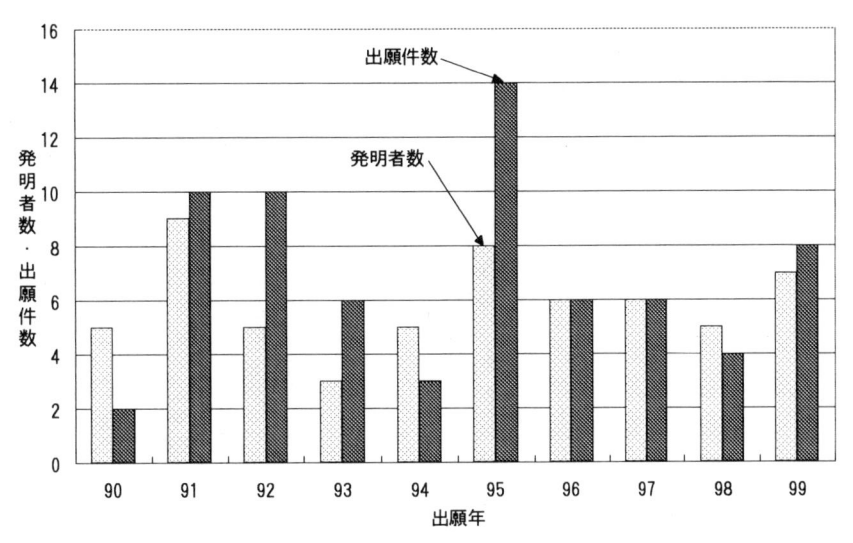

図2.3.3-1 アテックスの出願件数と発明者数

図 2.3.3-2 は、アテックスの出願件数と発明者数の関連を示す。91、95 年に技術開発のピークを迎えている。

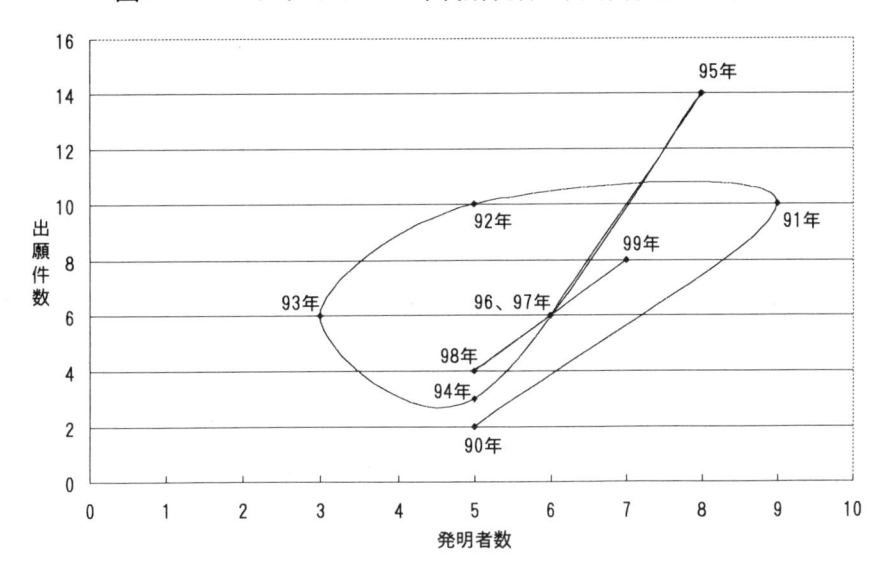

図2.3.3-2 アテックスの出願件数と発明者数との関連

### 2.3.4 技術開発課題対応保有特許の概要

図 2.3.4-1 に、アテックスの車いす関連の技術要素と課題の分布を示す。技術要素と課題別に出願件数が多いのは下記のようになるが、その中で安全性向上と操作性向上の課題に関する出願が多い。

　　　電動車いす/車体：安全性向上
　　　電動車いす/操舵：操作性向上

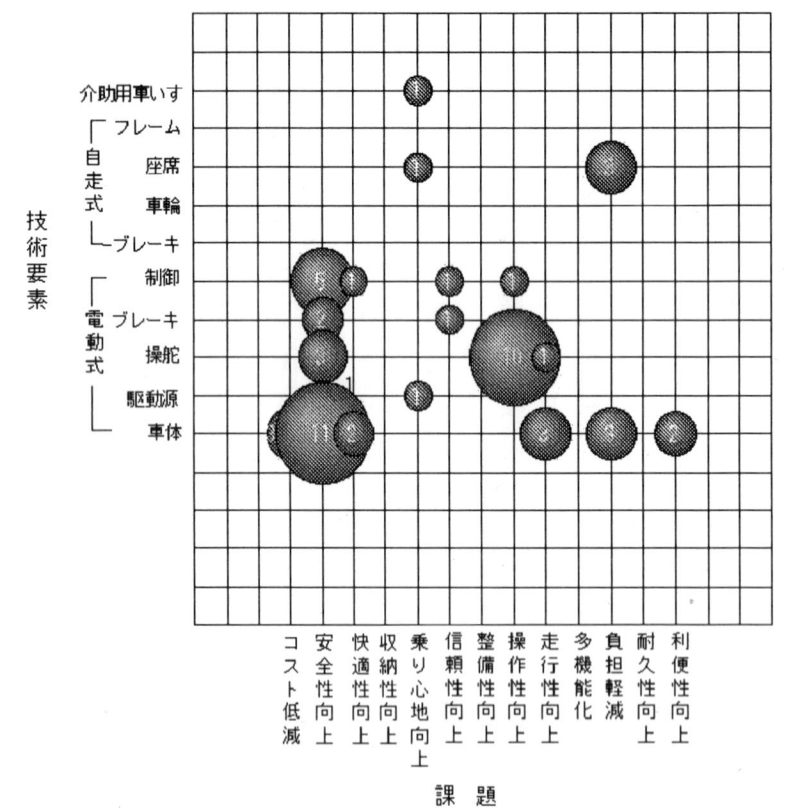

図2.3.4-1 アテックスの技術要素と課題の分布

1990年から2001年7月公開の出願
（図中の数字は、登録および係属中の件数を示す。）

安全性向上の課題に関するものとして
「電動車の非常停止時の制御方法」（特許 2779964）
「電動車の故障診断方法」（特許 2855279）などソフトウエアに関するものや
「電動車椅子のカバー取付構成」（特開平 10-85270）
「小型車両のルーフ支持装置」（特開平 8-310471）などの車体構造に関するものなどが出願されている。

操作性向上の課題に関するものとして
「電動車椅子の操縦装置」（特許 2893587）など操縦装置に関する出願が多い。

表2.3.4-1に、アテックスの車いす関連の保有特許一覧を示す。出願取下げ、拒絶査定の確定、権利放棄、抹消、満了したものは除かれている。

表2.3.4-1 アテックスの車いす関連の保有特許一覧(1/3)

| 技術要素 | 課題 | 解決手段 | 特許番号<br>出願日<br>筆頭FI<br>共同出願人 | 発明の名称<br>概要 |
|---|---|---|---|---|
| 介助用車いす | 乗り心地向上 | その他構造:アームレスト構造 | 特開平8-84751 | 介護用車椅子 |
| 自走式車いす/座席 | 乗り心地向上 | 肘掛け:新機能の追加 | 特開平8-308881 | 車椅子のアームレスト |
| | 負担軽減 | 足載せ台:回動・着脱機構 | 特開平8-224275 | 車いすのフットレスト収納装置 |
| | | 足載せ台:接地部を設ける | 特開平9-94270 | 乗降を容易にした車椅子 |
| | | 肘掛け:移動・着脱可能 | 実登2556356<br>91.3.25<br>A61G5/00,509 | 車椅子の乗降補助装置<br>肘掛けの全部または一部が前方へ突出移動自在に構成 |
| 電動車いす/駆動源 | 安全性向上 | 配置構造:クラッチレバーの構造/配置 | 特開平10-94561 | 電動車椅子 |
| | 乗り心地向上 | 配置と構造:配置上の工夫 | 特開平10-119858 | 電動走行車 |
| 電動車いす/車体 | コスト低減 | 機構:座席 | 特開2000-201980 | 電動車の操縦用座席 |
| | | 機構:車体 | 特開平10-258089<br>本田技研工業 | 電動車椅子 |
| | | 機構:車輪 | 特開2000-302077 | 電動車の操作装置 |
| | 安全性向上 | 機構:駆動系 | 特開平10-85270 | 電動車椅子のカバー取付構成 |
| | | | 特開2001-97220 | 電動車輌の車体フレーム |
| | | 機構:座席 | 実登2579373 | 電動車椅子の座席構造 |
| | | 機構:車体 | 特開平8-310471 | 小型車両のルーフ支持装置 |
| | | | 特開平10-94564 | 電動車椅子 |
| | | | 特開平10-258090<br>本田技研工業 | 電動車椅子 |
| | | | 実登2606577 | 電動車椅子 |
| | | 機構:車輪 | 特開平8-308882 | 介助兼用電動車椅子のステップ装置 |
| | | 制御:駆動系 | 特許2779964<br>松下電器産業 | 電動車の非常停止時の制御方法 |
| | | | 特許2855279<br>松下電器産業<br>テコールシステム | 電動車の故障診断方法 |
| | | | 特許3114212<br>91.2.1<br>B60L3/08M | 電動車の手押し安全装置<br>手押し時に速度検出し、安全速度以上になるとモータが発電し減速する |
| | 快適性向上 | 機構:座席 | 特開2000-152960 | 車椅子の座席の構成 |
| | | 機構:車体 | 特開平11-33061 | 電動車椅子 |

表 2.3.4-1 アテックスの車いす関連の保有特許一覧(2/3)

| 技術要素 | 課題 | 解決手段 | 特許番号<br>出願日<br>筆頭FI<br>共同出願人 | 発明の名称<br>概要 |
|---|---|---|---|---|
| 電動車いす/車体 | 走行性向上 | 機構:車輪 | 特開平 8-310201 | 小型車両の後車輪トレッド変更装置 |
| | | | 特開 2000-102570<br>98.9.30<br>A61G5/04,506 | 介助電動車<br>電動駆動輪を補助輪よりも上位に移動できる |
| | | 制御:駆動系 | 特許 2826859<br>89.12.14<br>A61G5/04<br>松下電器産業 | 電動車の停止時の制御方法<br>速度レンジによって停止方法を変える |
| | 負担軽減 | 機構:座席 | 特開 2000-264104<br>99.3.16<br>B60N2/14 | 電動車の座席支持装置<br>座席の回動角度によって、段々前傾になる機構を設ける |
| | | 機構:座席 | 特開 2000-308213 | 電動車両 |
| | | 制御:座席 | 特開平 08-215251 | 電動車椅子 |
| | 利便性向上 | 機構:座席 | 特開平 08-322886 | 多目的電動車椅子 |
| | | | 特開平 10-328243 | 車椅子 |
| 電動車いす/制御 | 安全性向上 | 検知と制御:傾斜の検出 | 特開平 8-308029 | 電動車の走行制御装置 |
| | | | 特開平 11-113972 | 電動車の走行制御装置 |
| | | 検知と制御:速度制御 | 特開平 8-223703 | 電動車の走行制御装置 |
| | | 配置構造:リクライニング | 特開 2001-87068 | 電動車椅子のリクライニング装置 |
| | | 検知と制御:緊急時対応機能の設置 | 特開 2001-25101 | 電動車の安全制御装置 |
| | 快適性向上 | 検知と制御:モータ負荷から検出 | 特許 3114213<br>91.2.1<br>B60L15/20M | 電動車椅子の走行速度制御装置<br>駆動モータの負荷変動を検出し、路面状態判定基準と比較演算する |

表 2.3.4-1 アテックスの車いす関連の保有特許一覧(3/3)

| 技術要素 | 課題 | 解決手段 | 特許番号<br>出願日<br>筆頭FI<br>共同出願人 | 発明の名称<br>概要 |
|---|---|---|---|---|
| 電動車いす/制御 | 信頼性向上 | 検知と制御:超過電流に応じた対応 | 特開平 5-292611<br>92.4.3<br>B60L3/06C | **電動車の走行制御装置**<br>超過電流の大きさに応じてデューティ制限値の減少幅を変える |
| | 操作性向上 | 配置と構造 | 実登 2517442<br>89.9.18<br>B62K23/04 | **電動車のアクセル装置**<br>回動軸端を操作軸に自在連結し、操作軸他端はグリップインナーと連結 |
| 電動車いす/ブレーキ | 安全性向上 | 検知と制御:遊動輪に電磁ブレーキ | 特開平 09-574 | **介護用電動車椅子の安全装置** |
| | | 配置と構造:高回転域での自動制動 | 特開 2000-115904 | **電動車の安全装置** |
| | 信頼性向上 | 検知と制御:リレー制御のタイミング調整 | 特開平 11-41702 | **電動車の制御装置** |
| 電動車いす/操舵 | 安全性向上 | 機構:車輪 | 特開平 9-290786 | **電動三輪車** |
| | | 機構:操縦系 | 実登 2579376 | **電動車椅子の操作ヘッド** |
| | | 制御:操縦系 | 実登 2579374 | **電動車椅子の操縦装置** |
| | 操作性向上 | 機構:座席 | 実登 2587639 | **電動車椅子の座席構造** |
| | | 機構:車輪 | 特開平 09-313542 | **電動車椅子の操縦装置** |
| | | 機構:操縦 | 特許 2893587<br>92.3.19<br>A61G5/04 | **電動車椅子の操縦装置**<br>極低速走行の場合、増速時と減速停止時のアクセル回動角度を変える |
| | | | 特開平 8-112316 | **電動介護用車椅子** |
| | | | 特開平 8-182707 | **介護用電動車椅子** |
| | | | 特開平 8-322884 | **介助型兼用電動車いすの操縦装置** |
| | | | 特開 2000-189466 | **電動車の操作ハンドル角度調節装置** |
| | | | 特開 2000-308214 | **電動車の操縦装置** |
| | | | 実登 2570057 | **電動車のアクセル操作装置** |
| | | 制御:車輪 | 特開平 9-173386 | **歩行型電動走行車の操縦装置** |
| | 走行性向上 | 機構:車輪 | 特開平 8-322885 | **介助型兼用電動車いす** |

## 2.4 いうら

### 2.4.1 企業概要
表 2.4.1-1 に、いうらに関する企業概要を示す。

表2.4.1-1 いうらの企業概要

| | |
|---|---|
| 商号 | 株式会社いうら |
| 本社所在地 | 愛媛県温泉郡重信町 |
| 設立年 | 1973年（昭和48年） |
| 資本金 | 7,000万円 |
| 売上高 | 15億2,200万円（平成12年9月決算） |
| 従業員数 | 105名 |
| 事業内容 | 福祉・介護機器の研究開発、設計、製造、販売 |
| 主要製品 | 車いす、ストレッチャー、リフト、車いす用クッション、段差解消機 入浴キャリー、入浴台、ベッド、手摺 他 |
| URL | http://www.iura.co.jp/ |

（出典：いうらのHP）

昭和48年に機械部品加工会社として設立され、昭和53年に福祉機器の開発に着手した。
昭和58年に、福祉・医療・介護機器の専門メーカとなる。
平成4年、福祉機器コンテスト'92車椅子（KY-300）優秀賞受賞
平成8年、福祉機器メーカとして始めてISO9001を取得
など、活発な企業活動を展開している。

### 2.4.2 製品例
表 2.4.2-1 は、いうらの製品例を示す。

表2.4.2-1 いうらの製品例（いうらのHPより）

| 車いす | |
|---|---|
| 型番 | 製品内容 |
| KY-250 | アルミ製車いす |
| KY-300 | 横乗り車椅子「ラクーネ」 |
| KK-100 | 携帯用アルミ車いす「コンパックン」 |
| RJ-200 | セミリクライニング車いす |
| RJ-300 | フルリクライニング車いす |

| 乗せかえ装置付き車いす | |
|---|---|
| 型番 | 製品内容 |
| HS-300 | 乗せかえ装置付車いす |
| HS-600 | 乗せかえ装置付電動車いす |

| 入浴キャリー | |
|---|---|
| 型番 | 製品内容 |
| SC-100 | シャワーキャリー |
| SC-200 | セパレートキャリー |
| SC-300 | 入浴キャリー |

| 車いす用クッション | |
|---|---|
| 型番 | 製品内容 |
| AC-460 | 床ずれ防止クッション |

### 2.4.3 技術開発拠点と研究者

図 2.4.3-1 にいうらの車いすに関する出願件数と発明者数を示す。発明者数は明細書の発明者を年次毎にカウントしたものである。なお、いうらの出願件数にはいうら会長の井浦 忠氏の個人出願を含めている。

いうらの車いす関連の開発拠点：
　　　　愛媛県温泉郡重信町大字南野田字若宮 410 番地 6 株式会社いうら内

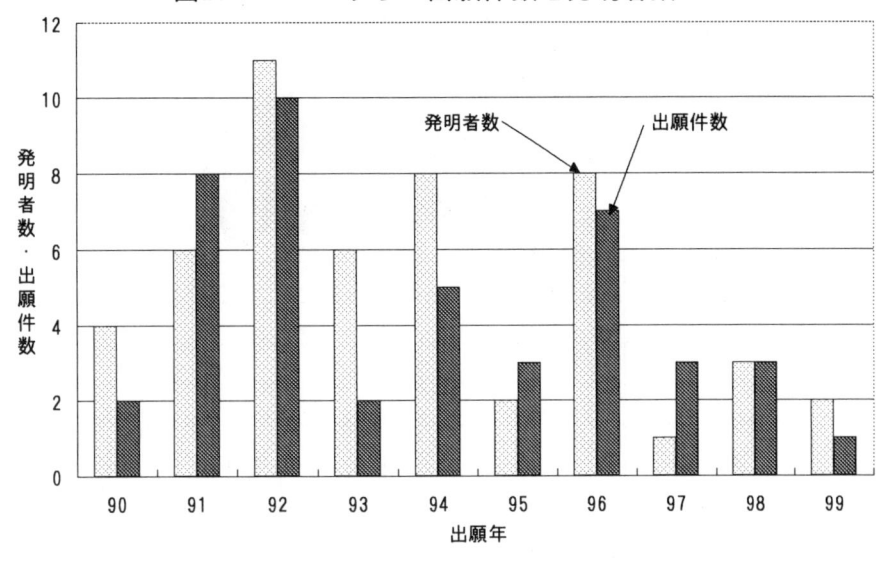

図2.4.3-1 いうらの出願件数と発明者数

図 2.4.3-2 は、いうらの出願件数と発明者数の関連を示す。92 年に技術開発のピークを迎えた後、96 年に再度ピークを迎えている。

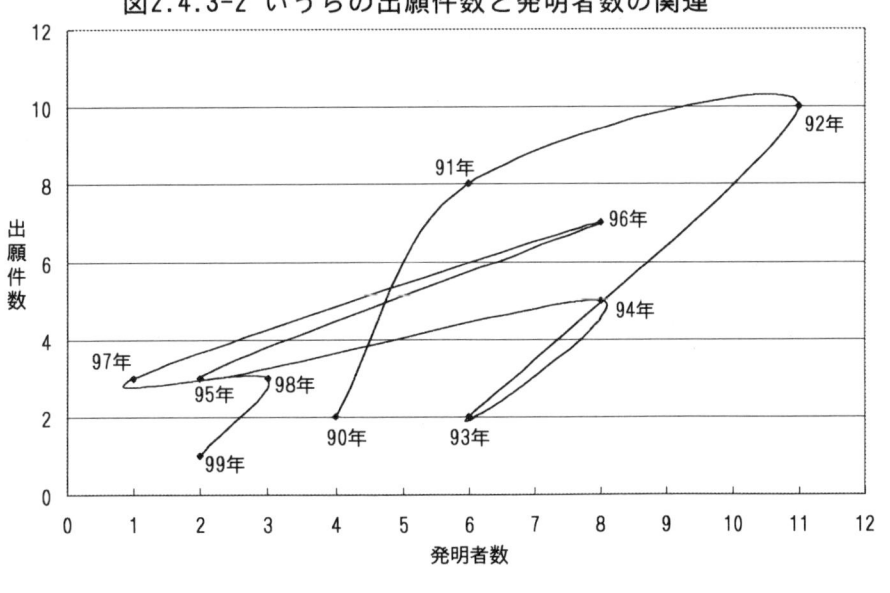

図2.4.3-2 いうらの出願件数と発明者数の関連

### 2.4.4 技術開発課題対応保有特許の概要

図2.4.4-1に、いうらの車いす関連の技術要素と課題の分布を示す。技術要素と課題別に出願件数が多いのは下記のようになるが、その中で特徴的に負担軽減の課題に関する出願が多い。

　　　　自走式車いす/座席：乗り心地向上、負担軽減
　　　　自走式車いす/ブレーキ：安全性向上
　　　　自走式車いす/フレーム：多機能化

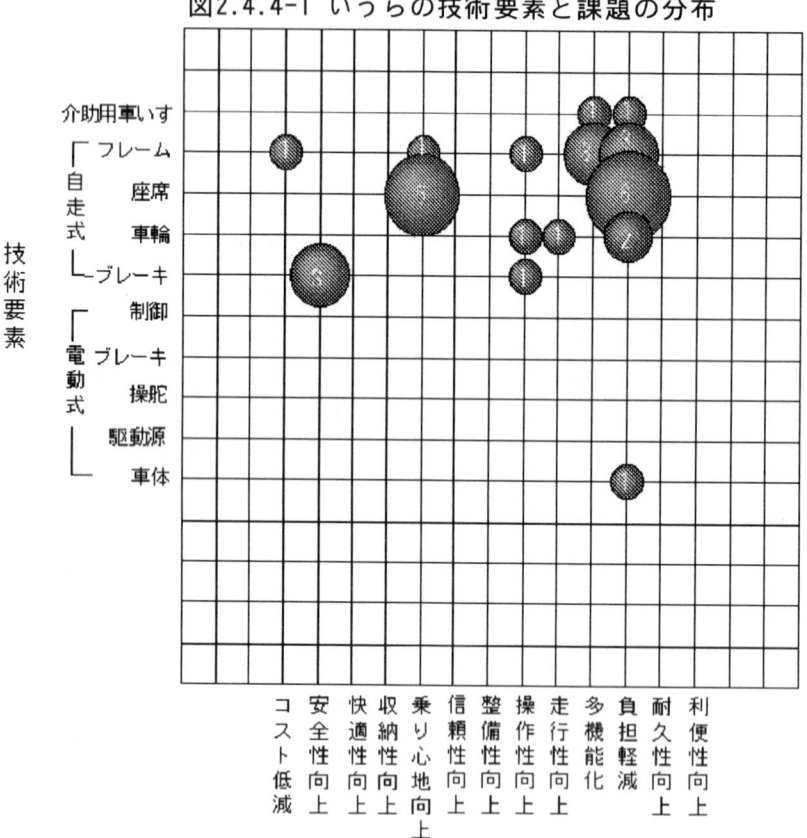

図2.4.4-1 いうらの技術要素と課題の分布

1990年から2001年7月公開の出願
（図中の数字は、登録および係属中の件数を示す。）

負担軽減の課題に関するものとして
「障害者用車椅子」（特許 2740991）
「車椅子」（特開平 5-220196）
など、車いす利用者が自力での移乗を容易にする構造の車いすに関する出願が多くみられる。

乗り心地向上の課題に関するものとして
「リクライニング可能な車椅子」（特許 2979384）
「車椅子におけるリクライニング機構」（特開平 10-52460）
など、リクライニング機構を組込んだ車いすに関する出願が多くみられる。

表2.4.4-1に、いうらの車いす関連の保有特許一覧を示す。出願取下げ、拒絶査定の確定、権利放棄、抹消、満了したものは除かれている。

表2.4.4-1 いうらの車いす関連保有特許一覧（1/2）

| 技術要素 | 課題 | 解決手段 | 特許番号<br>出願日<br>筆頭FI<br>共同出願人 | 発明の名称<br>概要 |
|---|---|---|---|---|
| 介助用車いす | 多機能化 | フレーム構造：リクライニング機構 | 特開平6-327719 | **障害者用移動車** |
|  | 負担軽減 | 座席構造：ブリッジ構造 | 特開平8-33680 | **車椅子** |
| 自走式車いす/フレーム | コスト低減 | 取付構造：連結具 | 特開平9-196029 | **パイプ接合用のジョイント** |
|  | 乗り心地向上 | 部材材質：クッション体 | 特開平10-272158 | **車椅子** |
|  | 操作性向上 | 部材の連動：背部と脚部 | 特開平8-215252 | **車椅子** |
|  | 多機能化 | 寸法可変：座部、肘掛部 | 特開平8-66440 | **障害者用自在移動車** |
|  |  | 脱着機構：前・後輪の交換 | 特開平10-108882 | **車椅子** |
|  |  | 部材の追加：座部 | 特許3038394 | **障害者用の移動車** |
|  | 負担軽減 | 部材の回動：座席、背凭れ | 特開平11-299836 | **患者搬送車** |
|  |  | 部材の回動：側部 | 特開平10-127696 | **車椅子** |
|  |  | 部材寸法：側板ブリッジを長くする | 特開平8-33681 | **車椅子** |
| 自走式車いす/座席 | 乗り心地向上 | 車輪：移動 | 特開2000-79142 | **車椅子** |
|  |  | 車輪：緩衝機構の設置 | 特開平8-173482 | **車椅子** |
|  |  | 足載せ台：係止構造改良 | 特許2979384<br>96.8.8<br>A47C1/024<br>多比良 | **リクライニング可能な車椅子** |
|  |  | 背もたれ：フレーム構造変更 | 特開平10-52460<br>96.8.8<br>A47C1/024<br>多比良 | **車椅子におけるリクライニング機構**<br>背部支持枠を本体フレームに対して下方に引き込みながら傾倒するようにリンクを構成 |
|  |  |  | 特開平11-155908 | **リクライニング可能な車椅子** |
|  | 負担軽減 | 座席：座席構造 | 特許2740991<br>91.10.25<br>A61G5/02,506 | **障害者用車椅子**<br>車いすの左右中間部にサドルを設け、サドル左右両側に前後に通過自在な空間部を設ける |
|  |  | 座席：座席昇降・移動機構 | 特開平8-66429 | **車椅子** |

表 2.4.4-1 いうらの車いす関連保有特許一覧 (2/2)

| 技術要素 | 課題 | 解決手段 | 特許番号<br>出願日<br>筆頭FI<br>共同出願人 | 発明の名称<br>概要 |
|---|---|---|---|---|
| 自走式車いす<br>/座席 | 負担軽減 | 肘掛け:移動・着脱可能 | 特開平5-220196<br>91.10.29<br>A61G5/02,506 | 車椅子<br>座席側枠を外側に転倒可能としてベッドとのブリッジに利用する |
| | | | 特開平5-293140 | 車椅子 |
| | | | 特開平5-184625<br>92.1.14<br>A61G5/02,509 | 障害者用車椅子<br>側枠を外側へ回動自在としてベッドとのブリッジを構成し、大径車輪の径を制限する |
| | | | 特開平6-197929<br>92.8.10<br>A61G5/02,506 | サイド乗降用の障害者用車椅子<br>ブリッジ枠を外側へ回動自在に設け、大径車輪を前後揺動させるリンクを備える |
| 自走式車いす<br>/車輪 | 操作性向上 | 駆動機構:レバー駆動 | 特開平9-108271 | 手動式車椅子 |
| | 走行性向上 | 駆動機構:レバー駆動 | 特開平9-19458 | 手動式車椅子 |
| | 負担軽減 | 駆動輪の移動:後方移動 | 特許3199271<br>91.10.5<br>A61G5/02,511 | 障害者用車椅子<br>L字状アームと後輪車軸支持アームを連結し、L字状アーム回動により後輪を移動 |
| | | | 特開平11-56912 | 車椅子 |
| 自走式車いす<br>/ブレーキ | 安全性向上 | 制動力制御:ブレーキレバーの回動操作量 | 特開平5-116630 | 転動ゴム車輪のブレーキ装置 |
| | | 操作機構:前後輪単一レバー切替え | 特開平10-57421 | 車椅子の駐車ブレーキ装置 |
| | | 部材の追加:制動装置 | 特開平10-14984 | 車椅子におけるキャスター用ブレーキ装置 |
| | 操作性向上 | 寸法可変:ブレーキレバー長さ | 特開2000-166978 | 車椅子のブレーキレバー機構 |
| 電動車いす/<br>車体 | 負担軽減 | 機構:車体 | 特開平4-164448 | 障害者用移動車 |

## 2.5 本田技研工業

### 2.5.1 企業概要
表2.5.1-1に本田技研工業の企業概要を示す。

表2.5.1-1 本田技研工業の企業概要

| 商号 | 本田技研工業株式会社 |
|---|---|
| 本社所在地 | 東京都港区 |
| 設立年 | 1948年（昭和23年） |
| 資本金 | 860億円（2001年3月31日現在） |
| 売上高 | 3兆420億2,200万円（2000年度）　（連結：6兆4,638億3,000万円）福祉機器関連の売上げは18億円 |
| 従業員数 | 28,513人（単独）、114,300人（連結） |
| 事業内容 | 二輪車、四輪車、汎用製品の製造・販売 |
| URL | http://www.honda.co.jp/ |

（出典：本田技研工業のHP、2001年度版福祉機器企業要覧）

二輪車、四輪車などで有名な本田技研工業は、福祉車輌や身体障害者用の運転装置の製造・販売の実績があり、近年では高齢者用に電動四輪車の製造・販売も始めた。

身体障害者の雇用にも積極的で、1981年にホンダ太陽株式会社、86年に希望の里本田株式会社を特例子会社として設立しており、また、株式会社本田技術研究所も特例子会社として92年にホンダR&D太陽株式会社を設立している。

ホンダ太陽が福祉機器の開発・販売、ホンダR&D太陽が福祉機器の研究開発にあたっている。

### 2.5.2 製品例
本田技研工業は、1999年より電動四輪車「モンパル」を製造・販売している。

表2.5.2-1 本田技研工業の製品例（本田技研工業のHPより）

| 電動四輪車 ||||
|---|---|---|---|
| 型番 | 製品名 | タイプ | 備考 |
| ML100 | ニューモンパル | 標準タイプ | － |
|  |  | ひじかけタイプ | 標準タイプに肘掛け設置 |

また、ホンダ太陽株式会社より介護用車いすが発売されている。

表2.5.2-2 介護用車いす（ホンダ太陽のHPより）

| 製品名 | 備考 |
|---|---|
| ニューラックス | チルト式リクライニング、背もたれ折り畳み機能　など |
| オルディー | チルト式リクライニング、後輪キャスター　など |

（ホンダ太陽のURL　http://www.honda-sun.co.jp/）
（ホンダR&D太陽のURL　http://www.hondard-sun.co.jp/）

### 2.5.3 技術開発拠点と研究者

図 2.5.3-1 に、本田技研工業の車いすに関する出願件数と推発明者数を示す。発明者数は明細書の発明者を年次毎にカウントしたものである。

本田技研工業の車いす関連の開発拠点：
（電動四輪車）埼玉県和光市中央1丁目4番1号　株式会社本田技術研究所内
（介護用車いす）大分県速見郡日出町大字川崎 3968-1　ホンダR＆D太陽株式会社内
　　　　　　　大分県別府市大字内竃 1399-1　ホンダ太陽株式会社　別府工場内

電動四輪車「ニューモンパル」発売の 1998 年に向けて、技術開発が進められた。

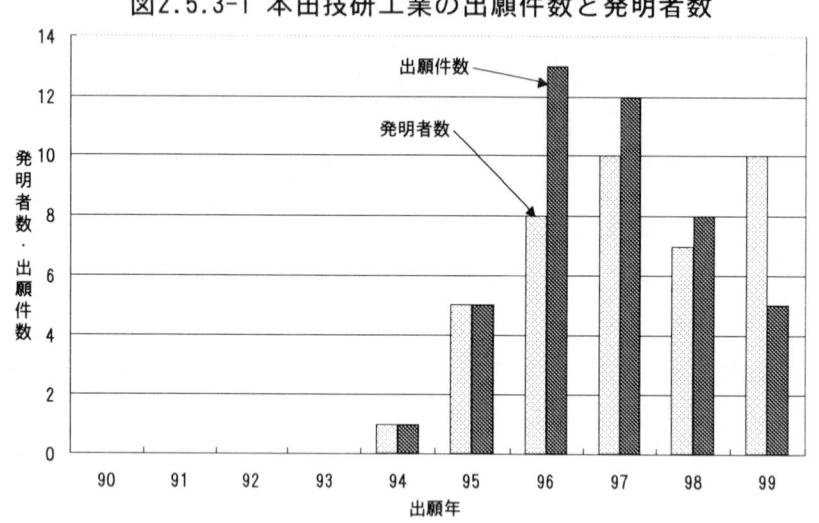

図2.5.3-1 本田技研工業の出願件数と発明者数

図 2.5.3-2 に、本田技研工業の出願件数と発明者数の関連を示す。96 年から 97 年にかけて技術開発のピークがみられる。

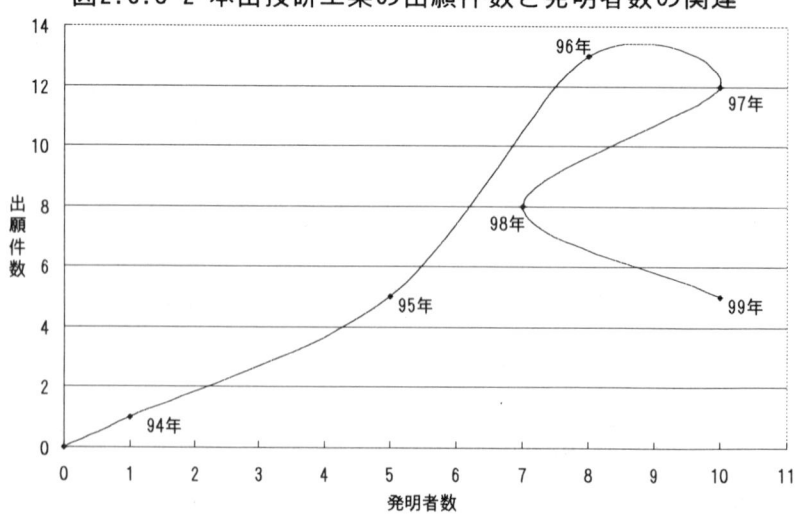

図2.5.3-2 本田技研工業の出願件数と発明者数の関連

### 2.5.4 技術開発課題対応保有特許の概要

図 2.5.4-1 に、本田技研工業の技術要素と課題の分布を示す。技術要素と課題別に出願件数が多いのは下記のようになる。その中で特徴的に快適性向上の課題に関する出願が多い。

　　　　電動車いす/制御　　：快適性向上、コスト低減
　　　　電動車いす/ブレーキ　：安全性向上

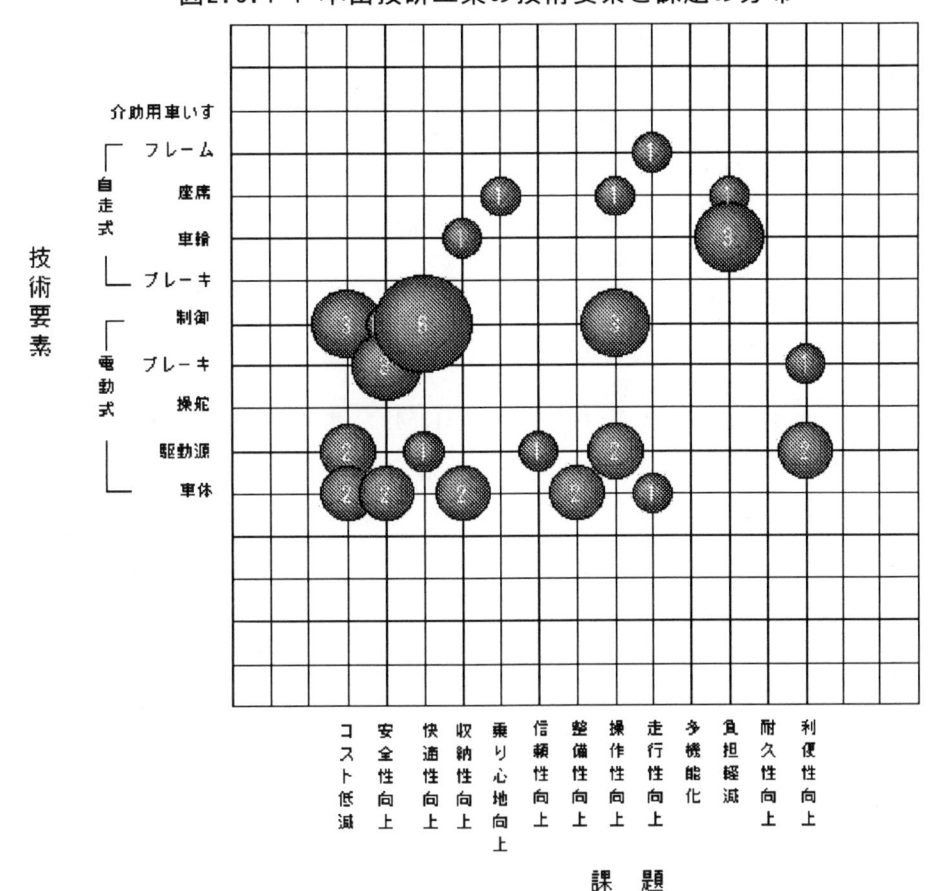

図2.5.4-1 本田技研工業の技術要素と課題の分布

1990 年から 2001 年 7 月公開の出願
（図中の数字は、登録および係属中の件数を示す。）

快適性向上の課題に関するものとして
「電動補助車椅子の走行制御装置」（特開平 11-164854）
「電動補助車椅子の惰行制御装置」（特開平 11-164853）
など、電動車いすの走行制御に関する出願が多くみられる。

安全性向上の課題に関するものとして
「電動乗用車の緊急停止機構」（特開 2000-51276）
「車両用ブレーキ装置」（特開 2000-346111）
など、ブレーキ機構に関する出願がみられる。

表2.5.4-1に、本田技研工業の車いす関連保有特許一覧を示す。出願取下げ、拒絶査定の確定、権利放棄、抹消、満了したものは除かれている。

表2.5.4-1 本田技研工業の車いす関連保有特許一覧（1/3）

| 技術要素 | 課題 | 解決手段 | 特許番号<br>出願日<br>筆頭FI<br>共同出願人 | 発明の名称<br>概要 |
|---|---|---|---|---|
| 自走式車いす/フレーム | 走行性向上 | 部材の形状等:湾曲フレーム | 特開平10-85261 | 車椅子 |
| 自走式車いす/座席 | 乗り心地向上 | 座席:座席構造 | 特開平10-85263 | 車椅子のシート構造 |
| | 操作性向上 | 肘掛け:移動・着脱可能 | 特開2001-161754 | 車椅子 |
| | 負担軽減 | 座席:座席構造 | 特開平10-85262 | 車椅子 |
| 自走式車いす/車輪 | 収納性向上 | 車軸支持機構:ハンドリム取付構造 | 特開平10-85265 | 車椅子のハンドリム取付構造 |
| | 負担軽減 | キャスター取付構造:支持構造 | 特開平10-86602 | キャスター装置 |
| | | 車軸支持機構:締付構造 | 特開平10-85266 | 車椅子における車軸の取付け構造 |
| | | 補助輪取付構造:取付位置 | 特開2001-95854 | 車椅子 |
| 電動車いす/駆動源 | コスト低減 | 配置と構造:構造上の工夫 | 特開平9-313543<br>96.6.4<br>A61G5/04,505 | 電動車椅子<br>車軸ホルダーを回動すると偏心した車軸が車体フレームに対して変位する |
| | | | 特開平10-258087<br>97.3.17<br>B62B7/04 | 電動車椅子<br>後輪駆動モータ、減速装置を後輪車軸上に縦向きに上下に重ねて配置 |
| | 快適性向上 | 検知と制御:クラッチの制御 | 特開平11-164855 | 電動補助車椅子 |
| | 信頼性向上 | 配置と構造:構造上の工夫 | 特開平10-295734 | 電動アシスト車椅子 |
| | 操作性向上 | 配置と構造:クラッチの構造/構成 | 特開2000-37423 | 動力源付車両 |
| | | 配置と構造:構造上の工夫 | 特開平10-258086<br>97.3.17<br>B62B7/04 | 電動車椅子<br>後輪間のトレッドを前輪間のトレッドより小さく構成する |
| | 利便性向上 | 検知と報知:開路電圧算出 | 特開2000-92604 | 小型電動車 |
| | | 配置と構造 | 特開平10-85268 | 電動装置付車椅子 |

表 2.5.4-1 本田技研工業の車いす関連保有特許一覧（2/3）

| 技術要素 | 課題 | 解決手段 | 特許番号<br>出願日<br>筆頭FI<br>共同出願人 | 発明の名称<br>概要 |
|---|---|---|---|---|
| 電動車いす/車体 | コスト低減 | 機構:車体 | 特開平10-258089<br>アテックス | 電動車椅子 |
| | | | 特開2000-203458 | 電動車両 |
| | 安全性向上 | 機構:駆動系 | 特開2000-92626 | 小型電動車 |
| | | 機構:車体 | 特開平10-258090<br>アテックス | 電動車椅子 |
| | 収納性向上 | 機構:駆動系 | 特開平9-84835<br>95.9.26<br>A61G5/04,506 | 折畳み式動力駆動車椅子<br>揺動自在に枢着可能な伝動機能を設けることで、駆動装置が着脱不要 |
| | | 機構:座席 | 特開平10-85269 | 電動車椅子 |
| | 整備性向上 | 機構:駆動系 | 特開2000-92625 | 小型電動車 |
| | | 機構:座席 | 特開平11-137611 | 電動車椅子 |
| | 走行性向上 | 制御:駆動系 | 特開平9-122181 | 電動補助車椅子の制御装置 |
| 電動車いす/制御 | コスト低減 | 人力検知:ハンドホイールとハンドリムの相対変位を検出 | 特開平9-168567 | 電動アシスト付車椅子 |
| | | 配置と構造 | 特開平10-295733 | 電動アシスト車椅子 |
| | | 配置と構造:回転数検出用導電性トラックを同心円状にスリップリングに設ける | 特開平10-227706 | トルク検出装置および回転数検出装置 |
| | 快適性向上 | 検知と制御 | 特開2000-92601 | 小型電動車 |
| | | 検知と制御:回転方向を加味した制御 | 特開平10-295735 | 電動アシスト車椅子 |
| | | 検知と制御:傾斜の検出 | 特開平11-164853 | 電動補助車椅子の惰行制御装置 |
| | | 検知と制御:車速変化から検出 | 特開平11-164854<br>97.12.5<br>A61G5/04,502 | 電動補助車椅子の走行制御装置<br>惰行中の車速変化を検出し、予定の速度になる時間がほぼ同時となる |
| | | 検知と制御:設定値制御 | 特開平9-248318 | 電動車椅子 |
| | | 検知と制御:走行抵抗を検知 | 特開平9-248319 | 電動車椅子 |
| | 操作性向上 | 検知と制御:左右トルクの制御 | 特開平9-123930 | 電動車椅子 |
| | | 検知と制御:車軸の捩れ角に基づきモータ制御 | 特開平10-57424 | 電動アシスト装置付車椅子 |

表 2.5.4-1 本田技研工業の車いす関連保有特許一覧（3/3）

| 技術要素 | 課題 | 解決手段 | 特許番号<br>出願日<br>筆頭FI<br>共同出願人 | 発明の名称<br>概要 |
|---|---|---|---|---|
| 電動車いす/制御 | 操作性向上 | 検知と制御：車輪荷重検出 | 特開平9-248320<br>96.3.15<br>B62B7/00Z | **電動車椅子**<br>車輪にかかる荷重を検出して操作力と車速に基づいて補助電動力を制御 |
| | 安全性向上 | 配置と構造：アクセルレバーの構造上の工夫 | 特開2000-51276 | **電動乗用車の緊急停止機構** |
| 電動車いす/ブレーキ | 安全性向上 | 配置と構造：アクセルレバーの構造上の工夫 | 特開2000-51277 | **電動乗用車の緊急停止機構** |
| | | 配置と構造：構造上の工夫 | 特開2000-346111 | **車両用ブレーキ装置** |
| | | 配置と構造：構造上の工夫 | 特開2001-46442 | **電動乗用車の緊急停止機構** |
| | 利便性向上 | 検知と制御：バッテリ電圧に応じて減速 | 特開2000-102116 | **小型電動車** |

## 2.6 松下電器産業

### 2.6.1 企業概要

表2.6.1-1に、松下電器産業の企業概要を示す。

表2.6.1-1 松下電器産業の企業概要

| | |
|---|---|
| 商号 | 松下電器産業株式会社 |
| 本社所在地 | 大阪府門真市 |
| 設立年月日 | 昭和10年12月（創業 大正7年3月） |
| 資本金 | 2,109億9,457万円 |
| 売上高 | 4兆8,318億円（単独、2000年度）<br>7兆6,816億円（連結、2000年度） |
| 従業員数 | 44,951名 |
| 事業内容<br>（売上げ構成比<br>は連結ベース） | 民生分野（売上げ構成比　40％）<br>（映像・音響機器、家庭電化・住宅設備機器　等）<br>産業分野（売上げ構成比　39％）<br>（情報・通信機器、産業機器　等）<br>部品分野（売上げ構成比　21％） |
| URL | http://www.matsushita.co.jp/ |
| 技術移転窓口 | IPRオペレーションカンパニー ライセンスセンター<br>大阪府中央区城見1-3-7 松下IMPビル19F |

（出典：松下電器産業のHP）

家庭電化製品で有名な松下電器産業は、住宅設備機器事業などでバリアフリー商品を手掛けており、浴室・トイレなどに関連した商品を多数揃えている。2001年には室内用の電動車いす「リラクルチェア」、高齢者などの外出用に電動四輪車「リラクルカート」なども発売を始めた。

### 2.6.2 製品例

表2.6.2-1に、松下電器産業の車いす関連の製品例を示す。

室内用電動車いすは、座席の昇降機能があり、座面高さが180～500mmに可変となり介助を軽減できるタイプになっている。また、前輪の径が大きくなっているので高さ3cm程度の段差乗越えにも配慮されている。

電動四輪車は、前後輪サスペンション付きで、路面の凹凸による振動を吸収し乗り心地が改善されている。

表2.6.2-1 松下電器産業の製品例（松下電器産業のHPより）

| 室内用昇降式電動車いす | | |
|---|---|---|
| 品番 | 発売日 | 愛称 |
| BE-WHL02 | 2001年7月1日 | リラクルチェア |
| 電動四輪車 | | |
| 品番 | 発売日 | 愛称 |
| BH-RC41 | 2001年7月1日 | リラクルカート |

### 2.6.3 技術開発拠点と研究者

図 2.6.3-1 に、松下電器産業の車いす関連の出願件数と発明者数を示す。発明者数は明細書の発明者をカウントしたものである。

松下電器産業の開発拠点：
　　　　　　　　大阪府門真市大字門真 1006 番地　松下電器産業株式会社内

松下電器産業は、90 年頃から出願されているが、継続的に出願されるようになったのは 95 年以降である。96 年および 98 年に出願件数が増加している。

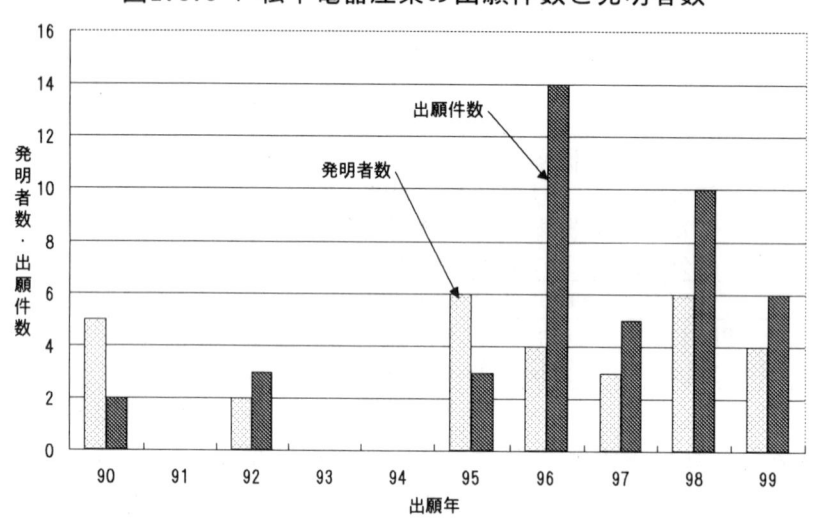

図2.6.3-1 松下電器産業の出願件数と発明者数

図 2.6.3-2 に、松下電器産業の出願件数と発明者数との関連を示す。95 年から 96 年にかけて技術開発のピークを迎えた後、98 年に再度ピークとなっている。

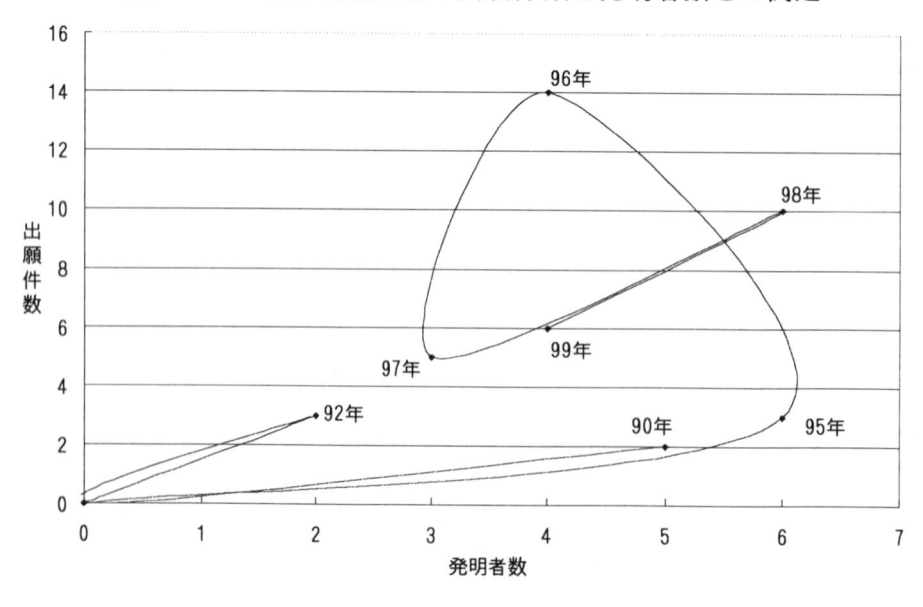

図2.6.3-2 松下電器産業の出願件数と発明者数との関連

### 2.6.4 技術開発課題対応保有特許の概要

図 2.6.4-1 に、松下電器産業の技術要素と課題の分布を示す。技術要素と課題別に出願件数が多いのは下記のようになる。その中で特徴的に操作性向上の課題に関する出願が多い。

　　　電動車いす/制御　：操作性向上

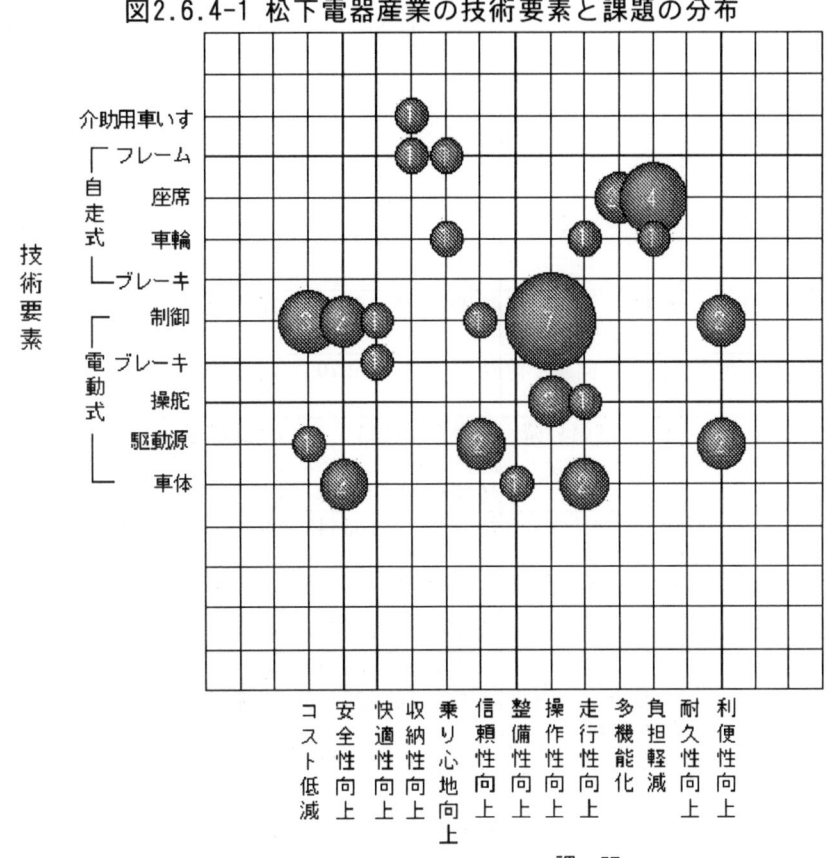

図2.6.4-1 松下電器産業の技術要素と課題の分布

1990 年から 2001 年 7 月公開の出願
（図中の数字は、登録および係属中の件数を示す。）

操作性向上の課題に関するものとして
「パワーアシスト方法及び装置」（特開平 10-165449）
「電動車椅子」（特開平 10-165452）
など、補助駆動の制御に関するものが多くみられる。

また、
「移動体自律誘導システム」（特開平 9-204222）
「移動体自律走行装置」（特開平 11-290390）のように、車いすに自律走行機能を持たせるなど、新しい試みも行われている点が注目される。

表2.6.4-1に、松下電器産業の車いす関連保有特許一覧を示す。出願取下げ、拒絶査定の確定、権利放棄、抹消、満了したものは除かれている。

表2.6.4-1 松下電器産業の車いす関連保有特許一覧(1/3)

| 技術要素 | 課題 | 解決手段 | 特許番号<br>出願日<br>筆頭FI<br>共同出願人 | 発明の名称<br>概要 |
|---|---|---|---|---|
| 介助用車いす | 収納性向上 | フレーム構造：ユニット化 | 実登2594366<br>92.9.30<br>A61G5/00,502 | 介助車<br>左右フレーム、背もたれ部、座面、座面固定用の補強部材を着脱自在に結合 |
| 自走式車いす/フレーム | 収納性向上 | 部材の追加：平行リンク機構 | 特開平10-165443 | 起立椅子 |
| | 乗り心地向上 | 部材の回動：背部 | 特開平8-275970 | 起立椅子 |
| 自走式車いす/座席 | 多機能化 | 座席：座席昇降 | 実登2581911<br>92.9.30<br>A61G5/02,501 | 介助椅子 |
| | | 座席：部材の追加 | 特開平10-165445 | 車椅子 |
| | 負担軽減 | 起立いす | 特開平10-165440 | 起立椅子 |
| | | | 特開平10-165441 | 起立椅子 |
| | | | 特開平10-165442 | 起立椅子 |
| | | 足載せ台：接地部を設ける | 特開平10-165446 | 車椅子 |
| 自走式車いす/車輪 | 乗り心地向上 | フレーム構造：ユニット化 | 特開平10-165447 | 車椅子 |
| | 走行性向上 | キャスター取付構造：角度調整 | 特開平10-244803 | キャスター |
| | 負担軽減 | 駆動輪の移動：後方移動 | 実登2588324<br>92.9.30<br>A61G5/02,511 | 介助車<br>背もたれの両側に着脱自在な支柱を有する大径車輪の着脱容易な車いす |
| 電動車いす/駆動源 | コスト低減 | 配置構造：クラッチの構造/構成 | 特開平10-165450 | 電動車椅子 |
| | 信頼性向上 | 配置と構造：構造上の工夫 | 特開2000-135253 | 電動車椅子 |
| | | 配置と構造：配置上の工夫 | 特開2000-135252 | 電動車椅子 |
| | 利便性向上 | 配置と構造：構造上の工夫 | 特開2000-123806 | 電池ケース保持機構およびそれを搭載した電動車両 |
| | | | 特開2000-312405 | 電動車椅子 |

表 2.6.4-1 松下電器産業の車いす関連保有特許一覧(2/3)

| 技術要素 | 課題 | 解決手段 | 特許番号<br>出願日<br>筆頭FI<br>共同出願人 | 発明の名称<br>概要 |
|---|---|---|---|---|
| 電動車いす/車体 | 安全性向上 | 制御:駆動系 | 特許2779964<br>アテックス | 電動車の非常停止時の制御方法 |
| | | | 特許2855279<br>アテックス<br>テコールシステム | 電動車の故障診断方法 |
| | 整備性向上 | 制御:駆動系 | 特開2001-108533 | 電池温度検出回路 |
| | 走行性向上 | 機構:駆動系 | 特開2000-186723 | クラッチ機構およびそれを搭載した電動車輌 |
| | | 制御:駆動系 | 特許2826859<br>89.12.14<br>A61G5/04<br>アテックス | 電動車の停止時の制御方法<br>速度レンジによって停止方法を変える |
| 電動車いす/制御 | コスト低減 | 配置と構造:構造上の工夫 | 特開平10-239184 | トルク検出装置 |
| | | 検知:テンショナを取り付けたブロックの回転角度を検出 | 特開平10-165451 | 電動車椅子 |
| | | 検知と制御:トルク応動部材の軸線方向の変位に応動してトルクを検出 | 特開平8-275974 | 電動車椅子 |
| | 安全性向上 | 人力検知と制御:閾値で走行制御 | 特開2000-116717 | 電動補助車椅子の制御方法 |
| | | 制御:意図しない動作をシステム/構造的に防止 | 特開平10-165453 | 電動車椅子 |
| | 快適性向上 | 制御:速度に応じた2段階制御 | 特開2000-134971 | 電動車椅子の制御方法 |
| | 信頼性向上 | 検知:実車速の推定 | 特開2001-79041<br>99.9.10<br>A61G5/04,505 | 電動車椅子の異常検出方法<br>モータ定数と測定値から回転数、車速を推定し、実測値と比較してエンコーダの異常を検出 |

### 表 2.6.4-1 松下電器産業の車いす関連保有特許一覧(3/3)

| 技術要素 | 課題 | 解決手段 | 特許番号<br>出願日<br>筆頭FI<br>共同出願人 | 発明の名称<br>概要 |
|---|---|---|---|---|
| 電動車いす/制御 | 操作性向上 | 検知と制御 | 特開2000-300617 | **電動車椅子の安全装置** |
| | | 検知と制御:ある閾値を基に走行制御 | 特開平10-234784 | **電動車椅子** |
| | | 検知と制御:左右トルクの制御 | 特開平10-243968 | **電動車椅子** |
| | | 検知と制御:閾値に基づく走行制御 | 特開平10-165449 | **パワーアシスト方法及び装置** |
| | | 制御:操縦輪との連動 | 特開2000-60904 | **電動車椅子** |
| | | 配置と構造:補助駆動のon-off-SW | 特開平10-234785 | **パワーアシスト方法** |
| | | | 特開平10-165452 | **電動車椅子** |
| | 利便性向上 | 検知と制御:誘導制御 | 特開平9-204222 | **移動体自律誘導システム** |
| | | 配置と構造:リアルタイム表示 | 特開2001-120604 | **電動車椅子** |
| 電動車いす/ブレーキ | 快適性向上 | 検知と制御:電磁ブレーキ電流の制御 | 特開2000-189464 | **電動車椅子** |
| 電動車いす/操舵 | 操作性向上 | 機構:操縦 | 特開2000-189465 | **電動車椅子** |
| | | 制御:操縦 | 特開平11-290390<br>98.4.13<br>G09B29/10A | **移動体自律走行装置**<br>GPSを利用した自律走行可能 |
| | 走行性向上 | 制御:車輪 | 特開2001-104396 | **電動車椅子** |

## 2.7 日進医療器

### 2.7.1 企業概要
表2.7.1-1に、日進医療器の企業概要を示す。

表2.7.1-1 日進医療器の企業概要

| 商号 | 日進医療器株式会社 |
|---|---|
| 本社所在地 | 愛知県西春日井郡 |
| 設立年 | 1964年（昭和39年） |
| 資本金 | 5,000万円 |
| 売上高 | 55億円 |
| 従業員数 | 150人 |
| 事業内容 | 車いすの製造・販売 |
| URL | http://www.wheelchair.co.jp/ |

（出典：日進医療器のHP、2001年度版福祉機器企業要覧）

昭和39年にスプリング、プレス製品の製造を開始した同社は、翌年車いすの研究、販売を開始した。その後、義肢材料の製造、ストレッチャー、リハビリテーション器具の製造を開始した。

近年、松下電器産業（株）と共同開発で電動車いす「NEO-P1」を発売した。

### 2.7.2 製品例
表2.7.2-1に、日進医療器の車いす関連の製品例を示す。

表2.7.2-1 日進医療器の製品例（日進医療器のHP、カタログより）

| アルミ製 | | |
|---|---|---|
| | 型式 | 特徴 |
| | NAシリーズ | アルミ製標準型 |
| | NAHシリーズ | 介護用車いす |
| | NAEシリーズ | 特殊形状フレーム採用の軽量型 |
| | TAシリーズ | コストパフォーマンスに優れる |
| | TAEシリーズ | ファッショナブルなアルミ製 |
| スチール製 | | |
| | 型式 | 特徴 |
| | NSシリーズ | スチール製標準型 |
| | NDシリーズ | |
| | NCDシリーズ | 抗菌効果を持つ特殊加工シートの採用 |
| | NHシリーズ | 介護用車いす |
| 6輪車いす | | |
| 木製車いす | | |
| 電動車いす | | |
| | 型式 | 特徴 |
| | NEO-P1,P2 | |
| | NPCシリーズ | 軽量電動車いす |
| 電動四輪車 | | |
| | 型式 | 特徴 |
| | NK-1 | |

### 2.7.3 技術開発拠点と研究者

図 2.7.3-1 に、日進医療器の車いす関連の出願件数と発明者数を示す。発明者数は明細書の発明者をカウントしたものである。

日進医療器の開発拠点：
　　　　　　　愛知県西春日井郡西春町大字沖村字権現 35-2 日進医療器株式会社内

図2.7.3-1 日進医療器の出願件数と発明者数

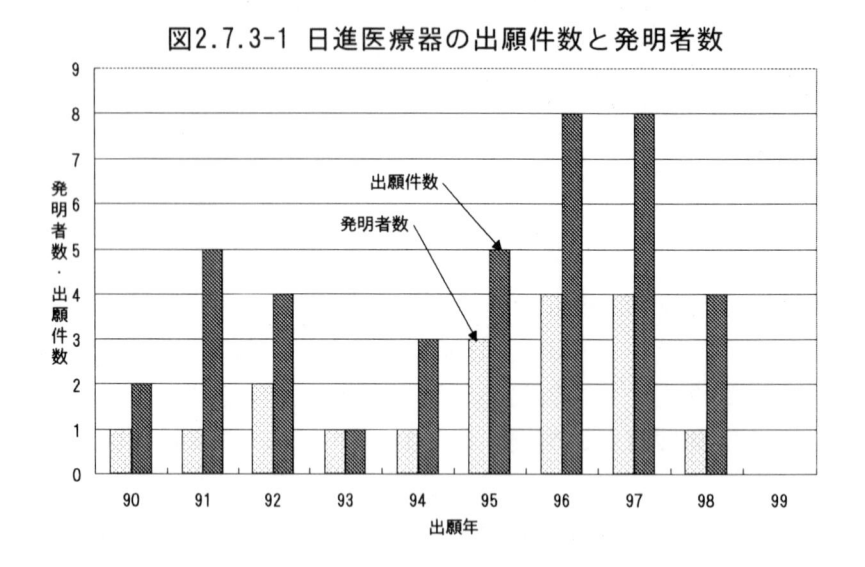

図 2.7.3-2 は、日進医療器の発明者数と出願件数の関連をみたものである。97、98 年が技術開発のピークになっている。

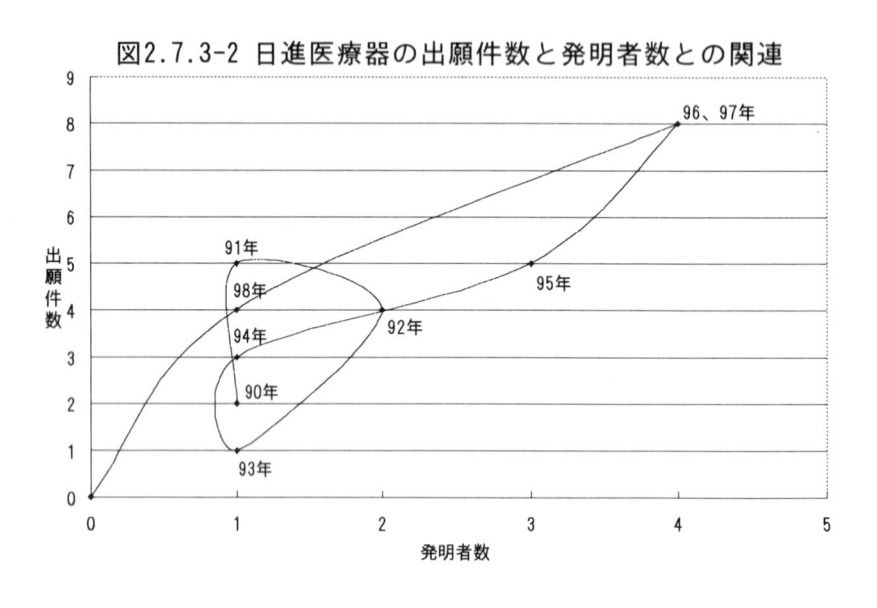

図2.7.3-2 日進医療器の出願件数と発明者数との関連

### 2.7.4 技術開発課題対応保有特許の概要

　図 2.7.4-1 に、日進医療器の技術要素と課題の分布を示す。技術要素と課題別に出願件数が多いのは下記のようになる。その中で特徴的に収納性向上の課題に関する出願が多い。

　　　自走式車いす/フレーム：収納性向上
　　　自走式車いす/座席：乗り心地向上、負担軽減
　　　自走式車いす/車輪：走行性向上、負担軽減

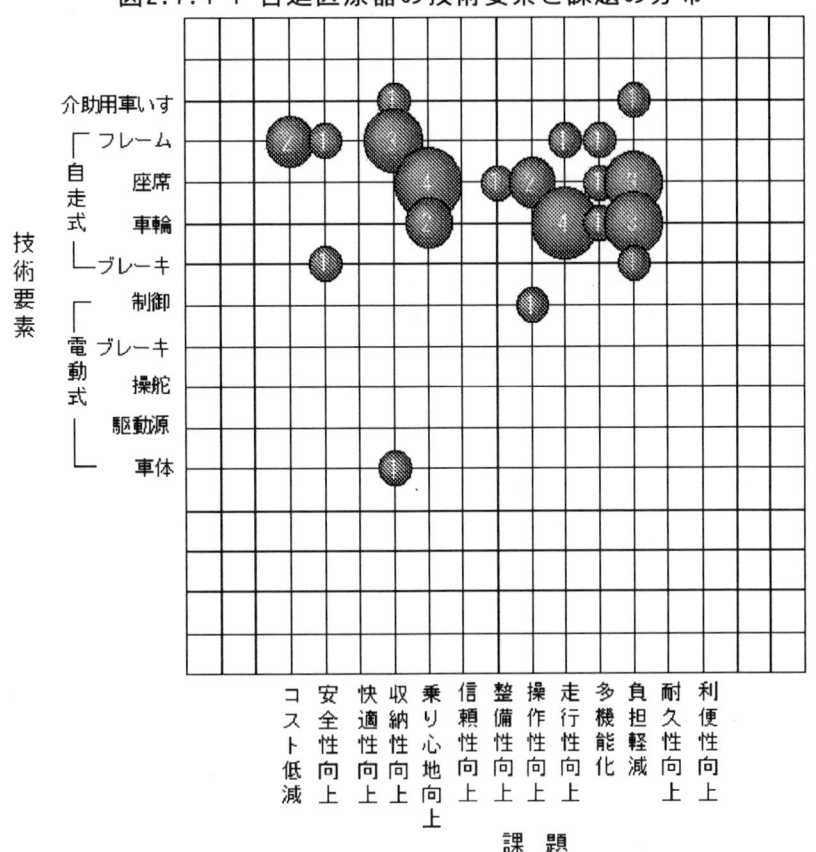

図2.7.4-1　日進医療器の技術要素と課題の分布

1990 年から 2001 年 7 月公開の出願
（図中の数字は、登録および係属中の件数を示す。）

収納性向上の課題に関するものとして
「携帯用車椅子」（特許 2992806）
「折畳式車椅子」（実登 2583072）
など、折り畳みに関するフレーム構造の出願が多くみられる。

負担軽減の課題に関するものとして
「車椅子のアームレスト着脱機構」（特許 2530269）
「介助車椅子の肘掛け装置」（特許 3172908）
など、車いす利用者が自力で容易に移乗できる構造としたもので、肘掛けに関するものが多くみられる。

表2.7.4-1に、日進医療器の車いす関連保有特許一覧を示す。出願取下げ、拒絶査定の確定、権利放棄、抹消、満了したものは除かれている。

表2.7.4-1 日進医療器の車いす関連保有特許一覧（1/5）

| 技術要素 | 課題 | 解決手段 | 特許番号<br>出願日<br>筆頭FI<br>共同出願人 | 発明の名称<br>概要 |
|---|---|---|---|---|
| 介助用車いす | 収納性向上 | フレーム構造：前後折り畳み機構 | 実公平5-36416<br>90.11.29<br>A61G5/02,504 | 車椅子<br>シートフレームを折り畳み方向へ移動し、リンクバーを介してフロントフレームを後方へ引き寄せる |
|  | 負担軽減 | グリップ構造：グリップ取付機構 | 特開平10-43244<br>アラコ | 格納式グリップ |
| 自走式車いす/フレーム | コスト低減 | 部材のユニット化 | 特許2620737<br>91.12.27<br>A61G5/02,505 | ユニット構造車椅子<br>車いすをメインフレーム、フロントフレーム、折り畳みユニット、シートユニットで構成する |
|  |  | 部材の形状等：フレームの一体化 | 特許3111247<br>96.9.20<br>A61G5/02,502 | 車椅子のフレーム構造<br>複数のフレーム部材を一本のパイプで成形する |
|  | 安全性向上 | 部材の位置：背フレーム前方移動 | 特開平11-113967<br>97.10.13<br>A61G5/02,503 | 車椅子<br>リクライニング時、重心が前方に移動し後方への転倒を防止する |
|  | 収納性向上 | 折畳み方式：上下 | 特開平10-137298 | 車椅子 |
|  |  | 折畳み方式：前後・上下 | 特許2992806<br>95.6.16<br>A61G5/02,503<br>神奈川県 | 携帯用車椅子<br>背部フレームは回動基板に固定し、座部、前部、後部各フレームを回動可能に枢着する |

表 2.7.4-1 日進医療器の車いす関連保有特許一覧（2/5）

| 技術要素 | 課題 | 解決手段 | 特許番号<br>出願日<br>筆頭FI<br>共同出願人 | 発明の名称<br>概要 |
|---|---|---|---|---|
| 自走式車いす/フレーム | 収納性向上 | 脱着機構：車輪取外し | 実登 2583072<br>93.11.10<br>A61G5/02 | **折畳式車椅子**<br>車輪脱着機構を設けることにより、コンパクトな収納状態を実現できた |
| | 走行性向上 | 部材の追加：後車輪 | 特許 3072462<br>95.6.16<br>A61G5/00,504<br>神奈川県 | **車椅子**<br>椅子フレーム後部と後車輪の間に伸縮自在ロッドを配設する |
| | 多機能化 | 部材の位置：ベースフレーム | 特許 2805278<br>94.3.1<br>A61G5/00,510 | **レース用車椅子**<br>操向輪をベースフレーム前方に配置し、重心を低くする |
| 自走式車いす/座席 | 乗り心地向上 | 座席：座席構造 | 実登 2521301 | **座位保持用車椅子** |
| | | 座席：座席昇降・移動機構 | 特許 2972977<br>94.9.2<br>A61G5/02,506 | **車椅子** |
| | | 足載せ台：回動・着脱機構 | 特開 2000-102566<br>98.9.28<br>A61G5/02,508 | **車椅子におけるレッグパッドの取付構造**<br>レッグパイプをネジ手段で締付ける止め部材を上下に分割したスリーブ間に嵌挿する |
| | | 背もたれ：フレーム構造変更 | 特公平 5-11988<br>90.6.5<br>A61G5/02,504 | **車椅子**<br>背部リクライニングに連動して座部が前方へ移動する |

表 2.7.4-1 日進医療器の車いす関連保有特許一覧（3/5）

| 技術要素 | 課題 | 解決手段 | 特許番号<br>出願日<br>筆頭FI<br>共同出願人 | 発明の名称<br>概要 |
|---|---|---|---|---|
| 自走式車いす/座席 | 整備性向上 | フレーム:フレーム構造変更 | 特開平11-137609<br>97.11.11<br>A61G5/02,506 | **車椅子のシート構造**<br>シートパイプにスリットを設けシート両側のループ部を挿入しループ部に連結棒を挿入する |
| | 操作性向上 | 座席:座席傾動機構 | 実登2582188 | **脚駆動車椅子** |
| | | 足載せ台:回動・着脱機構 | 実登2525877 | **車椅子のフットレスト** |
| | 多機能化 | フレーム:フレーム構造変更 | 特許2562764 | **車椅子** |
| | 負担軽減 | 座席:座席昇降 | 特開平10-234782 | **座席降下式車椅子** |
| | | 肘掛け:移動・着脱可能 | 特許2530269 | **車椅子のアームレスト着脱機構** |
| | | 肘掛け:移動・着脱可能 | 特許3172908<br>97.10.13<br>A61G5/02,507 | **介助車椅子の肘掛け装置**<br>肘掛けの垂直揺動機構と水平揺動機構を組み合わせる |
| 自走式車いす/車輪 | 乗り心地向上 | 車軸支持機構:車軸位置調整機能 | 特許2530262<br>91.7.8<br>A61G5/02,502 | **車椅子の主軸取付構造**<br>車輪主軸固定板の上下縁部に一定ピッチの溝を設け、この溝に係合させながら締付け固定する |
| | | | 特許3057354<br>96.3.5<br>B62B5/00J | **車椅子後輪のキャンバ角の調整構造**<br>後輪の車軸取付ブラケットに設け、後輪の中心面の向き調整が無段階で可能 |
| | 走行性向上 | キャスター取付構造:角度調整 | 特許2530263<br>91.7.8<br>A61G5/02,502 | **車椅子のキャスター取付構造**<br>キャスターが床面と垂直に調整・固定可能 |

表 2.7.4-1 日進医療器の車いす関連保有特許一覧（4/5）

| 技術要素 | 課題 | 解決手段 | 特許番号<br>出願日<br>筆頭FI<br>共同出願人 | 発明の名称<br>概要 |
|---|---|---|---|---|
| 自走式車いす／車輪 | 走行性向上 | キャスター取付構造:角度調整 | 特許3057353<br>96.2.16<br>A61G5/02,511 | 車椅子のキャスタ角の調整構造<br>ヘッドパイプとキャスター軸の間にスリーブを介在させる |
| | | | 特許3172909<br>97.10.14<br>A61G5/02,511 | 車椅子のキャスタ角の調整構造<br>ベースパイプに固定させたクランプとキャスター軸受の間にスリーブを介在させる |
| | | 補助輪取付構造:上下可動 | 特開平8-38552 | 車椅子 |
| | 多機能化 | その他機構:操舵機構 | 特許3057351<br>95.9.21<br>B62K25/02 | レース用車椅子<br>軸本体の左端支持軸端部を軸心前方へ、右端支持軸端部を軸心後方へ配置する |
| | 負担軽減 | キャスター取付構造:支持構造 | 特許3172906<br>97.6.3<br>B60B33/00,504Z | 車椅子用キャスタ輪の取付構造<br>上下からソケットを大径保持スリーブに挿入し、ねじ孔に小径部を螺合して固定 |
| | | 補助輪取付構造:車体持上げ機構 | 特開平10-43245<br>アラコ | 移乗用車椅子 |
| | | 補助輪取付構造:車体持上げ機構 | 特開平10-43246<br>アラコ | 車椅子 |
| 自走式車いす／ブレーキ | 安全性向上 | 部材の追加:制動装置:足踏ブレーキ | 特開平10-14983<br>96.6.27<br>A61G5/02,514 | 後装着式ブレーキ装置<br>フレーム後方に延出した足踏ロッドに装着できるブレーキ機構を設ける |

表 2.7.4-1 日進医療器の車いす関連保有特許一覧（5/5）

| 技術要素 | 課題 | 解決手段 | 特許番号<br>出願日<br>筆頭FI<br>共同出願人 | 発明の名称<br>概要 |
|---|---|---|---|---|
| 自走式車いす/ブレーキ | 負担軽減 | 取付機構:ハブを支持したまま脱着 | 特開 2000-102568<br>98.9.28<br>A61G5/02,514 | **車椅子**<br>車軸がブレーキドラム部の軸方向に沿って着脱可能とする |
| 電動車いす/車体 | 収納性向上 | 機構:駆動系 | 特開 2000-84008 | **車椅子の組付構造** |
| 電動車いす/制御 | 操作性向上 | 配置構造 | 特開 2000-84005<br>98.9.11<br>A61G5/04,502 | **電動車椅子における操作盤の支持構造**<br>操作盤を支持棹に支持し、支持棹を前後左右とに回動させて位置決め可能 |

## 2.8 クボタ

### 2.8.1 企業概要
表2.8.1-1に、クボタの企業概要を示す。

表2.8.1-1 クボタの企業概要

| 商号 | 株式会社クボタ |
|---|---|
| 本社所在地 | 大阪府大阪市浪速区 |
| 設立年月日 | 創業 1890年2月 |
| 資本金 | 781億円（2001年3月31日現在） |
| 売上高 | 7,044億円（単独、2001年3月31日現在）<br>9,844億円（連結、2001年3月31日現在）<br>福祉機器関連の売上げは5億円 |
| 従業員数 | 13,661名（2001年3月31日現在） |
| 事業内容 | 農業機械、エンジン、産業機械、パイプ、ポンプ、バルブ関連、<br>環境施設、住宅機材、素形材　他の製造・販売 |
| URL | http://www.kubota.co.jp/ |

（出典：クボタのHP、2001年度版福祉機器企業要覧）

### 2.8.2 製品例
表2.8.2-1に、クボタの車いす関連の製品例を示す。

表2.8.2-1 クボタの製品例

| 製品名称 | 特徴 | 型式 | 発売開始時期 |
|---|---|---|---|
| ラクーター | 電動三輪車 | EV21D、EV21L | 1999年5月 |
|  | 電動四輪車 | EV21D4、EV21L4 | 2001年4月 |

### 2.8.3 技術開発拠点と研究者
図2.8.3-1に、クボタの車いす関連の出願件数と発明者数を示す。発明者数は明細書の発明者をカウントしたものである。

クボタの車いす関連の開発拠点：

　　　　　　　　　大阪府堺市石津北町64番地　株式会社クボタ　堺製造所内

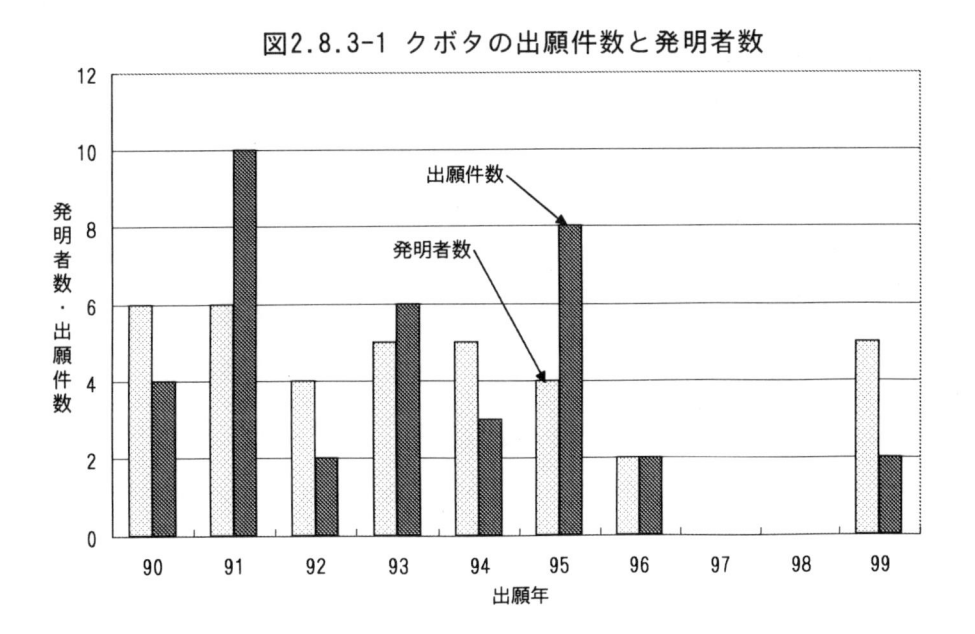

図2.8.3-1 クボタの出願件数と発明者数

### 2.8.4 技術開発課題対応保有特許の概要

図 2.8.4-1 に、クボタの技術要素と課題の分布を示す。技術要素と課題別に出願件数が多いのは下記のようになる。その中で特徴的に安全性向上の課題に関する出願が多い。

  電動車いす/操舵  ：安全性向上
  電動車いす/車体  ：走行性向上

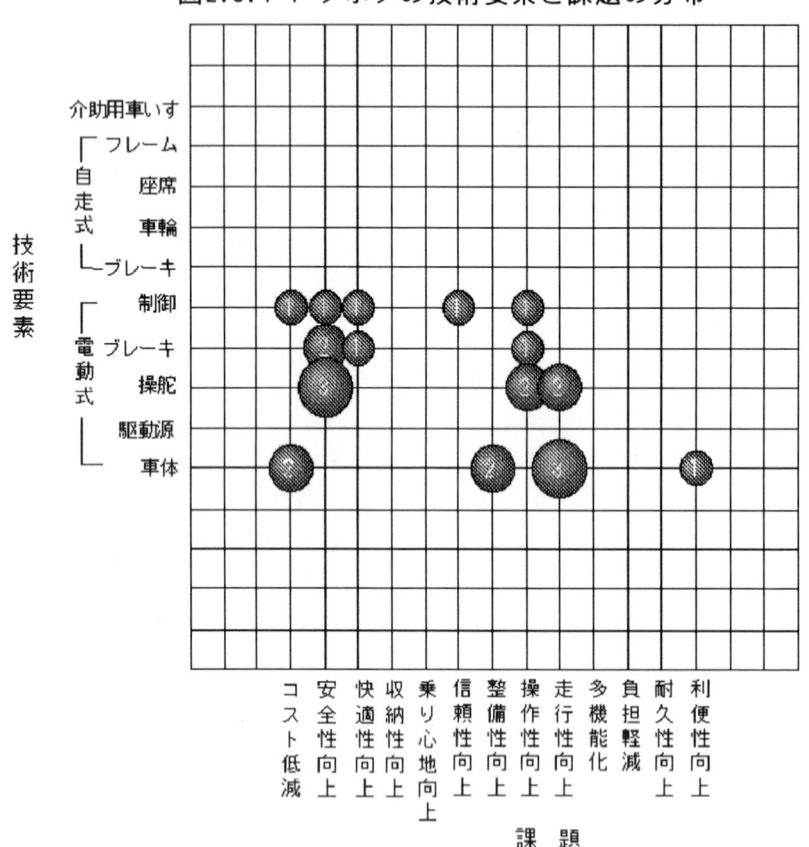

図2.8.4-1 クボタの技術要素と課題の分布

1990 年から 2001 年 7 月公開の出願
（図中の数字は、登録および係属中の件数を示す。）

安全性向上の課題に関するものとして
「小型電動車」（特許 3170297）
「小型電動車」（特許 3170298）
など、駆動系の制御に関するものがみられる。

走行性向上の課題に関するものとして
「小型電動車」（特許 2695305）
「小型電動車」（特許 2588973）
など、車体機構・装置に関するものがみられる。

表2.8.4-1に、クボタの車いす関連保有特許一覧を示す。出願取下げ、拒絶査定の確定、権利放棄、抹消、満了したものは除かれている。

表2.8.4-1 クボタの車いす関連保有特許一覧（1/2）

| 技術要素 | 課題 | 解決手段 | 特許番号<br>出願日<br>筆頭FI<br>共同出願人 | 発明の名称<br>概要 |
|---|---|---|---|---|
| 電動車いす/車体 | コスト低減 | 機構:駆動系 | 実公平7-23620<br>90.3.29<br>B60K17/02A | 小型電動車のクラッチ操作構造 |
| | | 機構:車輪 | 特許2975512<br>93.11.4<br>B62K5/04C | 小型電動車<br>一端を摺動自在に構成した板バネを用いたサスペンションとする |
| | 整備性向上 | 機構:車体 | 特開平8-258776 | 小型電動車 |
| | | 制御:駆動系 | 実開平3-45001 | 小型電動車 |
| | 走行性向上 | 機構:座席 | 特開平7-300087 | 小型電動カート |
| | | 機構:車体 | 特許2695305<br>91.7.3<br>B62K5/04C | 小型電動車<br>車体を旋回内側にローリングさせる機構を設ける |
| | | 機構:車輪 | 特許2588973<br>89.8.31<br>B60S9/00 | 小型電動車<br>後輪の振動吸収機構を接地体と共に上下変更できるように連係させる |
| | 利便性向上 | 機構:座席 | 特開平8-258774<br>95.3.24<br>B62K5/06 | 小型電動車<br>ハンドル等を反転可能とすることで、介護者推進型にも可能 |
| 電動車いす/制御 | コスト低減 | 検知と制御 | 特開2001-103601 | 小型電動車 |
| | 安全性向上 | 報知:空気圧減の検知 | 特開平8-257070 | 小型電動車 |
| | 快適性向上 | 検知と制御:回転方向を加味した制御 | 特開平9-163512 | 小型電動車の走行制御装置 |
| | 信頼性向上 | 検知と制御:検出方法変更による配線変更 | 特許2907731<br>94.9.9<br>B62K11/10 | 小型電動車の着座検出部構造<br>搭乗の有無を、車体フレームと車輪との相対上下間隔を検出する手段等によって行う |

95

表 2.8.4-1 クボタの車いす関連保有特許一覧 (2/2)

| 技術要素 | 課題 | 解決手段 | 特許番号<br>出願日<br>筆頭FI<br>共同出願人 | 発明の名称<br>概要 |
|---|---|---|---|---|
| 電動車いす/制御 | 操作性向上 | 検知と制御:傾斜角度と電動モータ制御を応動 | 特開平9-131377 | **電動アシスト型手押し車** |
| 電動車いす/ブレーキ | 安全性向上 | 検知と制御:アクセルレバーの構造上の工夫 | 特開平9-132006 | **小型電動車** |
| | | 配置と構造:構造上の工夫 | 特許2744169<br>92.6.8<br>B60K41/20 | **小型電動車**<br>アクセルレバーをグリップ部から握り方向で離間するよう位置規制された状態で弾性支持する |
| | 快適性向上 | 検知と制御 | 特開平8-275304 | **小型電動車** |
| | 操作性向上 | 配置と構造:ネガティブブレーキ | 特許2735351<br>90.3.27<br>B60T7/12A | **小型電動車**<br>人為制動系とネガティブブレーキ装置とを連携 |
| 電動車いす/操舵 | 安全性向上 | 制御:駆動系 | 特許3170297<br>91.1.29<br>A61G5/04,504 | **小型電動車**<br>最大速度以上にアクセルレバーを握るとブレーキがかかる |
| | | | 特許3170298<br>91.1.31<br>B60L3/00H | **小型電動車** |
| | | 制御:操縦系 | 特開2000-245777 | **小型電動車** |
| | 操作性向上 | 機構:操縦 | 特開平8-258775 | **小型電動車** |
| | | 制御:操縦 | 特開平7-299097 | **電動カートの操舵構造** |
| | 走行性向上 | 制御:駆動系 | 特開平10-157647 | **小型電動車** |
| | | | 特開平10-165454 | **小型電動車** |

## 2.9 ナブコ

### 2.9.1 企業概要

表 2.9.1-1 に、ナブコの企業概要を示す。

表2.9.1-1 ナブコの企業概要

| 商号 | 株式会社ナブコ |
|---|---|
| 本社所在地 | 兵庫県神戸市西区 |
| 設立年 | 1925 年（大正 14 年） |
| 資本金 | 86 億円（2000 年度） |
| 売上高 | 490 億円（2000 年度） |
| 従業員数 | 1,375 人（2000 年度） |
| 事業内容 | 電車・自動車関連<br>機械制御システム<br>建築関連<br>福祉機器関連の製造・販売 |
| URL | http://www.nabco.co.jp/ |
| 技術移転窓口 | 知的財産部<br>兵庫県神戸市西区高塚台 7-3-3 |

（出典：ナブコのHP、2001 年度版福祉機器企業要覧）

大正 14 年に日本エヤーブレーキ株式会社として設立され、鉄道・車両用エアブレーキの製造・販売を開始する。

平成 4 年に社名を株式会社ナブコと改称する。

福祉関係商品として、インテリジェント義足膝継手、パワーアシストドア、身障者用自動ドアなどユニークな商品を持っている。

車いす関連では、介助用電動補助装置付き車いすを開発している。

### 2.9.2 製品例

表 2.9.2-1 に、ナブコの車いす関連の製品例を示す。

「アシストホイール」は、介助用車いすの電動補助装置で、介助者の歩く速さに合わせてモータが駆動力の補助をするものである。人力の検出は、介助者が握るハンドルのグリップ付け根に設けられ、グリップを押せば前方へ、引けば後方へアシストする。下り坂の時は、制御システムが状況を判断して自動的にブレーキをかける。

表2.9.2-1 ナブコの製品例（ナブコのカタログより）

| 製品名 | 型番 | ホイールサイズ | 特徴 |
|---|---|---|---|
| アシストホイール | NAW-22C-SD | 22 インチ | 基本タイプ |
|  | NAW-22C-DT |  | 着脱タイプ |
|  | NAW-16C-SD | 16 インチ | 基本タイプ |
|  | NAW-16C-DT |  | 着脱タイプ |
|  | NAW-16C-DT-F |  | 着脱タイプ・背折れ |

### 2.9.3 技術開発拠点と研究者

図 2.9.3-1 に、ナブコの車いす関連の出願件数と発明者数を示す。発明者数は明細書の発明者をカウントしたものである。

ナブコの車いす関連の開発拠点：
　　兵庫県神戸市西区高塚台 7 丁目 3 番 3 号　株式会社ナブコ総合技術センター内

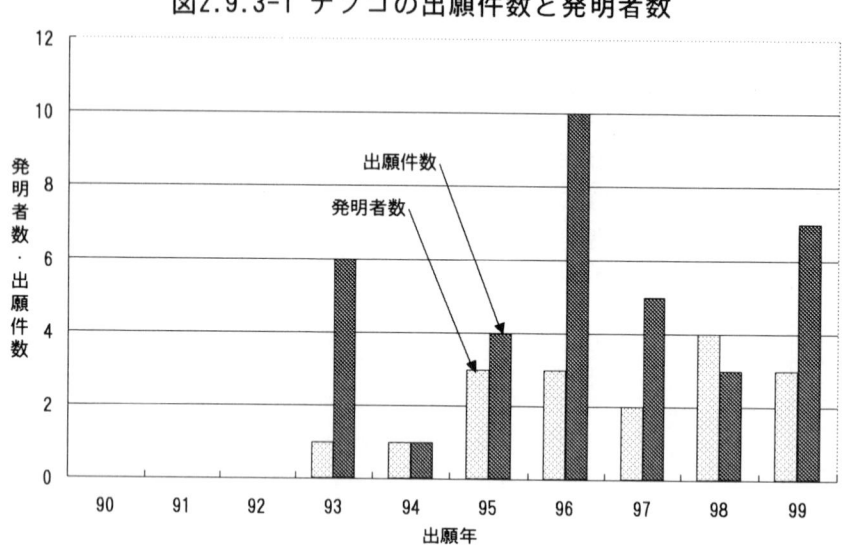

図2.9.3-1 ナブコの出願件数と発明者数

図 2.9.3-2 は、ナブコの発明者数と出願件数の関連をみたものである。96 年に技術開発のピークを迎えている。

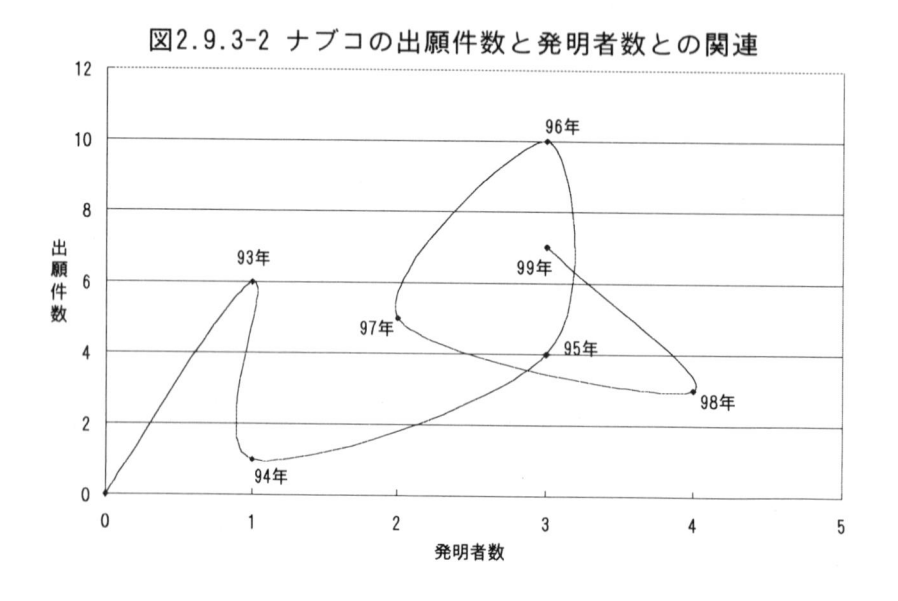

図2.9.3-2 ナブコの出願件数と発明者数との関連

### 2.9.4 技術開発課題対応保有特許の概要

図 2.9.4-1 に、ナブコの技術要素と課題の分布を示す。技術要素と課題別に出願件数が多いのは下記のようになる。その中で特徴的に操作性向上の課題に関する出願が多い。

　　　電動車いす/制御　：操作性向上
　　　電動車いす/駆動源：収納性向上、コスト低減

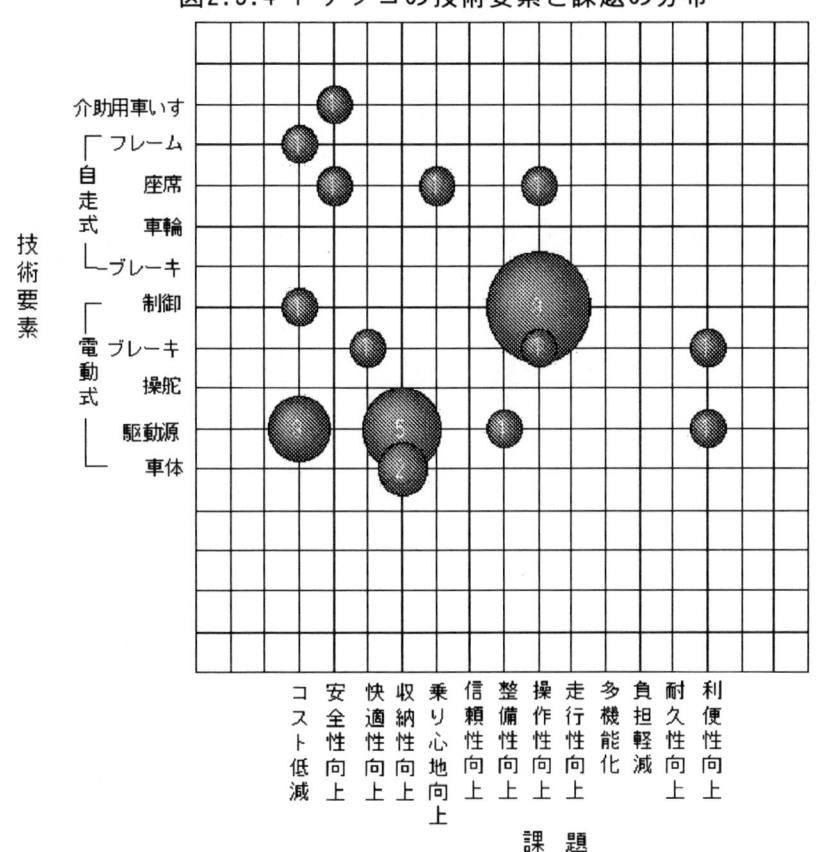

図2.9.4-1 ナブコの技術要素と課題の分布

1990 年から 2001 年 7 月公開の出願
（図中の数字は、登録および係属中の件数を示す。）

操作性向上の課題に関するものとして
「電動車両」（特許 3082832）
「電動車両の制御装置」（特開平 10-99378）
など、操作力を検知して走行制御を行うものがみられる。

コスト低減の課題に関するものとして
「駆動部付ホイール装置」（特開平 9-272345）
「電動車椅子」（特開平 10-151158）
など、アシストホイール関連の出願がみられる。

表 2.9.4-1 に、ナブコの車いす関連保有特許一覧を示す。出願取下げ、拒絶査定の確定、権利放棄、抹消、満了したものは除かれている。

表 2.9.4-1 ナブコの車いす関連保有特許一覧（1/2）

| 技術要素 | 課題 | 解決手段 | 特許番号<br>出願日<br>筆頭 FI<br>共同出願人 | 発明の名称<br>概要 |
|---|---|---|---|---|
| 介助用車いす | 安全性向上 | その他構造：制動機構 | 特開平 9-328062 | 車椅子のブレーキ装置 |
| 自走式車いす/フレーム | コスト低減 | 部材の形状等：フレームの一体化 | 特開 2000-237241 | 車椅子のフレーム構造 |
| 自走式車いす/座席 | 安全性向上 | 足載せ台：係止構造改良 | 特開 2000-201979 | 車椅子のフットレスト取り付け構造 |
|  | 乗り心地向上 | 肘掛け：移動・着脱可能 | 特開 2001-25487 | 車椅子のアームレスト構造 |
|  | 操作性向上 | 座席：座席構造 | 特開 2000-217868 | 車椅子のシート取り付け構造 |
| 電動車いす/駆動源 | コスト低減 | 配置と構造：構造上の工夫 | 特開平 9-272345 | 駆動部付ホイール装置 |
|  |  |  | 特開平 10-211239 | 電動車椅子 |
|  |  | 配置と構造：配置上の工夫 | 特開平 10-151158<br>96.11.22<br>A61G5/04,505 | 電動車椅子<br>車軸を駆動ユニットのケーシングで支持し、モータ等を車軸に同心円状に配置<br> |
|  | 収納性向上 | 配置と構造：構造上の工夫 | 特開 2000-237246 | 電動車椅子 |
|  |  | 配置と構造：配置上の工夫 | 特開平 10-118128 | 電動車椅子 |
|  |  |  | 特開平 10-151155 | 電動車椅子 |
|  |  |  | 特開平 10-211238 | 電動車椅子 |
|  |  |  | 特開平 10-211240 | 電動車椅子 |
|  | 整備性向上 | 配置構造：配置上の工夫 | 特開平 07-75219 | 電動車両 |
|  | 利便性向上 | 配置と構造：構造上の工夫 | 特開平 10-151157 | 電動車椅子の駆動装置 |
| 電動車いす/車体 | 収納性向上 | 機構：車体 | 特開平 10-201796 | 電動車椅子 |
|  |  |  | 特開平 11-178861 | 電動車椅子 |
| 電動車いす/制御 | コスト低減 | 配置構造：組立時の調整 | 特開平 10-118125 | 電動車両の操作装置 |
|  | 操作性向上 | 検知：検出構造 | 特開平 9-122183 | 電動車両 |
|  |  | 検知と制御 | 特開平 10-201792 | 電動車両 |
|  |  |  | 特開 2001-177902 | 電動車両の制御装置 |
|  |  | 検知と制御：PI制御 | 特開 2001-25108 | 電動車両の制御装置 |

表 2.9.4-1 ナブコの車いす関連保有特許一覧（2/2）

| 技術要素 | 課題 | 解決手段 | 特許番号<br>出願日<br>筆頭FI<br>共同出願人 | 発明の名称<br>概要 |
|---|---|---|---|---|
| 電動車いす/制御 | 操作性向上 | 検知と制御：ある閾値を基に走行制御 | 特許3082832<br>96.5.24<br>B62B3/00G | **電動車両**<br>操作部の電気信号と駆動信号の合算値から閾値を減算した値を駆動信号として出力する |
| | | 検知と制御：操作力と設定値の比較に基づく制御 | 特開平10-99378<br>97.8.4<br>A61G5/04,502 | **電動車両の制御装置**<br>操作力から設定値を減算して駆動力を算出し、この変化量を駆動力に加味する |
| | | 検知と制御：段階的制御 | 特開2000-152425 | **電動車両の走行制御装置** |
| | | 構造：検出方法 | 特開平9-122182 | **電動車両** |
| | | 人力検知：検出機構 | 特許3042312<br>94.8.4<br>A61G5/04,501 | **電動車両**<br>可動グリップの移動量を検知しモータを制御 |
| 電動車いす/ブレーキ | 快適性向上 | 検知と制御 | 特開平10-336803 | **電動車両の制御装置** |
| | 操作性向上 | 検知と制御：制動力を時間経過ととも変化 | 特開2000-42045 | **電動車両の制御装置** |
| | 利便性向上 | 配置構造 | 特開平9-47474 | **電動車両及びその操作装置** |

## 2.10 ミキ

### 2.10.1 企業概要

表 2.10.1-1 に、ミキの企業概要を示す。

表2.10.1-1 ミキの企業概要

| 商号 | 株式会社ミキ |
|---|---|
| 本社所在地 | 愛知県名古屋市 |
| 設立年 | 1994年（平成6年） |
| 資本金 | 1,000万円 |
| 売上高 | 20億円 |
| 従業員数 | 17人 |
| 事業内容 | 車いす、介護用品の製造・販売 |
| URL | http://www.kurumaisu-miki.co.jp/ |

（出典：ミキのHP、2001年度版福祉機器企業要覧）

ミキの母体である三貴工業所において、アルミ製車いすの試作車を完成させる（昭和40年）。平成6年に、三貴工業所の営業部門が独立し現在に至っている。

### 2.10.2 製品例

表 2.10.2-1 に、ミキの車いす関連の製品例を示す。

表2.10.2-1 ミキの製品例（ミキのHPより）

| バケットシリーズ | | | |
|---|---|---|---|
| | 製品名称 | タイプ | 型番 |
| | ソファーラ | 介助型 | MVL-48 |
| | バケッション | 自操型 | MV-43 |
| | | 介助型 | MVC-46 |
| スリムシリーズ | | | |
| | 製品名称 | タイプ | 型番 |
| | | 自操型 | MRSW-40,MRSW-43,MRSW-45,MR-40B,MR-43B,MR-45B |
| | | 介助型 | MRCSW-46,MRC-46B |
| エクセレントシリーズ | | | |
| | 製品名称 | タイプ | 型番 |
| | つばめくん | 自操型 | MWSW-43S.MWSW-43M.MWSW-43L |
| | ひばりちゃん | 自操型 | M-40,M-43,M-45,M-43DB |
| | | 介助型 | MRCSW-46,MWC-46,MC-43,MC-46 |
| 開発シリーズ | | | |
| | 製品名称 | タイプ | 型番 |
| | ミラクル | 介助型 | MGC-46,MGWC-46 |
| | 楽太郎 | 自操型 | MB-43 |
| | 前方大車輪 | 介助型 | MZC-46 |
| スタンダードシリーズ | | | |
| | 製品名称 | タイプ | 型番 |
| | | 自操型 | MY-40,MY-43,MY-47,MY-40J,MY-43J,MY-47J,MK-98,MK-100,MK-100D |
| | | 介助型 | MYC-46J,MKC-100,MKC-100D |

### 2.10.3 技術開発拠点と研究者

　図 2.10.3-1 に、ミキの車いす関連の出願件数と発明者数を示す。発明者数は明細書の発明者をカウントしたものである。なお、ミキの出願件数には、佐藤 光男氏、佐藤 永佳氏の個人出願を含めている。

　ミキの車いす関連の開発拠点：

　　　　　　　　　　　愛知県名古屋市南区豊 3 丁目 38 番 10 号　株式会社ミキ内

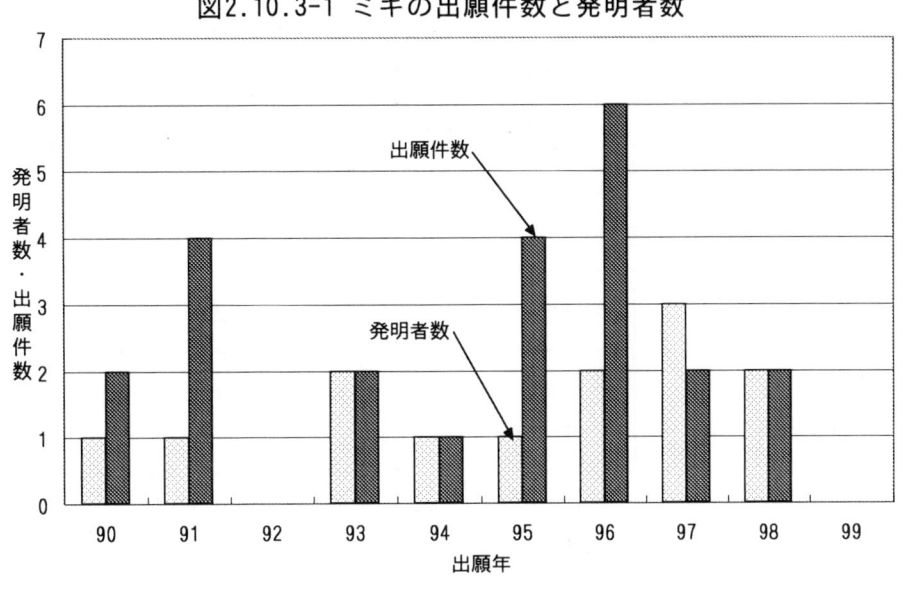

図2.10.3-1　ミキの出願件数と発明者数

　図 2.10.3-2 に、ミキの発明者数と出願件数の関連を示す。96 年から 97 年にかけて技術開発のピークがみられる。

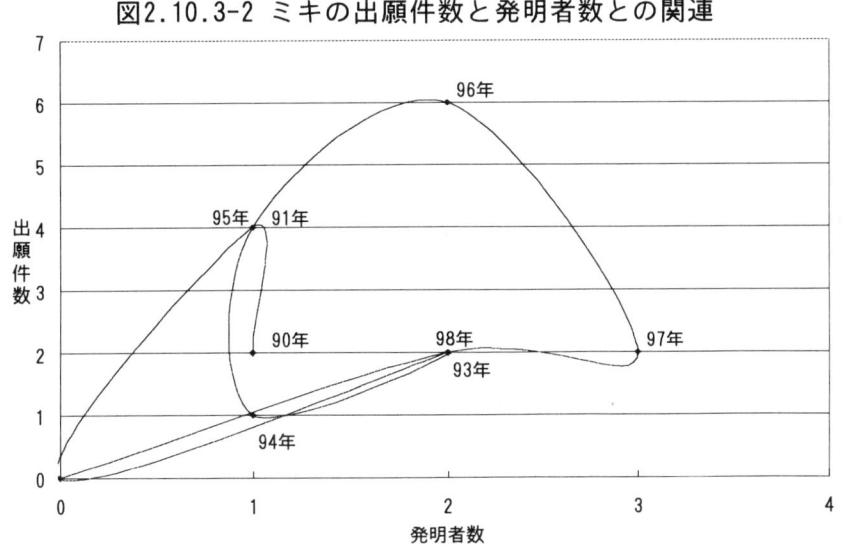

図2.10.3-2　ミキの出願件数と発明者数との関連

### 2.10.4 技術開発課題対応保有特許の概要

　図2.10.4-1に、ミキの技術要素と課題の分布を示す。技術要素と課題別に出願件数が多いのは下記のようになる。その中で特徴的に乗り心地向上の課題に関する出願が多い。

　　　　自走式車いす/フレーム：乗り心地向上
　　　　自走式車いす/座席　　：乗り心地向上、耐久性向上

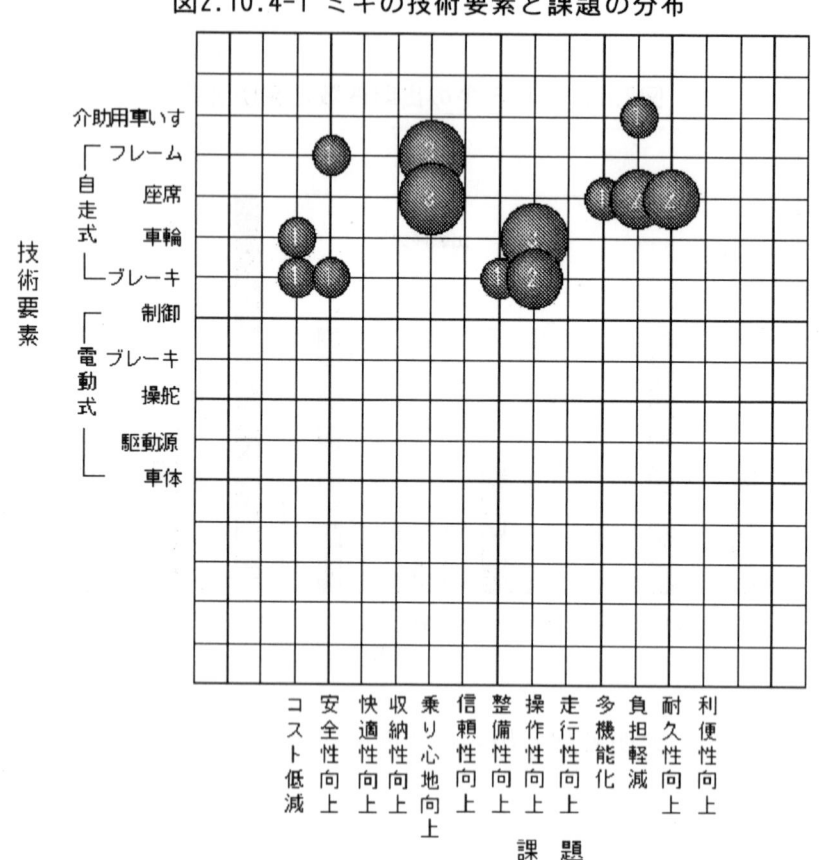

図2.10.4-1 ミキの技術要素と課題の分布

1990年から2001年7月公開の出願
（図中の数字は、登録および係属中の件数を示す。）

乗り心地向上の課題に関するものとして
「車椅子のステップ取付け構造」（特開平11-4855）
「車椅子のフットレスト構造」（実登2521316）
など、足載せ台の着脱・係止機構に関する出願がみられる。

耐久性向上の課題に関するものとして
「車椅子の側枠」（特開平9-99013）
「フットレストの取付け構造」（特開2000-184929）
など、構造改良に関する出願がみられる。

表2.10.4-1に、ミキの車いす関連保有特許一覧を示す。出願取下げ、拒絶査定の確定、権利放棄、抹消、満了したものは除かれている。

表2.10.4-1 ミキの車いす関連保有特許一覧

| 技術要素 | 課題 | 解決手段 | 特許番号<br>出願日<br>筆頭FI<br>共同出願人 | 発明の名称<br>概要 |
|---|---|---|---|---|
| 介助用車いす | 負担軽減 | その他構造:制動機構 | 特許2790608<br>94.3.18<br>B62B5/04A | **車椅子の駐車ブレーキ機構**<br>ブレーキレバーと連絡した介護人用ブレーキペダルを設け労力を低減する |
| 自走式車いす/フレーム | 安全性向上 | 取付構造:ハンドルの回動 | 実公平5-36417 | **関接機構** |
| | 乗り心地向上 | 部材の形状等:泥除けとガード板の一体化 | 特開平9-285500 | **車椅子** |
| | | 部材の追加:座部支持部材 | 特開平11-192266 | **折畳み式車椅子の座部支持機構および車椅子** |
| | | 部材材質:樹脂被覆 | 特開平9-164167 | **車椅子の枠体** |
| 自走式車いす/座席 | 乗り心地向上 | 足載せ台:回動・着脱機構 | 特開平11-4855 | **車椅子のステップ取付け構造** |
| | | | 実登2521316 | **車椅子のフットレスト構造** |
| | | 足載せ台:係止構造改良 | 特開平10-127697 | **車椅子のフットレスト構造** |
| | 多機能化 | 座席:回転機構 | 特開平11-221253<br>名古屋鉄道 | **回転座部付介護用車椅子** |
| | 耐久性向上 | フレーム:フレーム構造変更 | 特開平9-99013 | **車椅子の側枠** |
| | | 足載せ台:係止構造改良 | 特開2000-184929 | **フットレストの取付け構造** |
| | 負担軽減 | 肘掛け:移動・着脱可能 | 実公平5-4819 | **車椅子** |
| | | | 実登2586130 | **車椅子** |
| 自走式車いす/車輪 | コスト低減 | 車輪形状・材質:車輪材質 | 特開平10-57420 | **車椅子** |
| | 操作性向上 | フレーム構造:車輪配置の変更 | 特開平9-201384 | **車椅子** |
| | | 車軸支持機構:車軸位置調整機構 | 特開平8-280745 | **車椅子** |
| | | 操作輪の設置 | 特開平7-171181 | **車椅子** |
| 自走式車いす/ブレーキ | コスト低減 | 取付機構:嵌合溝で嵌合 | 特開平8-294514 | **駐車ブレーキ機構** |
| | 安全性向上 | 部材の固定:バネの付勢力 | 実登2579596 | **車輌のブレーキ機構** |
| | 整備性向上 | 部材の追加:中間アーム | 実登2568534 | **車輌のブレーキ機構** |
| | 操作性向上 | 制動力制御:タイヤの回転力を利用 | 特開平9-299411 | **車椅子のブレーキ装置** |
| | | 撥ね上げ機構:バネの付勢力 | 実登2566100 | **車椅子の足踏式ブレーキ機構** |

## 2.11 アラコ

### 2.11.1 企業概要

表 2.11.1-1 に、アラコの企業概要を示す。

表2.11.1-1 アラコの企業概要

| 商号 | アラコ株式会社 |
|---|---|
| 本社所在地 | 愛知県豊田市 |
| 設立年 | 1947年（昭和22年） |
| 資本金 | 31億8,800万円 |
| 売上高 | 3,293億円<br>福祉機器関連の売上げは42億円 |
| 従業員数 | 5,963人 |
| 事業内容 | 車輌部門<br>（乗用車などの開発・設計・製造）<br>特装部門<br>（特装車の開発・設計・製造）<br>部品部門<br>（乗用車用内装品の開発・設計・製造）<br>海外事業 |
| URL | http://www.araco.co.jp/ |

（出典：アラコのHP、2001年度版福祉機器企業要覧）

昭和22年に荒川鈑金工業株式会社として設立され、乗用車のボディ、自動車部品の生産を開始する。

昭和63年にアラコ株式会社に社名変更した。

平成9年からオリジナル商品として電動カー「エブリデー」の生産を開始し、現在に至る。

### 2.11.2 製品例

表 2.11.2-1 に、アラコの車いす関連の製品例を示す。

電動三輪車のエブリデー標準型に始まり、その後タイプS、電動四輪車のタイプ4の発売を開始した。2001年には、エブリデータイプ4がグッドデザイン賞を受賞している。

表2.11.2-1 アラコの製品例（アラコのHPより）

| 電動三輪車 | | | |
|---|---|---|---|
| | 製品名称 | タイプ | 特徴 |
| | エブリデー | 標準型 | 標準 |
| | | タイプS | スリムなボディー |
| 電動四輪車 | | | |
| | エブリデー | タイプ4 | － |

## 2.11.3 技術開発拠点と研究者

図 2.11.3-1 に、アラコの車いす関連の出願件数と発明者数を示す。発明者数は明細書の発明者をカウントしたものである。

アラコの開発拠点：愛知県豊田市吉原町上藤池 25 番地　アラコ株式会社内

図2.11.3-1 アラコの出願件数と発明者数

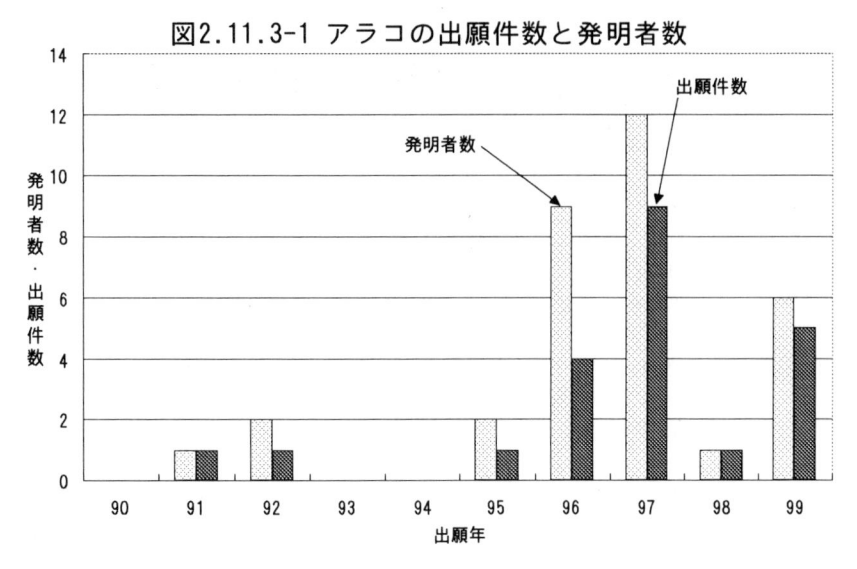

## 2.11.4 技術開発課題対応保有特許の概要

図 2.11.4-1 に、アラコの技術要素と課題の分布を示す。技術要素と課題別に出願件数が多いのは下記のようになる。その中で収納性向上の課題に関する出願が多い。

　　　電動車いす/車体　　：収納性向上

図2.11.4-1 アラコの技術要素と課題の分布

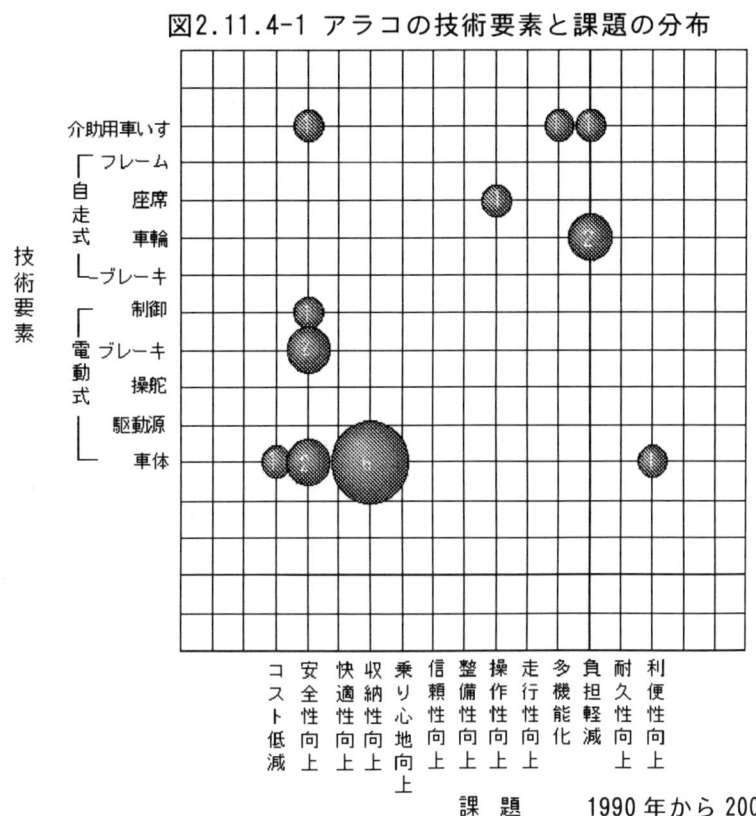

1990 年から 2001 年 7 月公開の出願
（図中の数字は、登録および係属中の件数を示す。）

表 2.11.4-1 に、アラコの車いす関連保有特許一覧を示す。出願取下げ、拒絶査定の確定、権利放棄、抹消、満了したものは除かれている。

表 2.11.4-1 アラコの車いす関連保有特許一覧

| 技術要素 | 課題 | 解決手段 | 特許番号<br>出願日<br>筆頭FI<br>共同出願人 | 発明の名称<br>概要 |
|---|---|---|---|---|
| 介助用車いす | 安全性向上 | その他構造：制動機構 | 実登2579836 | 車椅子の固定装置 |
| | 多機能化 | 座席構造：座席昇降機構 | 特開平11-313854 | 車両に対する乗降者用移送装置 |
| | 負担軽減 | グリップ構造：グリップ取付機構 | 特開平10-43244<br>日進医療器 | 格納式グリップ |
| 自走式車いす／座席 | 操作性向上 | 座席：座席昇降 | 特開平8-238274 | 車椅子 |
| 自走式車いす／車輪 | 負担軽減 | 補助輪取付構造：車体持上げ機構 | 特開平10-43245<br>日進医療器 | 移乗用車椅子 |
| | | | 特開平10-43246<br>日進医療器 | 車椅子 |
| 電動車いす／車体 | コスト低減 | 機構：車体 | 特開平10-328247<br>97.5.30<br>B62J11/00G | 電動車両用コントロールユニットの組み付け構造 |
| | 安全性向上 | 機構：座席 | 特開平10-286285 | 座席の支持構造 |
| | | 機構：車体 | 特開平10-286283 | 電動車両のフレーム構造 |
| | 収納性向上 | 機構：車体 | 特開平10-286284 | ステアリングシャフトの簡易防水構造 |
| | | | 特開平11-9627 | 電動車両 |
| | | | 特開2000-203476 | 電動車両 |
| | | | 特開2000-262563 | 電動車両の連結構造 |
| | | | 特開2001-29397 | 電動車両の連結構造 |
| | | | 特開2001-29398 | 小型電動車両 |
| | 利便性向上 | 機構：座席 | 特開平10-230879 | 電動車両 |
| 電動車いす／制御 | 安全性向上 | 検知：傾斜の検出 | 特開平10-328245 | 傾斜角検出器 |
| 電動車いす／ブレーキ | 安全性向上 | 検知と制御：衝突衝撃を利用 | 特開2001-163130<br>99.12.9<br>A61G5/04,503 | 電動車両用非常停止装置<br>弾性体が衝突時に凹型に変形し、内部気体の圧力の増大によって車両を停止させる |
| | | 配置構造：他者による対応 | 特許3108032<br>97.4.15<br>A61G5/04,501 | 電動車両の非常停止装置<br>他人の手による緊急停止可能なSWを設ける |

## 2.12 松下電工

### 2.12.1 企業概要

表2.12.1-1に、松下電工の企業概要を示す。

表2.12.1-1 松下電工の企業概要

| 商号 | 松下電工株式会社 |
|---|---|
| 本社所在地 | 大阪府門真市 |
| 設立年 | 1935年（昭和10年）　　　　　（創業　大正7年） |
| 資本金 | 1,232億8,668万3,139円 |
| 売上高 | 9,673億円(2000年度)　　　　（連結：1兆1,810億円） |
| 従業員数 | 16,870名 |
| 事業内容 | 制御機器事業（売上構成比12.8%）<br>　（制御部品、制御システム機器を研究開発、生産、販売）<br>電子材料事業（売上構成比8.7%）<br>　（電子材料、フードケータリング関連商品を生産、販売）<br>情報機器事業（売上構成比15.4%）<br>　（電力・情報設備）<br>照明事業（売上構成比19.2%）<br>　（住宅、産業、屋外用照明設備）<br>住建事業（売上構成比29.8%）<br>　（設備建材）<br>電器事業（売上構成比12.0%）<br>　（美・理容商品、健康商品、環境商品　など） |
| URL | http://www.mew.co.jp/ |
| 技術移転窓口 | 知的財産部<br>　大阪府門真市大字門真1048 |

（出典：松下電工のHP、2001年度版福祉機器企業要覧）

### 2.12.2 製品例

表2.12.2-1に、松下電工の車いす関連の製品例を示す。

松下電工が開発から関わった製品としては、自走式車いすのNAISモジュラー車いすがある。これは、ドイツのマイラ社と技術提携したものである。

松下電工のホームページには扱い商品の一覧が掲載されており、他のメーカから供給を受けた車いすを加えて豊富な製品種類を取り揃えている。

表2.12.2-1 松下電工の製品例（松下電工のHPより）

| 自走式車いす | | | |
|---|---|---|---|
| 製品名 | 型番 | 特徴 | |
| NAISモジュラー車いす<br>mofit | 標準セット | モジュール型 | |
| NAISモジュラー車いす<br>mofit by MEYRA | 標準セット | モジュール型 | |

## 2.12.3 技術開発拠点と研究者

図 2.12.3-1 に、松下電工の車いす関連の出願件数と発明者数を示す。発明者数は明細書の発明者をカウントしたものである。

松下電工の開発拠点：大阪府門真市大字門真 1048 番地　松下電工株式会社内

この分野への参入は比較的最近である。

図2.12.3-1 松下電工の出願件数と発明者数

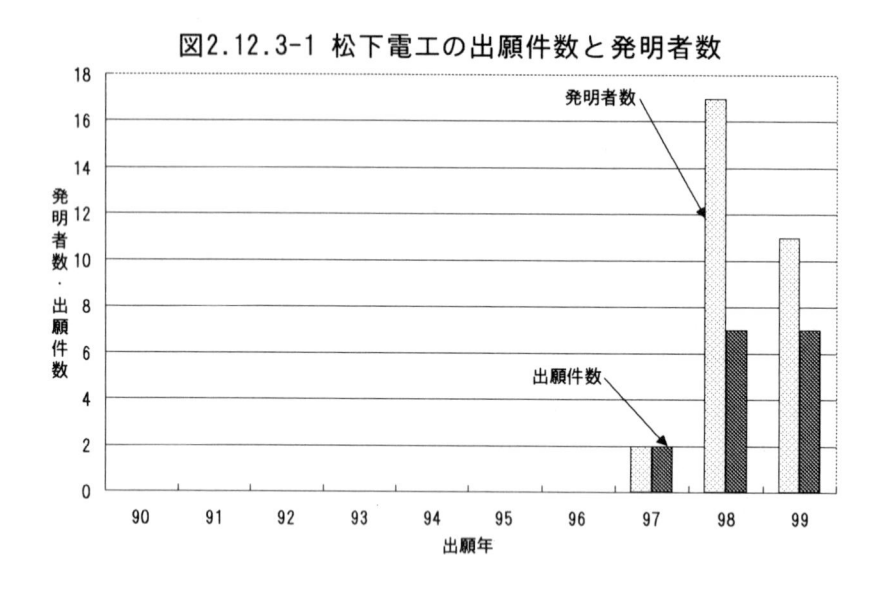

図 2.12.3-2 は、松下電工の出願件数と発明者数との関連をみたものである。98 年に技術開発のピークがみられる。

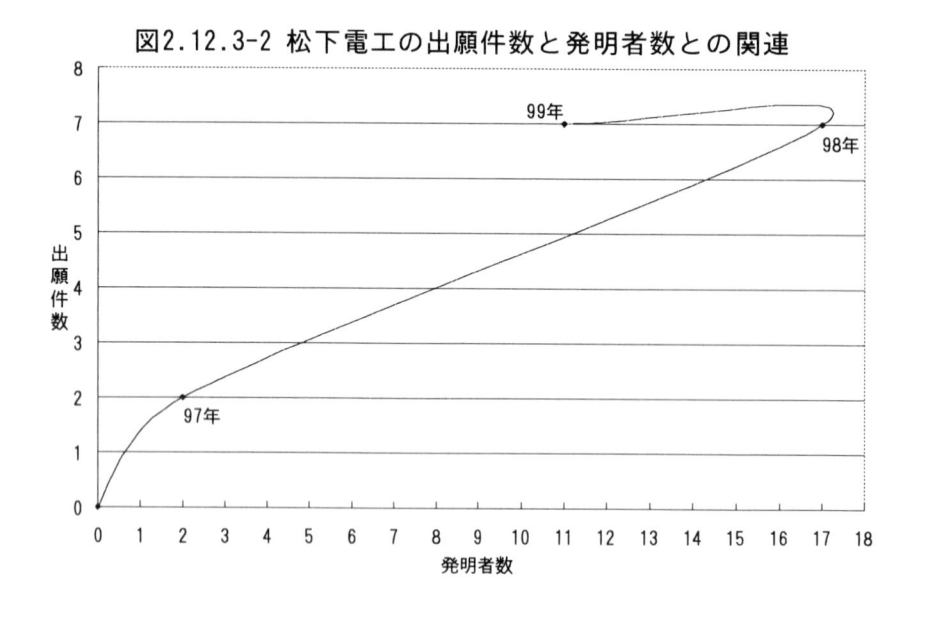

図2.12.3-2 松下電工の出願件数と発明者数との関連

### 2.12.4 技術開発課題対応保有特許の概要

図 2.12.4-1 に、松下電工の技術要素と課題の分布を示す。技術要素と課題別に出願件数が多いのは下記のようになる。

    電動車いす/制御 ：操作性向上、利便性向上
    電動車いす/車体 ：整備性向上
    自走式車いす/座席 ：負担軽減
    自走式車いす/車輪 ：走行性向上

図2.12.4-1 松下電工の技術要素と課題の分布

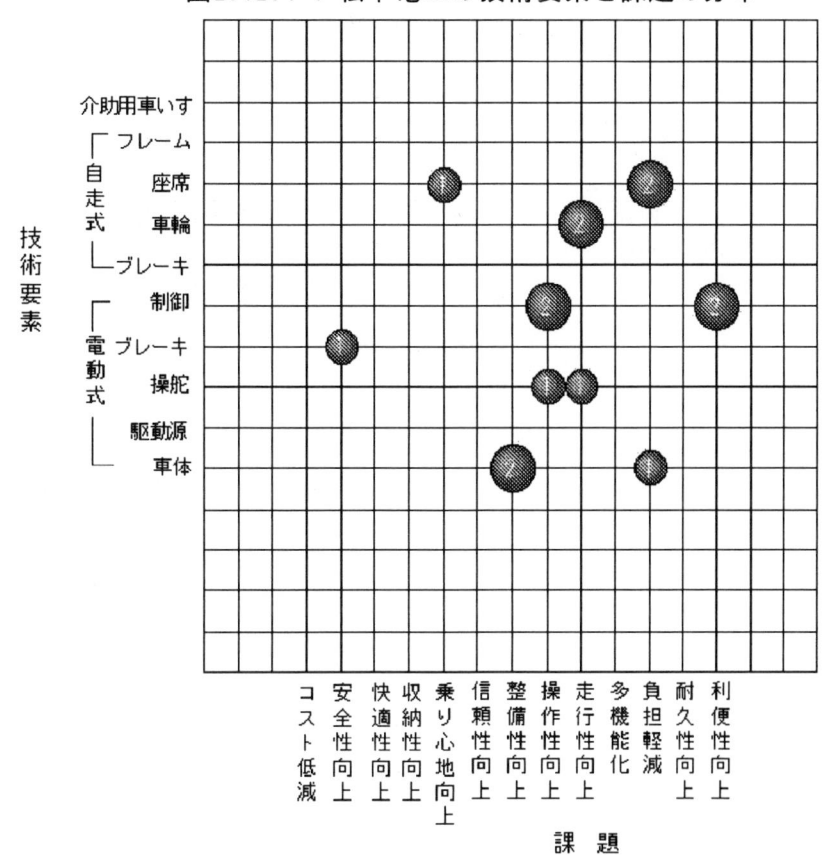

1990 年から 2001 年 7 月公開の出願
（図中の数字は、登録および係属中の件数を示す。）

操作性向上の課題に関するものとして
「電動車椅子および記録媒体」（特開 2000-126241）
「電動車椅子」（特開 2000-42046）
など、制御技術による操作性の改善に関する出願がみられる。

表 2.12.4-1 に、松下電工の車いす関連保有特許一覧を示す。出願取下げ、拒絶査定の確定、権利放棄、抹消、満了したものは除かれている。

表 2.12.4-1 松下電工の車いす関連保有特許一覧

| 技術要素 | 課題 | 解決手段 | 特許番号<br>出願日<br>筆頭FI<br>共同出願人 | 発明の名称<br>概要 |
|---|---|---|---|---|
| 自走式車いす/座席 | 乗り心地向上 | 足載せ台:回動・着脱機構 | 特開 2000-42041 | 車椅子 |
| | 負担軽減 | 座席:座席昇降・移動機構 | 特開平 11-197189 | 車椅子 |
| | | 背もたれ:上端部が後方へ可動自在 | 特開 2000-42043 | 車椅子 |
| 自走式車いす/車輪 | 走行性向上 | 補助輪取付構造:車体持上げ機構 | 特開平 11-151266 | 車椅子 |
| | | 補助輪取付構造:取付位置 | 特開平 11-42255 | 車椅子 |
| 電動車いす/車体 | 整備性向上 | 機構:座席 | 特開 2000-126244 | 電動移動自在椅子 |
| | | 機構:車輪 | 特開 2000-350749 | 電動自在椅子 |
| | 負担軽減 | 機構:座席 | 特開 2000-197668<br>99.6.11<br>A61G5/04,505 | 電動移動自在椅子<br>肘掛が座面以下に移動可能とすることで、移乗時に肘掛が邪魔にならない |
| 電動車いす/制御 | 操作性向上 | 制御:メモリされたデータの利用 | 特開 2000-126241 | 電動車椅子および記録媒体 |
| | | 制御:回転中心の設定 | 特開 2000-42046<br>98.07.28<br>A61G5/02,506 | 電動車椅子<br>自転動作の回転中心を設定する入力器を有する |
| | 利便性向上 | 検知と制御:GPSと自走距離算出 | 特開 2000-279452 | 回転数検出装置付き車椅子 |
| | | 報知:GPS | 特開 2000-279451 | 移動可能距離検出手段付き電動車椅子 |
| 電動車いす/ブレーキ | 安全性向上 | 配置と構造:直接制動 | 特開 2001-55156 | 全方向移動車 |
| 電動車いす/操舵 | 操作性向上 | 機構:操縦 | 特開 2000-353022 | 操作器 |
| | 走行性向上 | 機構:車輪 | 特開 2000-355223 | 全方向移動車 |

## 2.13 三洋電機

### 2.13.1 企業概要
表2.13.1-1に、三洋電機の企業概要を示す。

表2.13.1-1 三洋電機の企業概要

| 商号 | 三洋電機株式会社 |
|---|---|
| 本社所在地 | 大阪府守口市 |
| 設立年 | 創業1947年(昭和22年) |
| 資本金 | 1,722億4,129万4,438円(2001年3月現在) |
| 売上高 | 1兆2,428億5,700万円(2000年度)　(連結2兆1,573億1,800万円) |
| 従業員数 | 20,112名　(2001年3月現在) |
| 事業内容 | 家庭用商品(マルチメディア商品、生活家電品　など)<br>業務用商品(映像、医療関連システム、住建設備、事務・オフィス関連機器、産業機器、電池、電子デバイス関連　など) |
| URL | http://www.sanyo.co.jp/ |
| 技術移転窓口 | HA商品開発センター　法務・知的財産部　法務知財2課<br>兵庫県加西市北条町北条323 |

(出典：三洋電機のHP)

### 2.13.2 製品例
表2.13.2-1に、三洋電機の車いす関連の製品例を示す。

表2.13.2-1 三洋電機の製品例(三洋電機のHPより)

電動四輪車

| 製品名 | 型番 | 特徴 | 発売開始時期 |
|---|---|---|---|
| MyShuttle | EWC-45D(S) | 音声ガイド、サスペンション装備 | 2001年2月 |

電動三輪車

| 製品名 | 型番 | 特徴 | 発売開始時期 |
|---|---|---|---|
| MyShuttle | EWC-35S(L) | 軽量ボディ、コードリール式充電器装備 | 1995年3月 |

### 2.13.3 技術開発拠点と研究者
図2.13.3-1に、三洋電機の車いす関連の出願件数と発明者数を示す。発明者数は明細書の発明者をカウントしたものである。

三洋電機の開発拠点：大阪府守口市京阪本通2丁目5番5号　三洋電機株式会社内

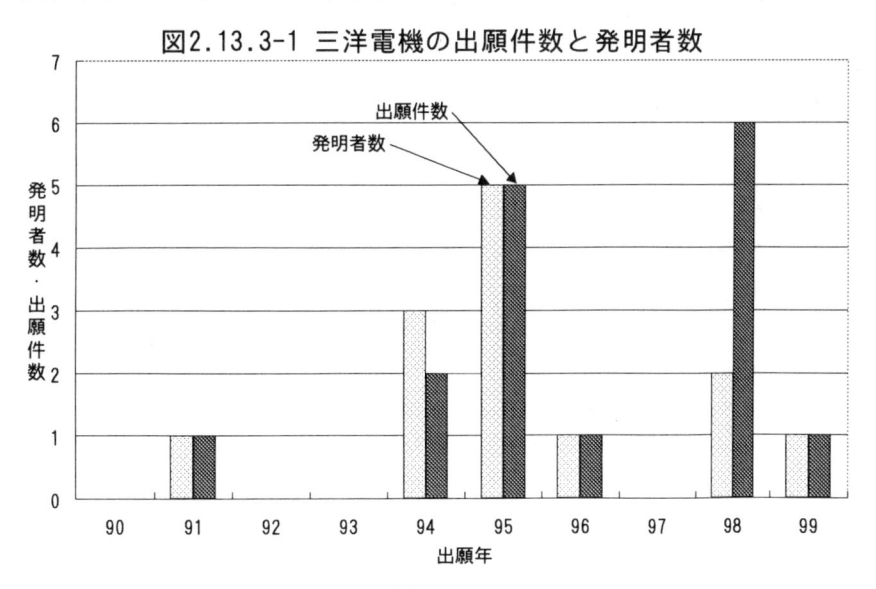

図2.13.3-1 三洋電機の出願件数と発明者数

## 2.13.4 技術開発課題対応保有特許の概要

　図2.13.4-1に、三洋電機の技術要素と課題の分布を示す。技術要素と課題別に出願件数が多いのは下記のようになる。その中で特徴的に安全性向上の課題に関する出願が多い。

　　電動車いす/制御：安全性向上、操作性向上

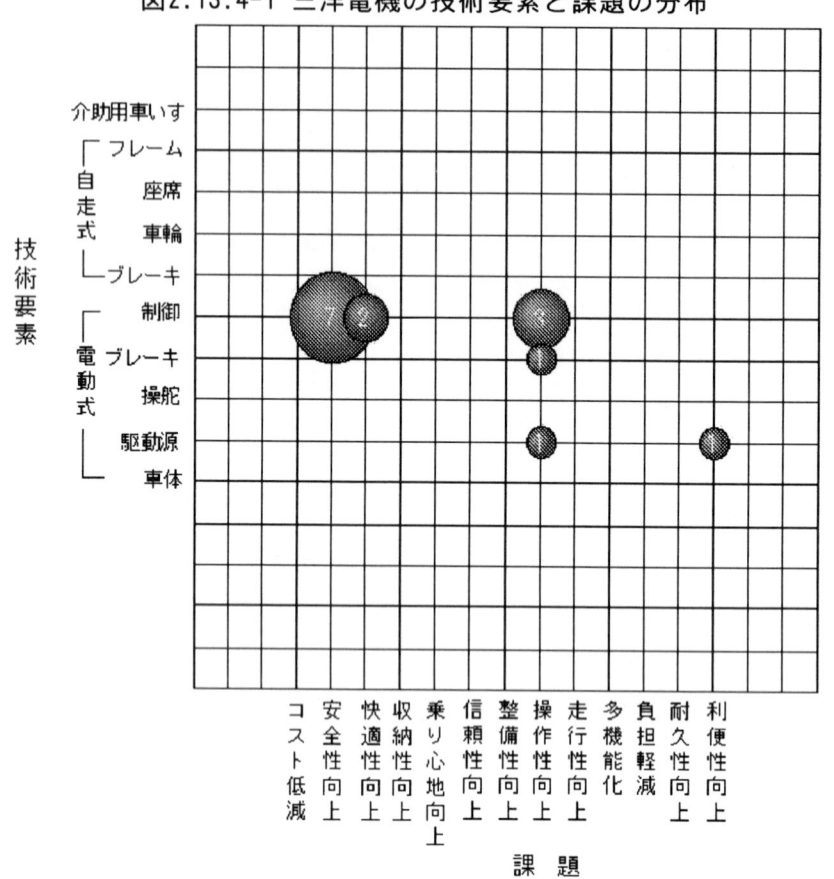

図2.13.4-1　三洋電機の技術要素と課題の分布

1990年から2001年7月公開の出願
（図中の数字は、登録および係属中の件数を示す。）

安全性向上の課題に関するものとして
「電動三輪車」（特開平8-154313）
「電動車」（特開2000-70308）
など、傾斜の検出に関する出願がみられる。

操作性向上の課題に関するものとして
「車いす」（特開平9-38145）
「車いす」（特開平9-38146）
など、車いす利用者や介助者の人力を検知してモータの制御を行うものがみられる。

表 2.13.4-1 に、三洋電機の車いす関連保有特許一覧を示す。出願取下げ、拒絶査定の確定、権利放棄、抹消、満了したものは除かれている。

表 2.13.4-1 三洋電機の車いす関連保有特許一覧

| 技術要素 | 課題 | 解決手段 | 特許番号<br>出願日<br>筆頭FI<br>共同出願人 | 発明の名称<br>概要 |
|---|---|---|---|---|
| 電動車いす/駆動源 | 操作性向上 | 人力検知と制御:ハンドリムの回転を増速 | 特開平10-14982 | 車いす |
| | 利便性向上 | 配置と構造:構造上の工夫 | 特開2000-308212 | 電動車両 |
| 電動車いす/制御 | 安全性向上 | 検知と制御:傾斜の検出 | 特開平8-154313 | 電動三輪車 |
| | | | 特開2000-70308 | 電動車 |
| | | 検知と制御:折り畳みの検知 | 特開2000-157576 | 折り畳み可能な電動車 |
| | | 人的駆動力検知と制御:閾値で走行制御 | 特開平11-276525 | 車いす |
| | | 配置構造:構造上の工夫 | 特開平9-38143 | 車いす |
| | | | 特開2000-70302 | 電動車 |
| | | | 特開2000-70303 | 電動車 |
| | 快適性向上 | 人的駆動力検知と制御:走行状態に応じた制御 | 特開平11-276526 | 車いす |
| | | 人力検知と制御:補助駆動の制御 | 特開平9-38144<br>95.7.31<br>B62M23/02N | 人力走行車における補助駆動装置<br>急激な人力駆動トルクに対して補助駆動トルクをソフトに出力 |
| | 操作性向上 | 人力検知:検出機構 | 特開平9-38145<br>95.7.31<br>B62M23/02N | 車いす<br>ハンドリムに加える力に応じて伸縮する弾性体を用いて人力検出する |
| | | 人力検知と制御:介助者の力に応じた制御 | 特開平9-38146<br>95.7.31<br>B62M23/02Z | 車いす<br>介助者のハンドルに加わる力を検知しモータを制御 |
| | | 制御:手動/電動の切り替え | 特開平9-39877 | 車いす |
| 電動車いす/ブレーキ | 操作性向上 | 配置と構造 | 特開平8-154312 | 電動車椅子用アクセルおよびそのアクセルを備えた電動車椅子 |

## 2.14 松永製作所

### 2.14.1 企業概要
表2.14.1-1に、松永製作所の企業概要を示す。

表2.14.1-1 松永製作所の企業概要

| 商号 | 株式会社松永製作所 |
|---|---|
| 本社所在地 | 岐阜県養老郡養老町 |
| 設立年 | 1974年（昭和49年） |
| 資本金 | 5,000万円（平成12年5月現在） |
| 売上高 | 49億円（平成12年5月決算実績） |
| 従業員数 | 130名（平成12年5月現在） |
| 事業内容 | 車いす、リハビリテーション機器、医療機器等の製造・販売 |
| URL | http://www.matsunaga-w.co.jp/ |

（出典：松永製作所のHP）

### 2.14.2 製品例
表2.14.2-1に、松永製作所の車いす関連の製品例を示す。

製品構成は、手動式から電動式まで豊富にそろっており、特にMAX PREASUREは日常スポーツタイプの車いすとして新しいコンセプトの製品で、デザイン、カラーリングが個性的なものとなっている。

表2.14.2-1 松永製作所の製品例（松永製作所のHP、カタログより）

| シリーズ名 | タイプ | 型番 |
|---|---|---|
| MAX PREASURE | SPORTS WHEEL | $\alpha$、$\beta$、$\gamma$、AJI、AJII、SS など |
| REMシリーズ | レンタル用 | REM-1 |
| ホットレスト | フルリクライニング | |
| MVシリーズ | コンパクト車いす | MV-1 |
| | | MV-10 |
| MD電動シリーズ | 電動車いす | MD-100 |
| | | MD-KID-100 |
| | | MD-FLOOR-100 |

### 2.14.3 技術開発拠点と研究者
図2.14.3-1に、松永製作所の車いす関連の出願件数と発明者数を示す。発明者数は明細書の発明者をカウントしたものである。

松永製作所の開発拠点：岐阜県養老郡養老町大場484 株式会社松永製作所内

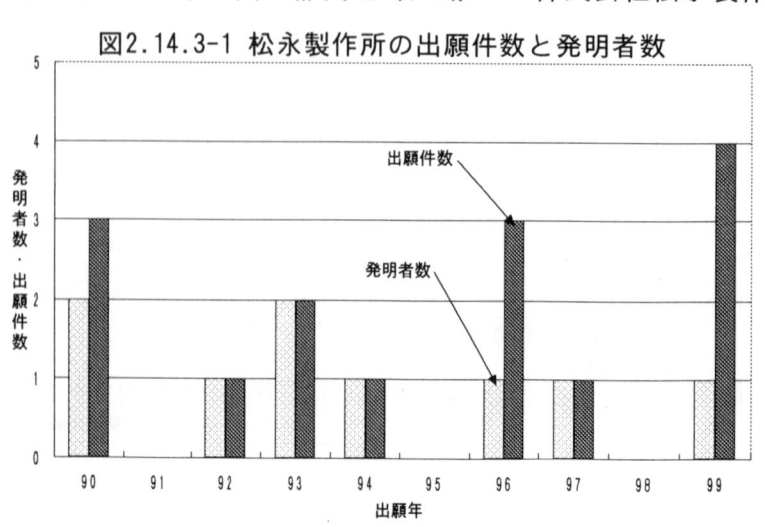

図2.14.3-1 松永製作所の出願件数と発明者数

### 2.14.4 技術開発課題対応保有特許の概要

図2.14.4-1に、松永製作所の技術要素と課題の分布を示す。技術要素と課題別に出願件数が多いのは下記のようになる。その中で特徴的に乗り心地向上に関する出願が多い。

　　　自走式車いす/座席：乗り心地向上、操作性向上
　　　自走式車いす/車輪：乗り心地向上

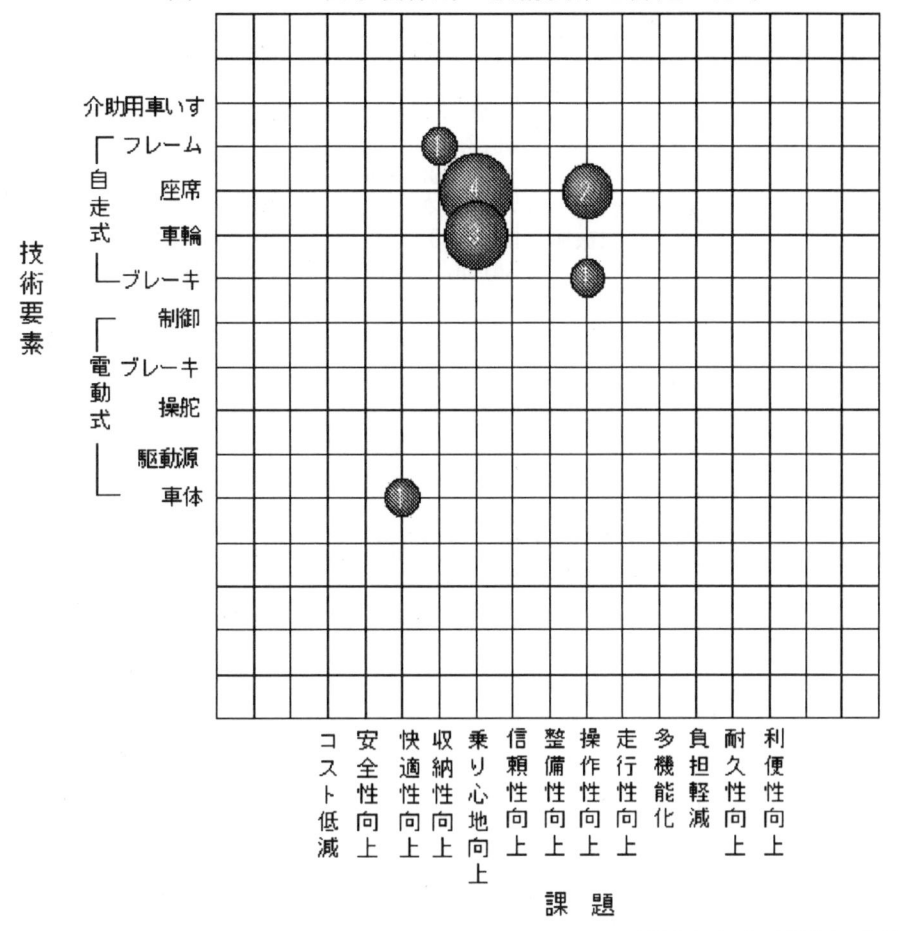

図2.14.4-1 松永製作所の技術要素と課題の分布

1990年から2001年7月公開の出願
（図中の数字は、登録および係属中の件数を示す。）

乗り心地向上に関するものとして
「車椅子」（特許 2530288）
「車椅子」（特許 2571183）
など、リクライニングに関するものがみられる。
操作性向上に関するものとして
「車椅子における伸縮自在ロック機構」（特開 2001-46441）
「車椅子」（特開 2000-210336）
など、寸法調整装置や肘掛けの構造を改良して操作性を高めるものなどがみられる。

117

表2.14.4-1 に、松永製作所の車いす関連保有特許一覧を示す。出願取下げ、拒絶査定の確定、権利放棄、抹消、満了したものは除かれている。

表2.14.4-1 松永製作所の車いす関連保有特許一覧(1/2)

| 技術要素 | 課題 | 解決手段 | 特許番号<br>出願日<br>筆頭FI<br>共同出願人 | 発明の名称<br>概要 |
|---|---|---|---|---|
| 自走式車いす/<br>フレーム | 収納性向上 | 部材の追加:水平X字状スライド部材 | 特開2000-237243 | 車椅子の車台 |
| 自走式車いす/<br>座席 | 乗り心地向上 | フレーム:フレーム構造変更 | 特開2001-149179 | 車椅子の座席構造 |
| | | | 実登2512072<br>90.3.8<br>A61G5/02,509 | 車椅子 |
| | | 足載せ台:回動・着脱機構 | 特許2530288<br>93.8.30<br>A61G5/00,510 | 車椅子<br>ステップとフットレストをリンクにより伸縮自在とする |
| | | 背もたれ:フレーム構造変更 | 特許2571183<br>93.6.16<br>A61G5/04 | 車椅子<br>背当て・足載せを連結棒で結び、足載せが背当ての傾動に連動して上昇する |
| | 操作性向上 | フレーム:寸法調整装置 | 特開2001-46441 | 車椅子における伸縮自在ロック機構 |
| | | 肘掛け:構造変更 | 特開2000-210336 | 車椅子 |
| 自走式車いす/<br>車輪 | 乗り心地向上 | キャスター取付構造:角度調整 | 特公平4-19865<br>90.2.8<br>A61G5/02,511 | 車椅子におけるキャスターの取付角度調整装置<br>ラックギアを回動方向に沿って設けたキャスター取付角度調整装置 |

表 2.14.4-1 松永製作所の車いす関連保有特許一覧(2/2)

| 技術要素 | 課題 | 解決手段 | 特許番号<br>出願日<br>筆頭FI<br>共同出願人 | 発明の名称<br>概要 |
|---|---|---|---|---|
| 自走式車いす/車輪 | 乗り心地向上 | キャスター取付構造:取付位置調整 | 特許2916895<br>96.08.22<br>A61G5/02,511 | **車椅子のキャスター取付け装置**<br>回動部に円弧状の溝を形成し、高低調整可能なキャスター取付調整装置 |
|  |  | 車軸支持機構:車軸位置調整機能 | 特許2811169<br>96.06.14<br>A61G5/02,510 | **車椅子の軸受け取付け装置**<br>一定間隔の波溝部を有する軸受けブロックからなる軸受け取付装置 |
| 自走式車いす/ブレーキ | 操作性向上 | 部材の位置:駐車ブレーキレバー可変 | 実登2537583<br>90.10.05<br>B62B5/04A | **車椅子の駐車ブレーキ装置**<br>サイドフレーム取付け金具に回動可能な支持板上にブレーキ部を取付ける |
| 電動車いす/車体 | 快適性向上 | 機構:座席 | 特開平11-56915 | **手動式電動車椅子** |

## 2.15 ミサワホーム

### 2.15.1 企業概要
表2.15.1-1に、ミサワホームの企業概要を示す。

表2.15.1-1 ミサワホームの企業概要

| 商号 | ミサワホーム株式会社 |
|---|---|
| 本社所在地 | 東京都杉並区 |
| 設立年月日 | 1967年（昭和42年）10月 |
| 資本金 | 131億6,050万6,049円（平成11年9月3日現在） |
| 売上高 | ― |
| 従業員数 | 1,846名（平成11年9月3日現在） |
| 事業内容 | 建築部材の製造・販売<br>建築・土木その他の設計・施工・監理<br>土地開発・造成<br>介護用具の製造・販売　他 |
| URL | http://www.misawa.co.jp/ |

（出典：ミサワホームのHP）

ミサワホームは住宅メーカとして有名であるが、暮しやすく、使いやすい居住性と機能性を持った住宅の開発をはじめ、高齢化社会にむけたユニバーサルデザイン機器の開発等にも取り組んでいる。

### 2.15.2 製品例
表2.15.2-1に、ミサワホームの車いす関連の製品例を示す。

ミサワホームでは世界最小の室内用電動車いすとして製品を出している。

全幅590mm、旋回半径388mmとし、既存の住宅の廊下やドアもリフォームなしで使用可能としている。

この製品に対して、優良住宅部品認定、BLデザイン賞、メロウ・グランプリ優秀賞などの評価を得ている。

表2.15.2-1 ミサワホームの製品例（ミサワホームのHPより）

| 製品名 | タイプ | 備考 |
|---|---|---|
| M-Smart | R | コントローラ操作右手用 |
|  | L | コントローラ操作左手用 |

### 2.15.3 技術開発拠点と研究者

図 2.15.3-1 に、ミサワホームの車いす関連の出願件数と発明者数を示す。発明者数は明細書の発明者をカウントしたものである。

ミサワホームの開発拠点：

東京都杉並区高井戸東 2 丁目 4 番 5 号　ミサワホーム株式会社内

図2.15.3-1　ミサワホームの出願件数と発明者数

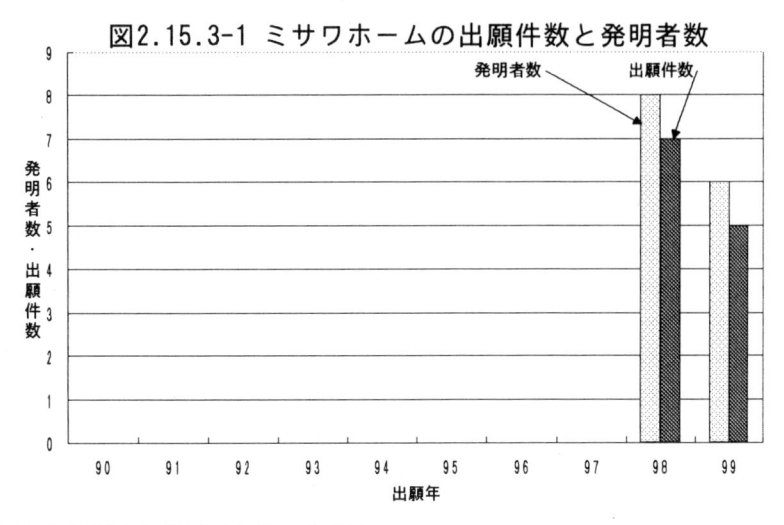

### 2.15.4 技術開発課題対応保有特許の概要

図 2.15.4-1 に、ミサワホームの技術要素と課題の分布を示す。技術要素と課題別に出願件数が多いのは下記のようになる。その中で操作性向上の課題に関する出願が多い。

　　　電動車いす/制御　　：操作性向上

図2.15.4-1　ミサワホームの技術要素と課題の分布

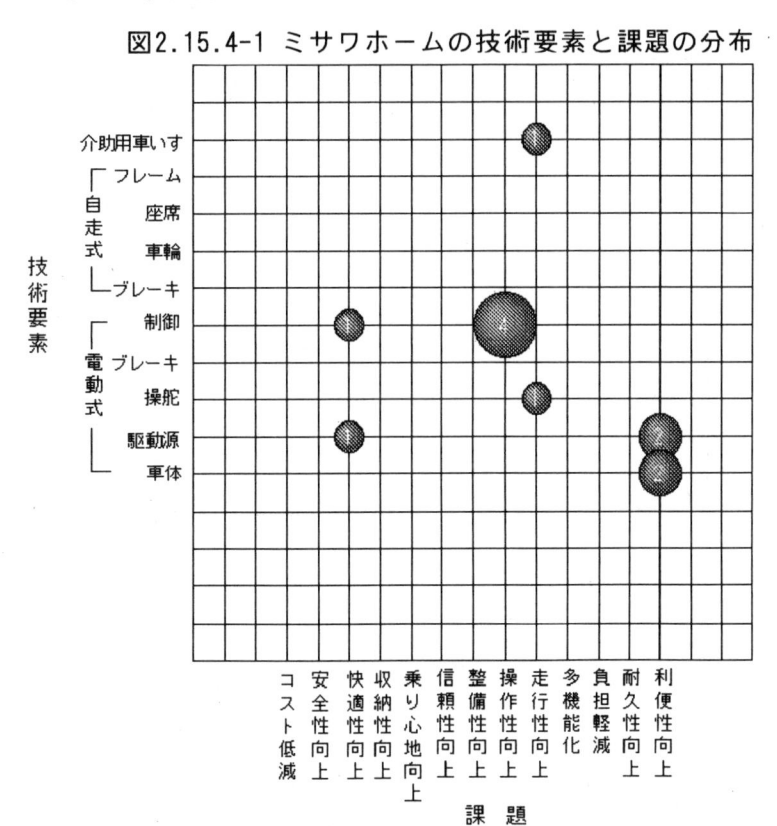

1990 年から 2001 年 7 月公開の出願
（図中の数字は、登録および係属中の件数を示す。）

表 2.15.4-1 に、ミサワホームの車いす関連保有特許一覧を示す。出願取下げ、拒絶査定の確定、権利放棄、抹消、満了したものは除かれている。

**表2.15.4-1 ミサワホームの車いす関連保有特許一覧(1/2)**

| 技術要素 | 課題 | 解決手段 | 特許番号<br>出願日<br>筆頭FI<br>共同出願人 | 発明の名称<br>概要 |
|---|---|---|---|---|
| 介助用車いす | 走行性向上 | その他構造:ティッピングレバー取付機構 | 特許3012620<br>98.11.13<br>A61G5/02,511<br>ユニカム | **車椅子**<br>リンク部材を座席フレームとの連結点を回動中心として回動させる |
| 電動車いす/駆動源 | 快適性向上 | 配置と構造:構造上の工夫 | 特許3084267<br>98.5.6<br>A61G5/04,505<br>ユニカム | **電動車椅子**<br>回転中心を車体全長の後端と足のつま先部との略中央位置に一致させる |
|  | 利便性向上 | 配置と構造:構造上の工夫 | 特許2954204<br>98.9.30<br>A61G5/04,505<br>ユニカム | **車椅子**<br>自動で重心移動 |
|  |  |  | 特開2001-104397 | **電動車椅子** |
| 電動車いす/車体 | 利便性向上 | 機構:座席 | 特開2001-70351 | **電動車椅子** |
|  |  |  | 特開2001-79040 | **電動車椅子および電動車椅子の防水カバー** |
| 電動車いす/制御 | 快適性向上 | 検知と制御:駆動輪の動摩擦に基づく制御 | 特開2000-175968<br>ユニカム | **介助補助機構付き車両** |
|  | 操作性向上 | 検知と制御:駆動輪の動摩擦に基づく制御 | 特開2000-237244<br>ユニカム | **介助補助機構付き車両** |
|  |  | 検知と制御:手動以外の手段 | 特開2000-84004 | **電動車椅子** |

表 2.15.4-1 ミサワホームの車いす関連保有特許一覧(2/2)

| 技術要素 | 課題 | 解決手段 | 特許番号<br>出願日<br>筆頭FI<br>共同出願人 | 発明の名称<br>概要 |
|---|---|---|---|---|
| 電動車いす/制御 | 操作性向上 | 配置構造：構成部分の移動 | 特許3007328<br>98.8.31<br>A61G5/02,508<br>ユニカム | **電動車椅子**<br>座席足元から座席下へと足載せ台を移動させる機構をエアダンパにより制御 |
|  |  |  | 特許3007329<br>98.8.31<br>A61G5/02,506<br>ユニカム | **電動車椅子**<br>座席の前部を下げ、後部を上げる座席傾斜機構をエアダンパにより制御 |
| 電動車いす/操舵 | 走行性向上 | 機構：車輪 | 特開2001-95855 | **電動車椅子**<br>回転中心の同心円上に主車輪を設置し、ほぼ同じ円周上に補助輪を設置する |

## 2.16 アイシン精機

### 2.16.1 企業概要
表2.16.1-1に、アイシン精機の企業概要を示す。

表2.16.1-1 アイシン精機の企業概要

| 商号 | アイシン精機株式会社 |
|---|---|
| 本社所在地 | 愛知県刈谷市 |
| 設立年月日 | 1949年（昭和24年）6月1日 |
| 資本金 | 411億円（2001年3月31日現在） |
| 売上高 | 5,408億円（2000年4月1日～2001年3月31日）<br>福祉機器関連の売上げは580億円 |
| 従業員数 | 11,100名（2001年4月1日現在） |
| 事業内容 | 自動車部品<br>生活関連商品<br>エネルギー・環境関連商品<br>新規事業関連商品 |
| URL | http://www.aisin.co.jp/ |
| 技術移転窓口 | 知的財産部<br>愛知県刈谷市朝日町2丁目1番地 |

（出典：アイシン精機のHP、2001年度版福祉機器企業要覧）

### 2.16.2 製品例
表2.16.2-1に、アイシン精機の車いす関連の製品例を示す。

アイシン精機では自動車部品で培った技術を生かし、電磁ブレーキの採用、ニッカドバッテリーの採用で超軽量の重量29kgを実現するなど活発な活動を行っている。

表2.16.2-1 アイシン精機の製品例

| 製品名 | 特徴 |
|---|---|
| TAO-Light | PU10を搭載した軽量電動車いすの完成品<br>ニッカドバッテリーの採用で重量29kgに抑え<br>折り畳んで車載可能 |
| PU10 | 車いす用電動パワーユニット<br>さまざまな車いすに取付可能 |

### 2.16.3 技術開発拠点と研究者
図2.16.3-1に、アイシン精機の車いす関連の出願件数と発明者数を示す。発明者数は明細書の発明者をカウントしたものである。

アイシン精機の開発拠点：
　　　　愛知県刈谷市朝日町2丁目1番地　アイシン精機株式会社内
　　　　愛知県刈谷市昭和町2丁目3番地　アイシン・エンジニアリング株式会社内

図2.16.3-1 アイシン精機の出願件数と発明者数

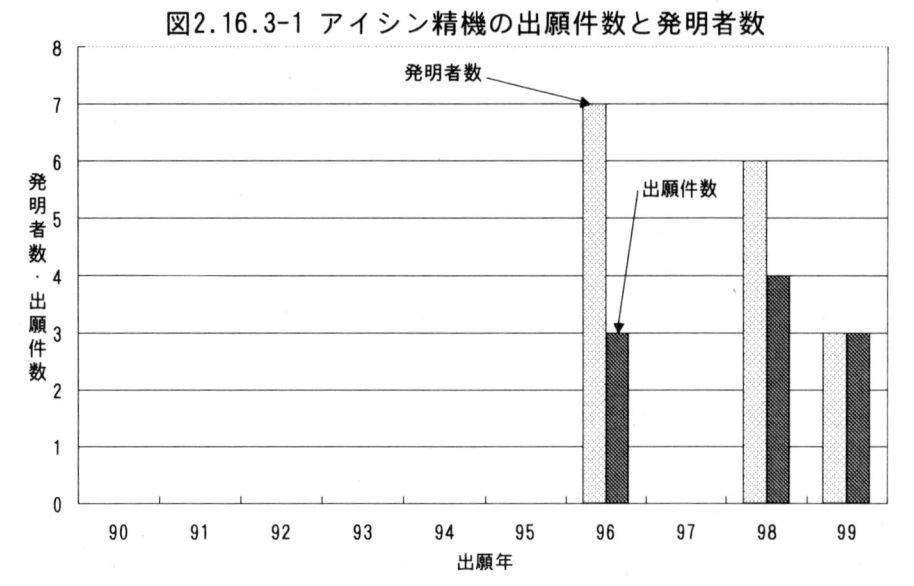

### 2.16.4 技術開発課題対応保有特許の概要

図2.16.4-1に、アイシン精機の技術要素と課題の分布を示す。技術要素と課題別に出願件数が多いのは下記のようになる。電動車いす/駆動源の技術要素に関する出願が多い。

電動車いす/駆動源：コスト低減、整備性向上、利便性向上

図2.16.4-1 アイシン精機の技術要素と課題の分布

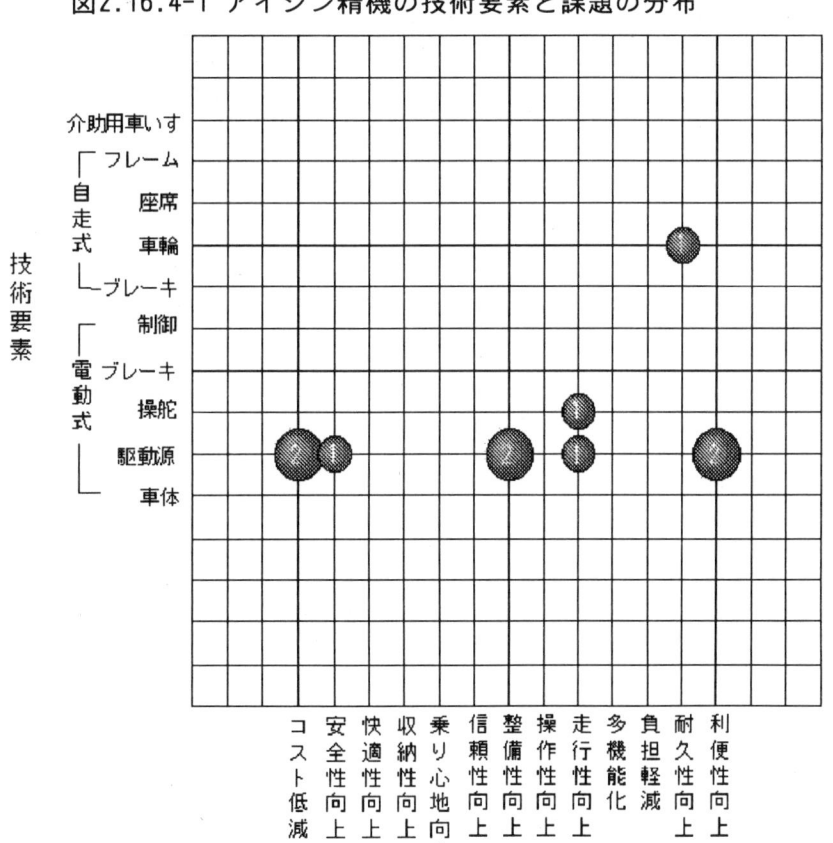

1990年から2001年7月公開の出願
（図中の数字は、登録および係属中の件数を示す。）

表2.16.4-1に、アイシン精機の車いす関連保有特許一覧を示す。出願取下げ、拒絶査定の確定、権利放棄、抹消、満了したものは除かれている。

表2.16.4-1 アイシン精機の車いす関連保有特許一覧

| 技術要素 | 課題 | 解決手段 | 特許番号<br>出願日<br>筆頭FI<br>共同出願人 | 発明の名称<br>概要 |
|---|---|---|---|---|
| 自走式車いす/車輪 | 耐久性向上 | 車軸支持機構:締付構造 | 特開2001-8977 | **車椅子** |
| 電動車いす/駆動源 | コスト低減 | 配置:構造上の工夫 | 特開2000-135254 | **電動式車椅子および車輪電動ユニット** |
| | | 配置と構造:クラッチの構造/構成 | 特開2000-70304 | **車椅子のクラッチ機構** |
| | 安全性向上 | 配置と構造:構造上の工夫 | 特開平10-37981 | **駆動力制限装置** |
| | 整備性向上 | 配置と構造:構造上の工夫 | 特開2000-135251 | **電動式車椅子における車輪電動ユニットの回り止め構造** |
| | | 配置と構造:配置上の工夫 | 特開2000-333999 | **電動車椅子** |
| | 利便性向上 | 構造:配置上の工夫 | 特開平10-5283 | **電動車いす用電源搭載装置** |
| | | 配置と構造:構造上の工夫 | 特開2000-334000 | **電動車椅子** |
| | 走行性向上 | 機構:車体 | 特開2000-135250 | **電動式車椅子における電源バッテリの取付構造** |
| 電動車いす/操舵 | 走行性向上 | 機構:車輪 | 特開平9-294779 | **車椅子**<br>旋回時の左右駆動輪に速度差を設ける |

## 2.17 サンユー

### 2.17.1 企業概要

表 2.17.1-1 にサンユーの企業概要を示す。

表2.17.1-1 サンユーの企業概要

| 商号 | 株式会社サンユー |
|---|---|
| 本社所在地 | 愛知県名古屋市 |
| 設立年月日 | 創業 1946 年（昭和 21 年）7 月 |
| 資本金 | 1,000 万円 |
| 売上高 | 2 億 3,000 万円 |
| 従業員数 | 16 人 |
| 事業内容 | 車いすの製造・販売<br>繊維機械部品、工作機械部品の製造・販売 |
| URL | http://www.cjn.or.jp/sanyu/ |
| 技術移転窓口 | 技術部<br>　愛知県名古屋市中川区露橋町 32 |

（出典：2001 年度版福祉機器企業要覧）

### 2.17.2 製品例

表 2.17.2-1 に、サンユーの製品例を示す。サンユーの特徴は、木製の車いすにある。特に、家具調デザインと機能性の両立に工夫がされている。

表2.17.2-1 サンユーの製品例

自走車アルミ製

| 形式 | 製品名称 | 特徴 |
|---|---|---|
| SEC-2 | － | 1.軽量・丈夫<br>2.軽合金アルミフレーム　重量／12.5kg<br>3.シートは布地で洗浄可能 |

介助車アルミ製

| 形式 | 製品名称 | 特徴 |
|---|---|---|
| SGC-2 | － | 1.軽量・丈夫<br>2.軽合金アルミフレーム　重量／11.4kg<br>3.シートは布地で洗浄可能 |

自走車木製

| 形式 | 製品名称 | 発売開始時期 | 特徴 |
|---|---|---|---|
| SSV-A | サンビークルA | 2001 年 5 月 | 1.木製車いすで、人に優しいデザイン<br>2.モジュール機能の向上 |

介助車木製

| 形式 | 製品名称 | 発売開始時期 | 特徴 |
|---|---|---|---|
| SSC-1 | サンキャリー | 1999 年 4 月 | 1.家具調木製車いすで、人に優しいデザイン<br>2.ワンタッチブレーキ<br>3.乗降りに便利・安全 |
| SSC-A | サンキャリーA | 2001 年 5 月 | |

車いすフット開閉器

| 形式 | 製品名称 | 発売開始時期 | 特徴 |
|---|---|---|---|
| － | パタパタ | 1998 年 10 月 | 清潔・院内感染防止に威力を発揮 |

（サンユーのHPより）

### 2.17.3 技術開発拠点と研究者

図 2.17.3-1 に、サンユーの車いす関連の出願件数と発明者数を示す。発明者数は明細書の発明者をカウントしたものである。

　サンユーの開発拠点：愛知県名古屋市中川区露橋町３２番地　株式会社サンユー内

図2.17.3-1 サンユーの出願件数と発明者数

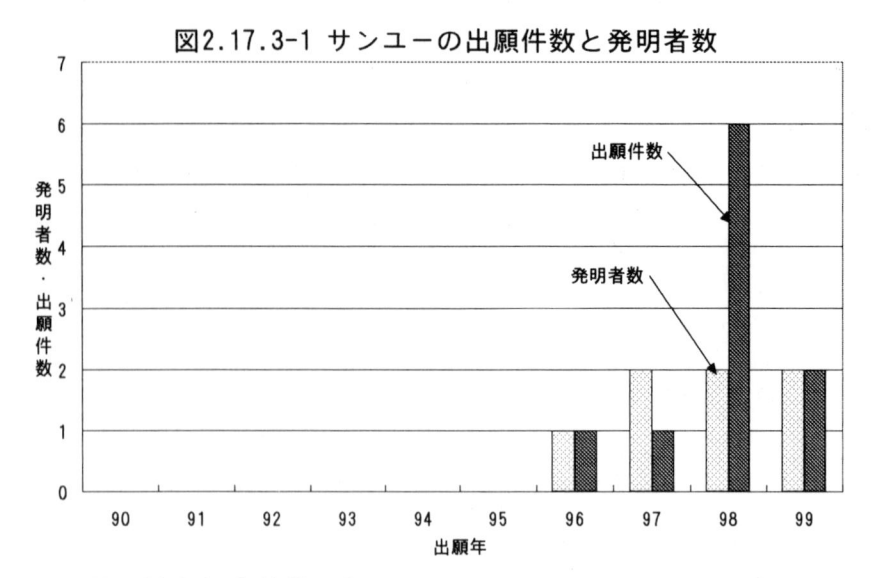

### 2.17.4 技術開発課題対応保有特許の概要

　図2.17.4-1に、サンユーの技術要素と課題の分布を示す。技術要素と課題別に出願件数が多いのは下記のようになる。その中で操作性向上の課題に関する出願が多い。

　　　電動車いす/ブレーキ：操作性向上
　　　自走式車いす/座席　：負担軽減

図2.17.4-1 サンユーの技術要素と課題の分布

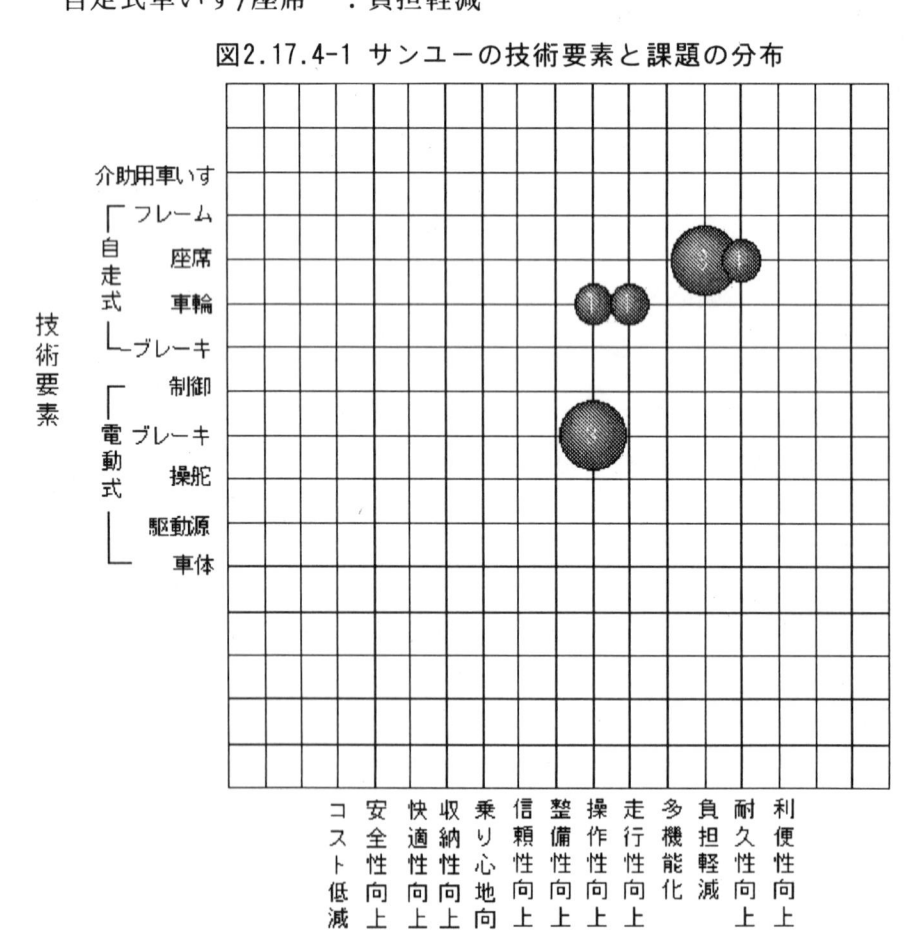

1990年から2001年7月公開の出願
（図中の数字は、登録および係属中
の件数を示す。）

128

表2.17.4-1に、サンユーの車いす関連保有特許一覧を示す。出願取下げ、拒絶査定の確定、権利放棄、抹消、満了したものは除かれている。

表2.17.4-1 サンユーの車いす関連保有特許一覧

| 技術要素 | 課題 | 解決手段 | 特許番号<br>出願日<br>筆頭FI<br>共同出願人 | 発明の名称<br>概要 |
|---|---|---|---|---|
| 自走式車いす/座席 | 耐久性向上 | 足載せ台:足載せ台構造 | 特開2000-5235 | 車椅子足載せ板回転機構 |
| | 負担軽減 | 足載せ台:回動・着脱機構 | 特開2000-300616 | 車椅子足乗せ板回転機構 |
| | | 足載せ台:開閉装置の設置 | 実登3046380 | 車椅子足載せ板回転装置 |
| | | | 実登3050381<br>98.1.5<br>A61G5/02,508 | 車椅子足載せ板回転装置<br>車いす前方に開閉装置のレバーを設け、手で座ったまま開閉できる |
| 自走式車いす/車輪 | 操作性向上 | 駆動機構:レバー駆動 | 特開2000-14712 | ラッチ式車椅子 |
| | 走行性向上 | フレーム構造:車輪配置の変更 | 特開2000-5238 | 自操式車椅子 |
| 自走式車いす/ブレーキ | 操作性向上 | 制動機構:左右輪同時制動 | 特開平11-235362 | 2輪同時に制動させる木製車椅子の制動方法 |
| | | 制動機構:並行輪同時制動 | 特開2000-135249 | 介護用椅子の制動方法 |
| | | 操作機構:逆V字溝カム板切替え作動 | 特許2960888<br>96.6.17<br>A61G5/02,514 | 車椅子用制動装置<br>ブレーキ操作レバーの揺動基部に逆V字溝を形成したカム板を設ける |

## 2.18 丸石自転車

### 2.18.1 企業概要

表 2.18.1-1 に、丸石自転車の企業概要を示す。

表2.18.1-1 丸石自転車の企業概要

| | |
|---|---|
| 商号 | 丸石自転車株式会社 |
| 本社所在地 | 東京都千代田区 |
| 設立年 | 創立 1909 年（明治 42 年） |
| 資本金 | 10 億 6,744 万円 |
| 売上高 | 61 億 7,577 万円<br>福祉機器関連の売上げは 1 億 5,000 万円 |
| 従業員数 | 120 人 |
| 事業内容 | 自転車および同部分品、健康機器、車椅子、介護機器等関連商品の製造販売ならびに輸出入貿易業 |
| URL | http://www.maruishi-cycle.com/ |

（出典：丸石自転車の HP、2001 年度版福祉機器企業要覧）

### 2.18.2 製品例

表 2.18.2-1 に、丸石自転車の車いす関連の製品例を示す。

表2.18.2-1 丸石自転車の製品例（丸石自転車の HP より）

| 製品名称 | 特徴 | 型番 |
|---|---|---|
| カルスター | 世界最軽量の車いす | KIJAL、KIKALB、KIKALF |
| しなやかさん | 背もたれ3段階リクライニング | KIJAR |
| ぴったりくん | 工具不要で調整簡単 | KIJAQ |
| ぴったりくんⅡ | | |
| 直進くん | 傾斜面でもまっすぐ走れる | KIA |
| スタンダード | 直進くん機能なしタイプ | KIB |

### 2.18.3 技術開発拠点と研究者

図 2.18.3-1 に、丸石自転車の車いす関連の出願件数と発明者数の推移を示す。発明者数は明細書の発明者をカウントしたものである。

丸石自転車の開発拠点：東京都足立区江北 4-9-1 丸石自転車株式会社東京工場内

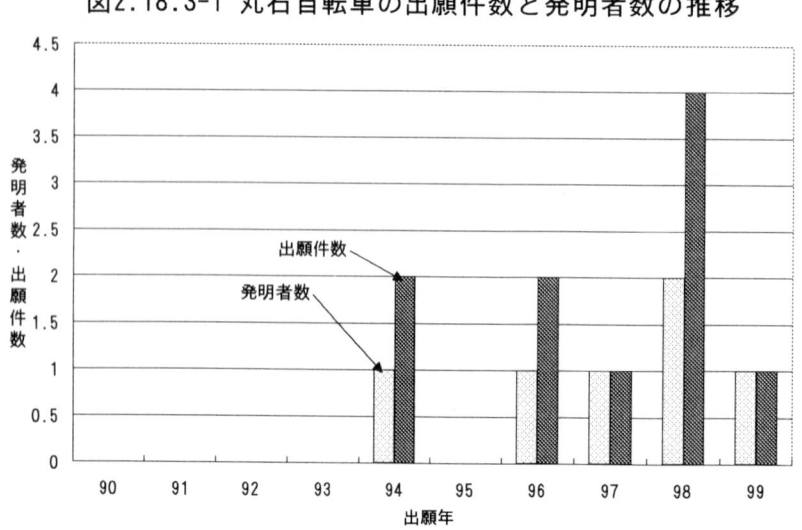

図2.18.3-1 丸石自転車の出願件数と発明者数の推移

## 2.18.4 技術開発課題対応保有特許の概要

図 2.18.4-1 に、丸石自転車の技術要素と課題の分布を示す。技術要素と課題別に出願件数が多いのは下記のようになる。その中で走行性向上の課題に関する出願が多い。

　　　自走式車いす/車輪　：走行性向上

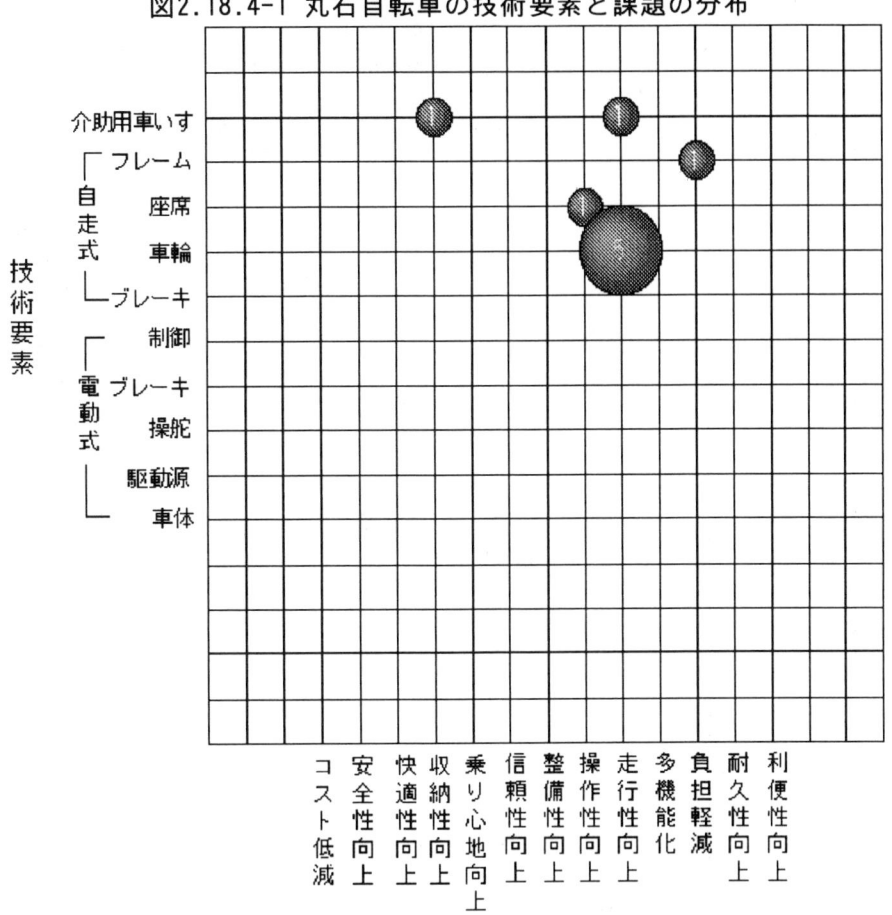

図2.18.4-1 丸石自転車の技術要素と課題の分布

1990 年から 2001 年 7 月公開の出願
（図中の数字は、登録および係属中の件数を示す。）

走行性向上に関するものとして
「車椅子」（特許 3072460）
「車椅子」（特許 3072470）
「車椅子」（特許 3072479）
など、キャスターの傾斜に関するものがみられる。

表 2.18.4-1 に、丸石自転車の車いす関連保有特許一覧を示す。出願取下げ、拒絶査定の確定、権利放棄、抹消、満了したものは除かれている。

表2.18.4-1 丸石自転車の車いす関連保有特許一覧（1/2）

| 技術要素 | 課題 | 解決手段 | 特許番号<br>出願日<br>筆頭FI<br>共同出願人 | 発明の名称<br>概要 |
|---|---|---|---|---|
| 介助用車いす | 収納性向上 | グリップ構造:グリップ取付構造 | 実登3056995<br>98.8.25<br>A61G5/00,511 | 車椅子<br>起立時はグリップ部が外側にハの字状に開き、折り畳み時には内側に回転させる |
|  | 走行性向上 | その他構造:ティピングレバー取付機構 | 実登3056543<br>98.8.7<br>B60B33/00X | 車椅子<br>ベースパイプを延長したティッピングレバーの先端にフットブレーキを設ける |
| 自走式車いす/フレーム | 負担軽減 | 部材の形状等:座部マット | 特開平11-239590 | 折り畳み自在な車椅子における座席マット |
| 自走式車いす/座席 | 操作性向上 | 肘掛け:構造変更 | 実登3056544<br>98.8.7<br>A61G5/02,507 | 車椅子 |
| 自走式車いす/車輪 | 走行性向上 | キャスター取付構造:角度調整 | 特許3072460<br>94.11.11<br>A61G5/00,510 | 車椅子<br>操作ハンドルにより、キャスターのステム部を車体と独立して進行方向左右に傾斜 |
|  |  |  | 特開平8-182706 | 車椅子 |
|  |  |  | 特開平9-276337 | 車椅子 |

132

表 2.18.4-1 丸石自転車の車いす関連保有特許一覧（2/2）

| 技術要素 | 課題 | 解決手段 | 特許番号<br>出願日<br>筆頭FI<br>共同出願人 | 発明の名称<br>概要 |
|---|---|---|---|---|
| 自走式車いす／車輪 | 走行性向上 | その他機構：操舵機構 | 特許3072470<br>96.5.1<br>A61G5/02,501 | **車椅子**<br>キャスター傾斜用レバーの先端にストッパーを設け、グリップを中立状態で停止できる |
| | | | 特許3072479<br>97.6.10<br>A61G5/02,511 | **車椅子**<br>コントロールワイヤーを左右いずれかに牽引すると左右のキャスターが同時に傾斜 |

## 2.19 日立製作所

### 2.19.1 企業概要
表2.19.1-1に、日立製作所の企業概要を示す。

表2.19.1-1 日立製作所の企業概要

| 商号 | 株式会社日立製作所 |
|---|---|
| 本社所在地 | 東京都千代田区 |
| 設立年月日 | 1,920年（大正9年） |
| 資本金 | 2,817億54百万円（2,001年3月末） |
| 売上高 | 4兆158億24百万円（2,001年3月期）　　（連結：8兆4,169億82百万円） |
| 従業員数 | 55,609名（2,001年3月末）（連結：340,939名） |
| 事業内容<br>（売上構成比は<br>連結ベース） | 情報・エレクトロニクス（売上構成比32%）<br>電力・産業システム（売上構成比23%）<br>家庭電器（売上構成比9%）<br>材料（売上構成比13%）<br>サービスその他（売上構成比23%） |
| 技術移転窓口 | 知的財産権本部　ライセンス第1部<br>　東京都千代田区丸の内1-5-1 |

（出典：日立製作所のHP）

### 2.19.2 製品例
該当製品無し

### 2.19.3 技術開発拠点と研究者
図2.19.3-1に、日立製作所の車いす関連の出願件数-発明者数の推移を示す。発明者数は明細書の発明者をカウントしたものである。

日立製作所の車いす関連の開発拠点：
　神奈川県小田原市国府津2880番地　株式会社日立製作所ストレージシステム事業部内
　茨城県日立市大みか町7丁目1番1号　株式会社日立製作所日立研究所内
　茨城県土浦市神立町502番地　株式会社日立製作所機械研究所内
　栃木県下都賀郡大平町大字富田800番地　株式会社日立製作所冷熱事業部内

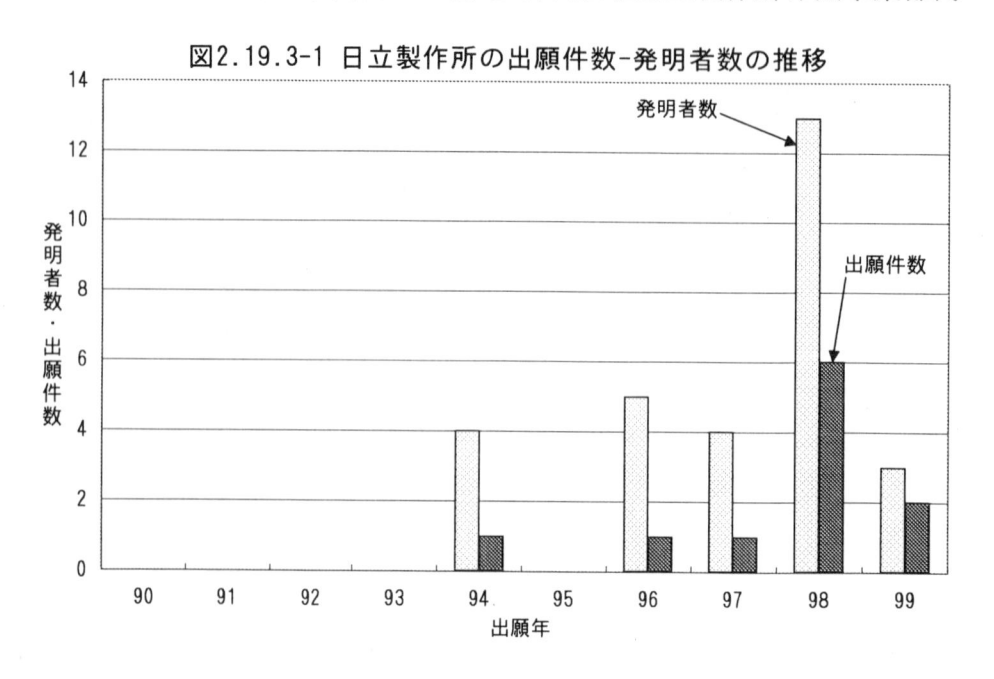

図2.19.3-1 日立製作所の出願件数-発明者数の推移

### 2.19.4 技術開発課題対応保有特許の概要

図 2.19.4-1 に、日立製作所の技術要素と課題の分布を示す。技術要素と課題別に出願件数が多いのは下記のようになる。その中で操作性向上の課題に関する出願が多い。

電動車いす/操舵　：操作性向上

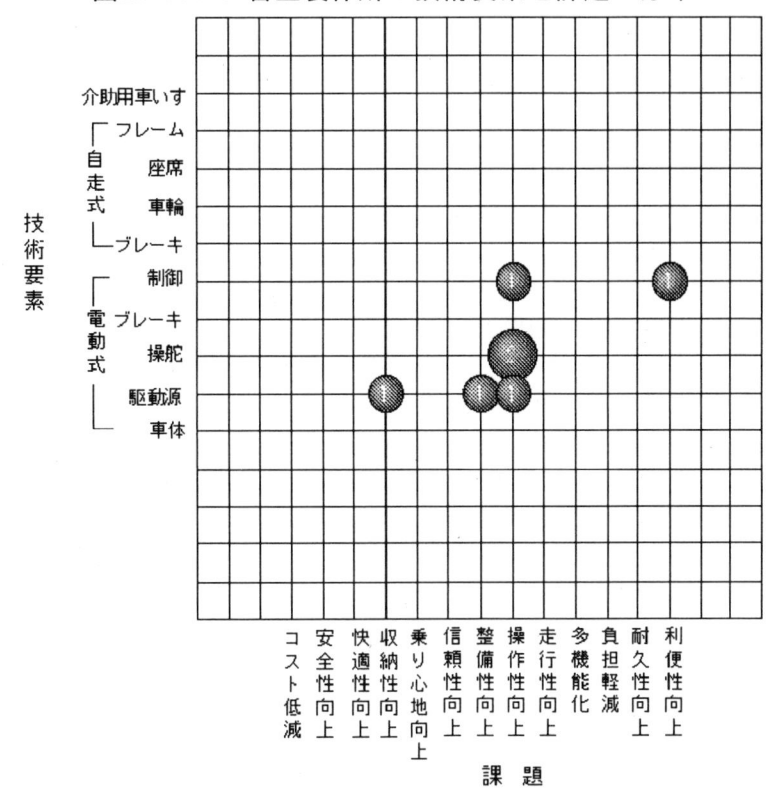

図 2.19.4-1 日立製作所の技術要素と課題の分布

1990 年から 2001 年 7 月公開の出願
（図中の数字は、登録および係属中の件数を示す。）

表 2.19.4-1 に、日立製作所の車いす関連保有特許一覧を示す。出願取下げ、拒絶査定の確定、権利放棄、抹消、満了したものは除かれている。

表 2.19.4-1 日立製作所の車いす関連保有特許一覧

| 技術要素 | 課題 | 解決手段 | 特許番号<br>出願日<br>筆頭 FI<br>共同出願人 | 発明の名称<br>概要 |
|---|---|---|---|---|
| 電動車いす/操舵 | 操作性向上 | 機構：操縦 | 特開 2000-24047 | 電動車いす |
|  |  | 制御：操縦 | 特開 2000-24048 | 電動車いす |
| 電動車いす/駆動源 | 収納性向上 | 配置と構造：配置上の工夫 | 特開 2000-325404 | 電動車いす |
|  | 整備性向上 | 配置と構造：構造上の工夫 | 特開 2000-175970<br>ティーティーダック | 電動駆動装置付車椅子 |
|  | 操作性向上 | 配置と構造：構造上の工夫 | 特開 2000-24050 | 電動車いす |
| 電動車いす/制御 | 操作性向上 | 配置構造 | 特開 2000-333309 | 電動車いす |
|  | 利便性向上 | 配置と構造：構造上の工夫 | 特開平 11-197185 | 座位移動支援装置 |

## 2.20 エクセディ

### 2.20.1 企業概要

表2.20.1-1に、エクセディの企業概要を示す。

表2.20.1-1 エクセディの企業概要

| 商号 | 株式会社エクセディ |
|---|---|
| 本社所在地 | 大阪府寝屋川市 |
| 設立年 | 1950年（昭和25年）　創業1923年（大正12年） |
| 資本金 | 72億2,200万円 |
| 売上高 | 802億円（2000年度）　（連結：1,136億円） |
| 従業員数 | 2,650人 |
| 事業内容<br>（売上構成比<br>は連結ベース） | MT事業部（マニュアル自動車用製品）<br>　（売上構成比：37%）<br>AT事業部（オートマチック自動車用製品）<br>　（売上構成比：53%）<br>TS事業部（建設機械・産業車両・農業機械用製品）<br>　（売上構成比：10%） |
| URL | http://www.exedy.co.jp/ |
| 技術移転窓口 | 技術本部　技術管理室<br>　大阪府寝屋川市木田元宮1-1-1 |

（出典：エクセディのHP）

### 2.20.2 製品例

該当製品無し

### 2.20.3 技術開発拠点と研究者

図2.20.3-1に、エクセディの車いす関連の出願件数-発明者数の推移を示す。発明者数は明細書の発明者をカウントしたものである。

エクセディの開発拠点：

　　　　　大阪府寝屋川市木田元宮1丁目1番1号　株式会社エクセディ内

図2.20.3-1 エクセディの出願件数-発明者数の推移

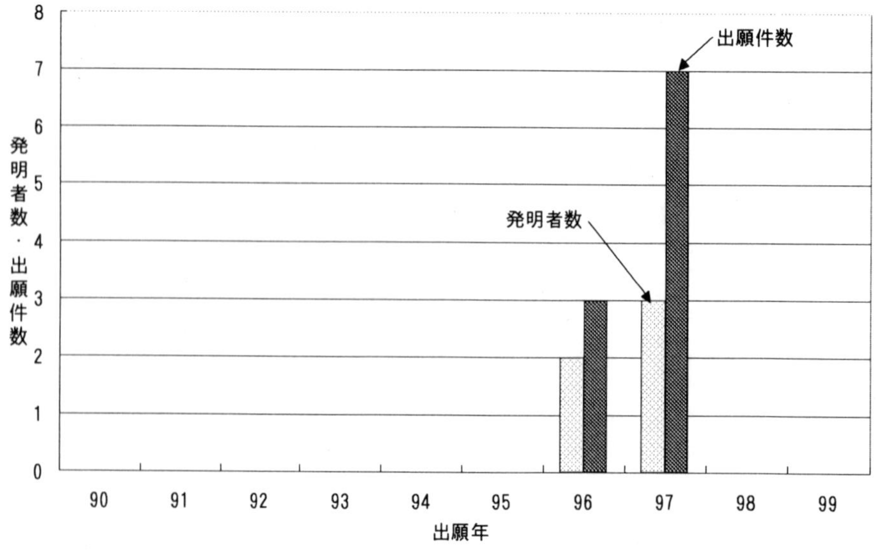

## 2.20.4 技術開発課題対応保有特許の概要

　図2.20.4-1に、エクセディの技術要素と課題の分布を示す。技術要素と課題別に出願件数が多いのは下記のようになる。その中で走行性向上の課題に関する出願が多い。

　　　電動車いす/車体　　：走行性向上

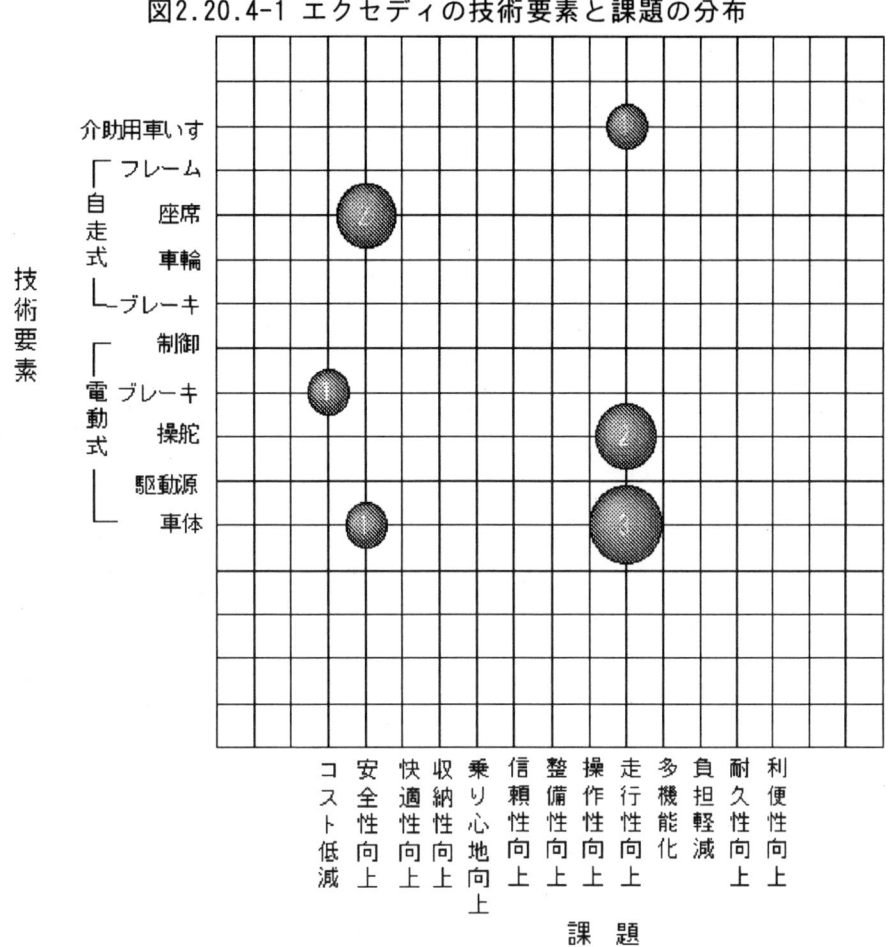

図2.20.4-1 エクセディの技術要素と課題の分布

1990年から2001年7月公開の出願
（図中の数字は、登録および係属中の件数を示す。）

表 2.20.4-1 に、エクセディの車いす関連保有特許一覧を示す。出願取下げ、拒絶査定の確定、権利放棄、抹消、満了したものは除かれている。

表 2.20.4-1 エクセディの車いす関連保有特許一覧

| 技術要素 | 課題 | 解決手段 | 特許番号<br>出願日<br>筆頭FI<br>共同出願人 | 発明の名称<br>概要 |
|---|---|---|---|---|
| 介助用車いす | 走行性向上 | 車輪構造:車輪形状 | 特開平10-315701 | 車両用タイヤ、及びそれを用いた車両 |
| 自走式車いす/座席 | 安全性向上 | 座席:座席昇降・移動機構 | 特開平10-314231 | 座席姿勢保持機構付走行車輌 |
|  |  | 座席:座席傾動機構 | 特開平10-328241 | 座席水平保持機構付車両 |
| 電動車いす/車体 | 安全性向上 | 制御:車輪 | 特開平10-314235 | 走行車輌 |
|  | 走行性向上 | 制御:車輪 | 特開平9-309471<br>96.5.23<br>B62D61/12 | 階段昇降車<br>補助輪と車輪の上下運動をステップ端縁センサにより制御する |
|  |  | 制御:車輪 | 特開平9-309469 | 階段昇降車 |
|  |  | 機構:車体 | 特開平9-309470 | 走行車輌 |
| 電動車いす/操舵 | 走行性向上 | 機構:車輪 | 特開平10-203105<br>97.1.23<br>B60B19/14 | ボールトランスファーを用いた車両<br>前輪にボールトランスファーを用い、小球でボールの回動を制御する |
|  |  | 機構:車輪 | 特開平10-314233 | 走行車輌 |
| 電動車いす/ブレーキ | コスト低減 | 配置と構造:制動可能なボールトランスファー | 特開平10-201794 | ブレーキ付ボールトランスファーを用いた車両 |

# 3．主要企業の技術開発拠点

3.1 車いすの技術開発拠点
3.1.1 介助用車いすの技術開発拠点
3.1.2 自走式車いすの技術開発拠点
3.1.3 電動車いすの技術開発拠点

> 特許流通
> 支援チャート
>
> # 3．主要企業の技術開発拠点
>
> 中京地方、近畿地方に技術開発拠点が集中しているのは、
> 自動車関連メーカ、電器メーカの参入による。

## 3.1 車いすの技術開発拠点

　図3.1に車いすの主要企業の技術開発拠点を示す。また表3.1に技術開発拠点住所一覧表を示す。この図や表は主要企業が保有している特許公報から発明者の住所を集計したものである。車いすでは、ほとんどの主要企業は1拠点であった。
　集計の結果は、愛知県が6拠点、大阪府が5拠点、静岡県、愛媛県、大分県、東京都、茨城県が各2拠点、神奈川県、埼玉県、栃木県、岐阜県、兵庫県が各1拠点である。
　中京地方と近畿地方に技術開発拠点が集中している。

車いすの種類別にみると
　介助用車いすでは、愛知県が3拠点、東京都、静岡県、大阪府、岡山県が2拠点、長野県、石川県、が各1拠点である。
　自走式車いすでは、愛知県が5拠点、東京都、大分県が3拠点、静岡県、大阪府、京都府が各2拠点、千葉県、埼玉県、長野県、岐阜県、兵庫県、愛媛県が各1拠点である。
　介助用車いす、自走式車いすの技術開発拠点は愛知県に集中しているが、これは車いすを主力とする福祉機器メーカが多いことによるものである。

　電動車いすでは、大阪府が5拠点、愛知県、静岡県が3拠点、東京都、茨城県、大分県が各2拠点、神奈川県、埼玉県、栃木県、群馬県、兵庫県、愛媛県が各1拠点である。
　電動車いすの技術開発拠点が大阪府に集中しているのは、大手電器メーカの開発拠点が多いためで、電器メーカが電動車いすの分野に大きく関わりを持っていることが分かる。また、静岡県は自動車メーカの開発拠点が多いことによる。

図 3.1-1 に、車いすの主要企業の技術開発拠点、表 3.1-1 には車いすの主要企業の技術開発拠点住所一覧を示す。

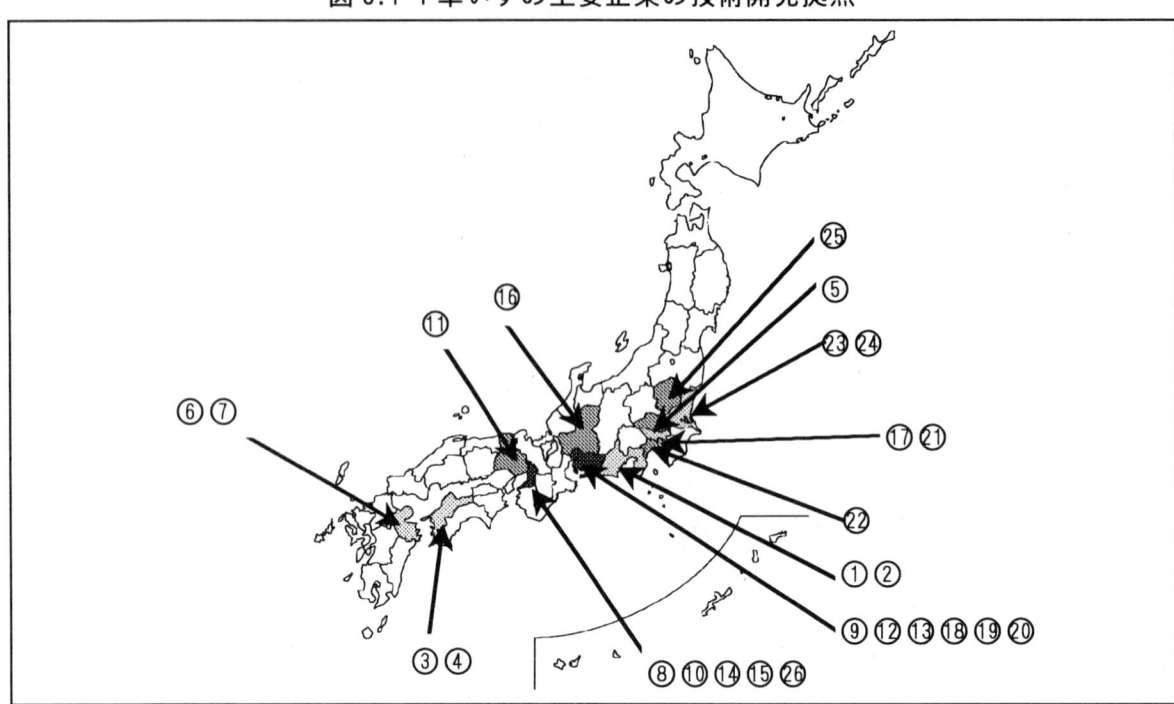

図 3.1-1 車いすの主要企業の技術開発拠点

表 3.1-1 主要企業の技術開発拠点住所一覧

| No. | 企業名 | 住所 |
|---|---|---|
| ① | スズキ | 静岡県浜松市高塚町 300 番地 スズキ株式会社内 |
| ② | ヤマハ発動機 | 静岡県磐田市新貝 2500 番地 ヤマハ発動機株式会社内 |
| ③ | アテックス | 愛媛県松山市衣山 1 丁目 2 番 5 号 株式会社アテックス内 |
| ④ | いうら | 愛媛県温泉郡重信町大字南野田字若宮 410 番地 6 株式会社いうら内 |
| ⑤ | 本田技研工業 | 埼玉県和光市中央 1 丁目 4 番 1 号 株式会社本田技術研究所内 |
| ⑥ | 本田技研工業 | 大分県速見郡日出町大字川崎 3968-1 ホンダR&D太陽株式会社内 |
| ⑦ | 本田技研工業 | 大分県別府市大字内竈 1399-1 ホンダ太陽株式会社 別府工場内 |
| ⑧ | 松下電器産業 | 大阪府門真市大字門真 1006 番地 松下電器産業株式会社内 |
| ⑨ | 日進医療器 | 愛知県西春日井郡西春町大字沖村字権現 35-2 日進医療器株式会社内 |
| ⑩ | クボタ | 大阪府堺市石津北町 64 番地 株式会社クボタ 堺製造所内 |
| ⑪ | ナブコ | 兵庫県神戸市西区高塚台 7 丁目 3 番 3 号 株式会社ナブコ総合技術センター内 |
| ⑫ | ミキ | 愛知県名古屋市南区豊 3 丁目 38 番 10 号 株式会社ミキ内 |
| ⑬ | アラコ | 愛知県豊田市吉原町上藤池 25 番地 アラコ株式会社内 |
| ⑭ | 松下電工 | 大阪府門真市大字門真 1048 番地 松下電工株式会社内 |
| ⑮ | 三洋電機 | 大阪府守口市京阪本通 2 丁目 5 番 5 号 三洋電機株式会社内 |
| ⑯ | 松永製作所 | 岐阜県養老郡養老町大場 484 株式会社松永製作所内 |
| ⑰ | ミサワホーム | 東京都杉並区高井戸東 2 丁目 4 番 5 号 ミサワホーム株式会社内 |
| ⑱ | アイシン精機 | 愛知県刈谷市朝日町 2 丁目 1 番地 アイシン精機株式会社内 |
| ⑲ | アイシン精機 | 愛知県刈谷市昭和町 2 丁目 3 番地 アイシン・エンジニアリング株式会社内 |
| ⑳ | サンユー | 愛知県名古屋市中川区露橋町 32 番地 株式会社サンユー内 |
| ㉑ | 丸石自転車 | 東京都足立区江北 4-9-1 丸石自転車株式会社東京工場内 |
| ㉒ | 日立製作所 | 神奈川県小田原市国府津 2880 番地 株式会社日立製作所ストレージシステム事業部内 |
| ㉓ | 日立製作所 | 茨城県日立市大みか町 7 丁目 1 番 1 号 株式会社日立製作所日立研究所内 |
| ㉔ | 日立製作所 | 茨城県土浦市神立町 502 番地 株式会社日立製作所機械研究所内 |
| ㉕ | 日立製作所 | 栃木県下都賀郡大平町大字富田 800 番地 株式会社日立製作所冷熱事業部内 |
| ㉖ | エクセディ | 大阪府寝屋川市木田元宮 1 丁目 1 番 1 号 株式会社エクセディ内 |

### 3.1.1 介助用車いす

図3.1.1-1に、介助用車いすの主要企業の技術開発拠点、表3.1.1-1には介助用車いすの主要企業の技術開発拠点住所一覧を示す。

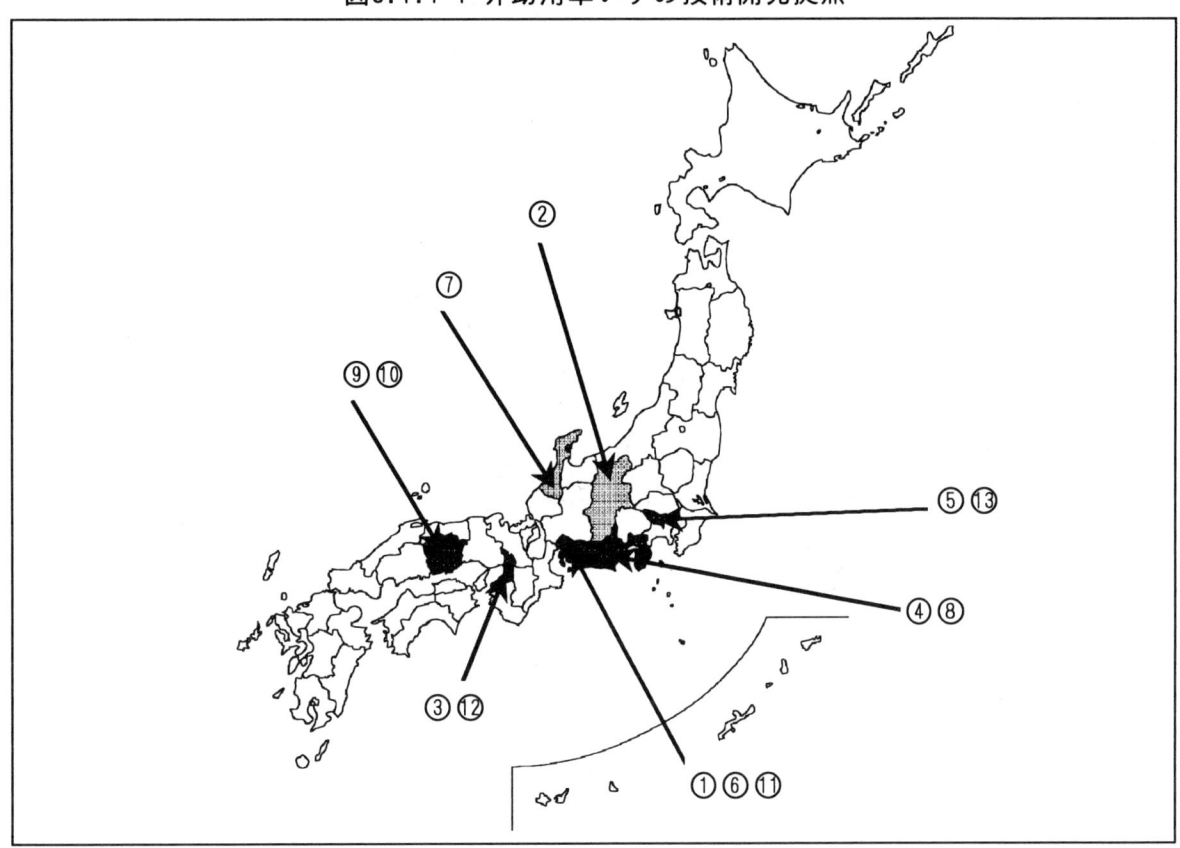

図3.1.1-1 介助用車いすの技術開発拠点

表3.1.1-1 介助用車いすの技術開発拠点住所一覧

| No. | 企業名 | 住所 |
|---|---|---|
| ① | アラコ | 愛知県豊田市吉原町上藤池25番地 アラコ株式会社内 |
| ② | タカノ | 長野県上伊那郡宮田村137 タカノ株式会社内 |
| ③ | くろがね工作所 | 大阪府大阪市西区新町1丁目4番26号 株式会社くろがね工作所内 |
| ④ | 新日本ホイール工業 | 静岡県浜松市新都田4丁目1番2号 新日本ホイール工業株式会社内 |
| ⑤ | 丸石自転車 | 東京都足立区江北4-9-1 丸石自転車株式会社東京工場内 |
| ⑥ | 日進医療器 | 愛知県西春日井郡西春町大字沖村字権現35-2 日進医療器株式会社内 |
| ⑦ | 日本クリンエンジン研究所 | 石川県金沢市北安江3丁目1番33号 株式会社日本クリンエンジン研究所内 |
| ⑧ | 静岡県 | 静岡県浜松市新都田1丁目3番3号 静岡県浜松工業技術センター内 |
| ⑨ | 興南技研 | 岡山県倉敷市五日市1032-79 有限会社興南技研内 |
| ⑩ | OG技研 | 岡山県岡山市海吉１８３５番地7 オージー技研株式会社内 |
| ⑪ | アロン化成 | 愛知県名古屋市港区船見町1番地74 アロン化成株式会社技術研究所内 |
| ⑫ | アップリカ葛西 | 大阪府大阪市中央区島之内1丁目13番13号 アップリカ葛西株式会社内 |
| ⑬ | 酒井医療 | 東京都文京区本郷3丁目15番9号 酒井医療株式会社内 |

### 3.1.2 自走式車いすの技術開発拠点

図 3.1.2-1 に、自走式車いすの主要企業の技術開発拠点、表 3.1.2-1 には自走式車いすの主要企業の技術開発拠点住所一覧を示す。

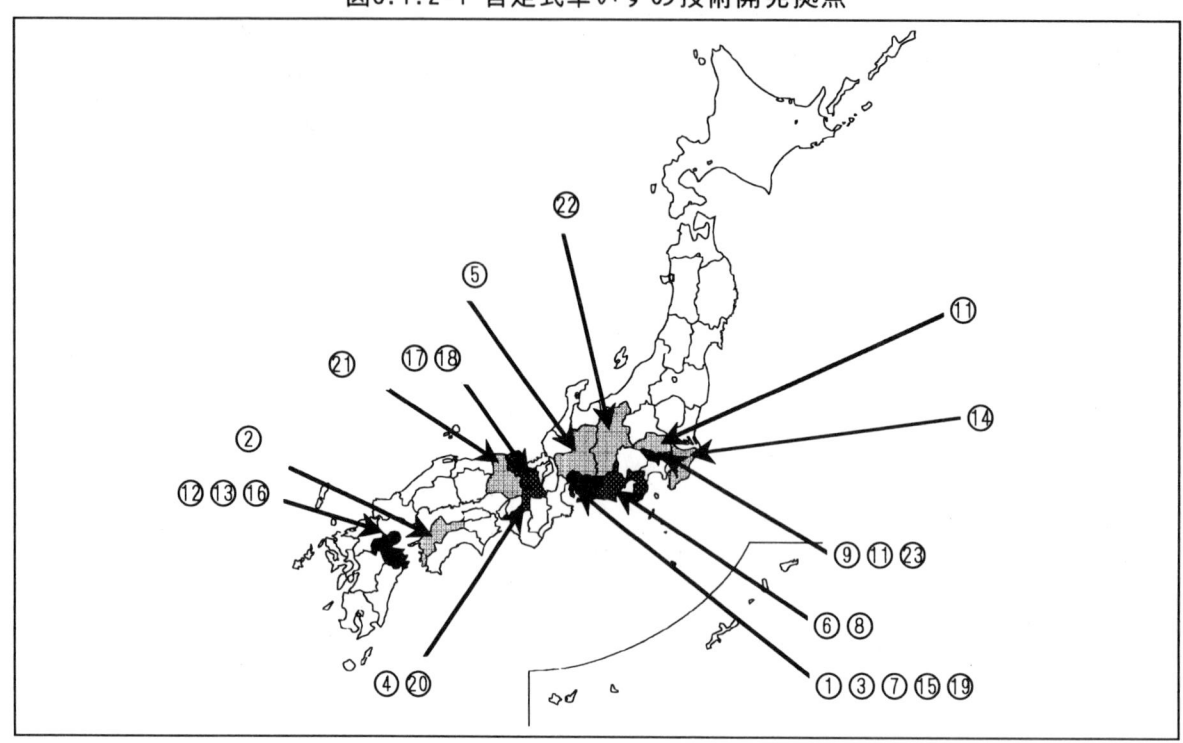

図3.1.2-1 自走式車いすの技術開発拠点

表3.1.2-1 自走式車いすの技術開発拠点住所一覧

| No. | 企業名 | 住所 |
|---|---|---|
| ① | 日進医療器 | 愛知県西春日井郡西春町大字沖村字権現 35-2 日進医療器株式会社内 |
| ② | いうら | 愛媛県温泉郡重信町大字南野田字若宮 410 番地 6 株式会社いうら内 |
| ③ | ミキ | 愛知県名古屋市南区豊 3 丁目 38 番 10 号 株式会社ミキ内 |
| ④ | 松下電器産業 | 大阪府門真市大字門真 1006 番地 松下電器産業株式会社内 |
| ⑤ | 松永製作所 | 岐阜県養老郡養老町大場 484 株式会社松永製作所内 |
| ⑥ | スズキ | 静岡県浜松市高塚町 300 番地 スズキ株式会社内 |
| ⑦ | サンユー | 愛知県名古屋市中川区露橋町 32 番地 株式会社サンユー内 |
| ⑧ | ヤマハ発動機 | 静岡県磐田市新貝 2500 番地 ヤマハ発動機株式会社内 |
| ⑨ | 丸石自転車 | 東京都足立区江北 4-9-1 丸石自転車株式会社東京工場内 |
| ⑩ | ワイケイケイ | 東京都千代田区神田和泉町 1 番地 ワイケイケイ株式会社内 |
| ⑪ | 本田技研工業 | 埼玉県和光市中央 1 丁目 4 番 1 号 株式会社本田技術研究所内 |
| ⑫ | 本田技研工業 | 大分県速見郡日出町大字川崎 3968-1 ホンダＲ＆Ｄ太陽株式会社内 |
| ⑬ | 本田技研工業 | 大分県別府市大字内竈 1399-1 ホンダ太陽株式会社 別府工場内 |
| ⑭ | オーエックスエンジニアリング | 千葉県千葉市若葉区中田町 2186-1 |
| ⑮ | メーコー工業 | 愛知県安城市福釜町河原 18 番地 メーコー工業株式会社内 |
| ⑯ | メーコー工業 | 大分県大野郡千歳村大字長峰字下山 2280 番地 メーコー工業株式会社九州事業所内 |
| ⑰ | 村田機械 | 京都府京都市伏見区竹田向代町 136 番地 村田機械株式会社本社工場内 |
| ⑱ | 村田機械 | 京都府京都市南区吉祥院南落合町 3 番地 ムラタエンジニアリング株式会社内 |
| ⑲ | アイワ産業 | 愛知県名古屋市瑞穂区苗代町 2 丁目 1 番地 アイワ産業株式会社内 |
| ⑳ | 松下電工 | 大阪府門真市大字門真 1048 番地 松下電工株式会社内 |
| ㉑ | ウチエ | 兵庫県尼崎市西長洲町 2-8-29 ウチエ株式会社内 |
| ㉒ | タカノ | 長野県上伊那郡宮田村 137 タカノ株式会社内 |
| ㉓ | パラマウントベッド | 東京都江東区東砂 2 丁目 14 番 5 号 パラマウントベッド株式会社内 |

### 3.1.3 電動車いすの技術開発拠点

図 3.1.3-1 に、電動車いすの主要企業の技術開発拠点、表 3.1.3-1 には電動車いすの主要企業の技術開発拠点住所一覧を示す。

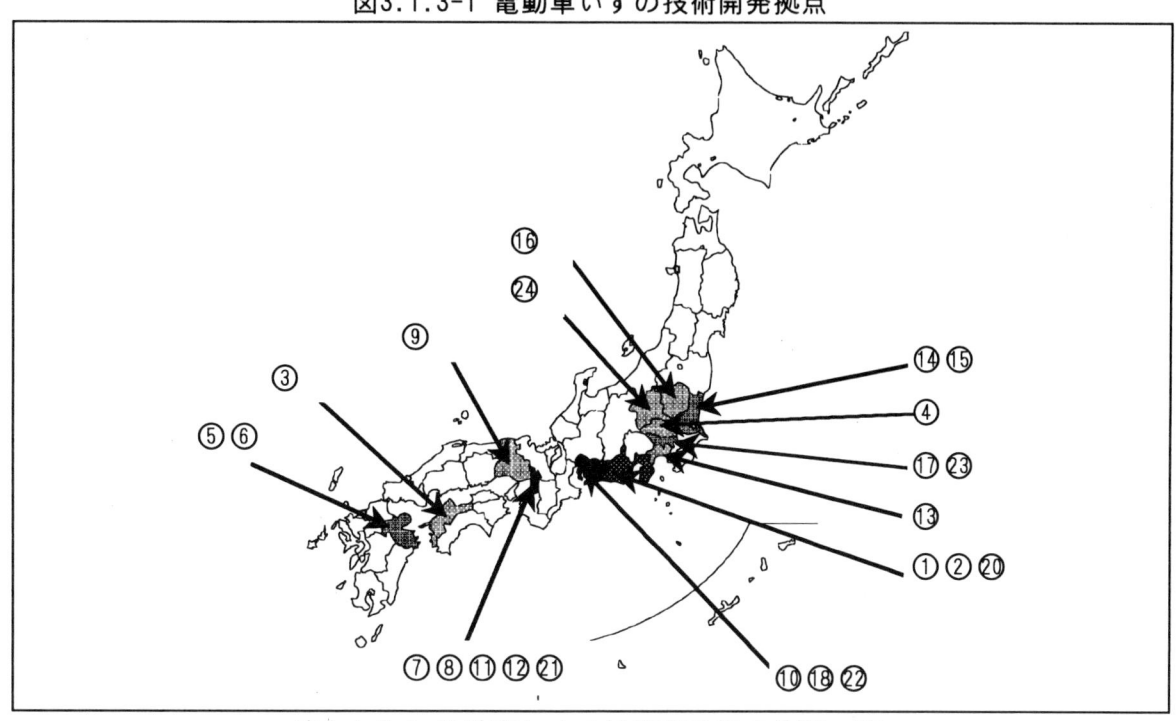

図3.1.3-1 電動車いすの技術開発拠点

表3.1.3-1 電動車いすの技術開発拠点住所一覧

| No. | 企業名 | 住　　所 |
|---|---|---|
| ① | スズキ | 静岡県浜松市高塚町 300 番地　スズキ株式会社内 |
| ② | ヤマハ発動機 | 静岡県磐田市新貝 2500 番地　ヤマハ発動機株式会社内 |
| ③ | アテックス | 愛媛県松山市衣山 1 丁目 2 番 5 号　株式会社アテックス内 |
| ④ | 本田技研工業 | 埼玉県和光市中央 1 丁目 4 番 1 号　株式会社本田技術研究所内 |
| ⑤ | 本田技研工業 | 大分県速見郡日出町大字川崎 3968-1　ホンダ R&D 太陽株式会社内 |
| ⑥ | 本田技研工業 | 大分県別府市大字内竈 1399-1　ホンダ太陽株式会社　別府工場内 |
| ⑦ | 松下電器産業 | 大阪府門真市大字門真 1006 番地　松下電器産業株式会社内 |
| ⑧ | クボタ | 大阪府堺市石津北町 64 番地　株式会社クボタ　堺製造所内 |
| ⑨ | ナブコ | 兵庫県神戸市西区高塚台 7 丁目 3 番 3 号　株式会社ナブコ総合技術センター内 |
| ⑩ | アラコ | 愛知県豊田市吉原町上藤池 25 番地　アラコ株式会社内 |
| ⑪ | 三洋電機 | 大阪府守口市京阪本通 2 丁目 5 番 5 号　三洋電機株式会社内 |
| ⑫ | 松下電工 | 大阪府門真市大字門真 1048 番地　松下電工株式会社内 |
| ⑬ | 日立製作所 | 神奈川県小田原市国府津 2880 番地　株式会社日立製作所ストレージシステム事業部内 |
| ⑭ | 日立製作所 | 茨城県日立市大みか町 7 丁目 1 番 1 号　株式会社日立製作所日立研究所内 |
| ⑮ | 日立製作所 | 茨城県土浦市神立町 502 番地　株式会社日立製作所機械研究所内 |
| ⑯ | 日立製作所 | 栃木県下都賀郡大平町大字富田 800 番地　株式会社日立製作所冷熱事業部内 |
| ⑰ | ミサワホーム | 東京都杉並区高井戸東 2 丁目 4 番 5 号　ミサワホーム株式会社内 |
| ⑱ | アイシン精機 | 愛知県刈谷市朝日町 2 丁目 1 番地　アイシン精機株式会社内 |
| ⑲ | アイシン精機 | 愛知県刈谷市昭和町 2 丁目 3 番地　アイシン・エンジニアリング株式会社内 |
| ⑳ | 東芝テック | 静岡県三島市南町 6 番 78 号　東芝テック株式会社技術研究所内 |
| ㉑ | エクセディ | 大阪府寝屋川市木田元宮 1 丁目 1 番 1 号　株式会社エクセディ内 |
| ㉒ | 新明工業 | 愛知県豊田市衣ケ原 3 丁目 20 番地　新明工業株式会社内 |
| ㉓ | ソニー | 東京都品川区北品川 6 丁目 7 番 35 号　ソニー株式会社内 |
| ㉔ | ミツバ | 群馬県桐生市広沢町 1 丁目 2681 番地　株式会社ミツバ内 |

## 資料

1. 工業所有権総合情報館と特許流通促進事業
2. 特許流通アドバイザー一覧
3. 特許電子図書館情報検索指導アドバイザー一覧
4. 知的所有権センター一覧
5. 平成13年度 25技術テーマの特許流通の概要
6. 特許番号一覧

## 資料1．工業所有権総合情報館と特許流通促進事業

　特許庁工業所有権総合情報館は、明治20年に特許局官制が施行され、農商務省特許局庶務部内に図書館を置き、図書等の保管・閲覧を開始したことにより、組織上のスタートを切りました。
　その後、我が国が明治32年に「工業所有権の保護等に関するパリ同盟条約」に加入することにより、同条約に基づく公報等の閲覧を行う中央資料館として、国際的な地位を獲得しました。
　平成9年からは、工業所有権相談業務と情報流通業務を新たに加え、総合的な情報提供機関として、その役割を果たしております。さらに平成13年4月以降は、独立行政法人工業所有権総合情報館として生まれ変わり、より一層の利用者ニーズに機敏に対応する業務運営を目指し、特許公報等の情報提供及び工業所有権に関する相談等による出願人支援、審査審判協力のための図書等の提供、開放特許活用等の特許流通促進事業を推進しております。

### 1　事業の概要
#### (1) 内外国公報類の収集・閲覧
　下記の公報閲覧室でどなたでも内外国公報等の調査を行うことができる環境と体制を整備しています。

| 閲覧室 | 所在地 | TEL |
| --- | --- | --- |
| 札幌閲覧室 | 北海道札幌市北区北7条西2-8　北ビル7F | 011-747-3061 |
| 仙台閲覧室 | 宮城県仙台市青葉区本町3-4-18　太陽生命仙台本町ビル7F | 022-711-1339 |
| 第一公報閲覧室 | 東京都千代田区霞が関3-4-3　特許庁2F | 03-3580-7947 |
| 第二公報閲覧室 | 東京都千代田区霞が関1-3-1　経済産業省別館1F | 03-3581-1101（内線3819） |
| 名古屋閲覧室 | 愛知県名古屋市中区栄2-10-19　名古屋商工会議所ビルB2F | 052-223-5764 |
| 大阪閲覧室 | 大阪府大阪市天王寺区伶人町2-7　関西特許情報センター1F | 06-4305-0211 |
| 広島閲覧室 | 広島県広島市中区上八丁堀6-30　広島合同庁舎3号館 | 082-222-4595 |
| 高松閲覧室 | 香川県高松市林町2217-15　香川産業頭脳化センタービル2F | 087-869-0661 |
| 福岡閲覧室 | 福岡県福岡市博多区博多駅東2-6-23　住友博多駅前第2ビル2F | 092-414-7101 |
| 那覇閲覧室 | 沖縄県那覇市前島3-1-15　大同生命那覇ビル5F | 098-867-9610 |

#### (2) 審査審判用図書等の収集・閲覧
　審査に利用する図書等を収集・整理し、特許庁の審査に提供すると同時に、「図書閲覧室（特許庁2F）」において、調査を希望する方々へ提供しています。【TEL：03-3592-2920】

#### (3) 工業所有権に関する相談
　相談窓口（特許庁2F）を開設し、工業所有権に関する一般的な相談に応じています。

手紙、電話、e-mail 等による相談も受け付けています。
　【TEL：03-3581-1101(内線2121〜2123)】【FAX：03-3502-8916】
　【e-mail：PA8102@ncipi.jpo.go.jp】

### (4) 特許流通の促進
　特許権の活用を促進するための特許流通市場の整備に向け、各種事業を行っています。
（詳細は2項参照）【TEL：03-3580-6949】

## 2　特許流通促進事業
　先行き不透明な経済情勢の中、企業が生き残り、発展して行くためには、新しいビジネスの創造が重要であり、その際、知的資産の活用、とりわけ技術情報の宝庫である特許の活用がキーポイントとなりつつあります。
　また、企業が技術開発を行う場合、まず自社で開発を行うことが考えられますが、商品のライフサイクルの短縮化、技術開発のスピードアップ化が求められている今日、外部からの技術を積極的に導入することも必要になってきています。
　このような状況下、特許庁では、特許の流通を通じた技術移転・新規事業の創出を促進するため、特許流通促進事業を展開していますが、2001年4月から、これらの事業は、特許庁から独立をした「独立行政法人　工業所有権総合情報館」が引き継いでいます。

### (1) 特許流通の促進
① 特許流通アドバイザー
　全国の知的所有権センター・TLO等からの要請に応じて、知的所有権や技術移転についての豊富な知識・経験を有する専門家を特許流通アドバイザーとして派遣しています。
　知的所有権センターでは、地域の活用可能な特許の調査、当該特許の提供支援及び大学・研究機関が保有する特許と地域企業との橋渡しを行っています。（資料2参照）

② 特許流通促進説明会
　地域特性に合った特許情報の有効活用の普及・啓発を図るため、技術移転の実例を紹介しながら特許流通のプロセスや特許電子図書館を利用した特許情報検索方法等を内容とした説明会を開催しています。

### (2) 開放特許情報等の提供
① 特許流通データベース
　活用可能な開放特許を産業界、特に中小・ベンチャー企業に円滑に流通させ実用化を推進していくため、企業や研究機関・大学等が保有する提供意思のある特許をデータベース化し、インターネットを通じて公開しています。（http://www.ncipi.go.jp）

② 開放特許活用例集
　特許流通データベースに登録されている開放特許の中から製品化ポテンシャルが高い案

件を選定し、これら有用な開放特許を有効に使ってもらうためのビジネスアイデア集を作成しています。

③ 特許流通支援チャート

　企業が新規事業創出時の技術導入・技術移転を図る上で指標となりうる国内特許の動向を技術テーマごとに、分析したものです。出願上位企業の特許取得状況、技術開発課題に対応した特許保有状況、技術開発拠点等を紹介しています。

④ 特許電子図書館情報検索指導アドバイザー

　知的財産権及びその情報に関する専門的知識を有するアドバイザーを全国の知的所有権センターに派遣し、特許情報の検索に必要な基礎知識から特許情報の活用の仕方まで、無料でアドバイス・相談を行っています。（資料3参照）

(3) 知的財産権取引業の育成

① 知的財産権取引業者データベース

　特許を始めとする知的財産権の取引や技術移転の促進には、欧米の技術移転先進国に見られるように、民間の仲介事業者の存在が不可欠です。こうした民間ビジネスが質・量ともに不足し、社会的認知度も低いことから、事業者の情報を収集してデータベース化し、インターネットを通じて公開しています。

② 国際セミナー・研修会等

　著名海外取引業者と我が国取引業者との情報交換、議論の場（国際セミナー）を開催しています。また、産学官の技術移転を促進して、企業の新商品開発や技術力向上を促進するために不可欠な、技術移転に携わる人材の育成を目的とした研修事業を開催しています。

## 資料2．特許流通アドバイザー一覧 （平成14年3月1日現在）

○経済産業局特許室および知的所有権センターへの派遣

| 派遣先 | 氏名 | 所在地 | TEL |
|---|---|---|---|
| 北海道経済産業局特許室 | 杉谷 克彦 | 〒060-0807 札幌市北区北7条西2丁目8番地1北ビル7階 | 011-708-5783 |
| 北海道知的所有権センター<br>(北海道立工業試験場) | 宮本 剛汎 | 〒060-0819 札幌市北区北19条西11丁目<br>北海道立工業試験場内 | 011-747-2211 |
| 東北経済産業局特許室 | 三澤 輝起 | 〒980-0014 仙台市青葉区本町3－4－18<br>太陽生命仙台本町ビル7階 | 022-223-9761 |
| 青森県知的所有権センター<br>((社)発明協会青森県支部) | 内藤 規雄 | 〒030-0112 青森市大字八ツ役字芦谷202－4<br>青森県産業技術開発センター内 | 017-762-3912 |
| 岩手県知的所有権センター<br>(岩手県工業技術センター) | 阿部 新喜司 | 〒020-0852 盛岡市飯岡新田3－35－2<br>岩手県工業技術センター内 | 019-635-8182 |
| 宮城県知的所有権センター<br>(宮城県産業技術総合センター) | 小野 賢悟 | 〒981-3206 仙台市泉区明通二丁目2番地<br>宮城県産業技術総合センター内 | 022-377-8725 |
| 秋田県知的所有権センター<br>(秋田県工業技術センター) | 石川 順三 | 〒010-1623 秋田市新屋町字砂奴寄4－11<br>秋田県工業技術センター内 | 018-862-3417 |
| 山形県知的所有権センター<br>(山形県工業技術センター) | 富樫 富雄 | 〒990-2473 山形市松栄1－3－8<br>山形県産業創造支援センター内 | 023-647-8130 |
| 福島県知的所有権センター<br>((社)発明協会福島県支部) | 相澤 正彬 | 〒963-0215 郡山市待池台1－12<br>福島県ハイテクプラザ内 | 024-959-3351 |
| 関東経済産業局特許室 | 村上 義英 | 〒330-9715 さいたま市上落合2－11<br>さいたま新都心合同庁舎1号館 | 048-600-0501 |
| 茨城県知的所有権センター<br>((財)茨城県中小企業振興公社) | 齋藤 幸一 | 〒312-0005 ひたちなか市新光町38<br>ひたちなかテクノセンタービル内 | 029-264-2077 |
| 栃木県知的所有権センター<br>((社)発明協会栃木県支部) | 坂本 武 | 〒322-0011 鹿沼市白桑田516－1<br>栃木県工業技術センター内 | 0289-60-1811 |
| 群馬県知的所有権センター<br>((社)発明協会群馬県支部) | 三田 隆志 | 〒371-0845 前橋市鳥羽町190<br>群馬県工業試験場内 | 027-280-4416 |
| | 金井 澄雄 | 〒371-0845 前橋市鳥羽町190<br>群馬県工業試験場内 | 027-280-4416 |
| 埼玉県知的所有権センター<br>(埼玉県工業技術センター) | 野口 満 | 〒333-0848 川口市芝下1－1－56<br>埼玉県工業技術センター内 | 048-269-3108 |
| | 清水 修 | 〒333-0848 川口市芝下1－1－56<br>埼玉県工業技術センター内 | 048-269-3108 |
| 千葉県知的所有権センター<br>((社)発明協会千葉県支部) | 稲谷 稔宏 | 〒260-0854 千葉市中央区長洲1－9－1<br>千葉県庁南庁舎内 | 043-223-6536 |
| | 阿草 一男 | 〒260-0854 千葉市中央区長洲1－9－1<br>千葉県庁南庁舎内 | 043-223-6536 |
| 東京都知的所有権センター<br>(東京都城南地域中小企業振興センター) | 鷹見 紀彦 | 〒144-0035 大田区南蒲田1－20－20<br>城南地域中小企業振興センター内 | 03-3737-1435 |
| 神奈川県知的所有権センター支部<br>((財)神奈川高度技術支援財団) | 小森 幹雄 | 〒213-0012 川崎市高津区坂戸3－2－1<br>かながわサイエンスパーク内 | 044-819-2100 |
| 新潟県知的所有権センター<br>((財)信濃川テクノポリス開発機構) | 小林 靖幸 | 〒940-2127 長岡市新産4－1－9<br>長岡地域技術開発振興センター内 | 0258-46-9711 |
| 山梨県知的所有権センター<br>(山梨県工業技術センター) | 廣川 幸生 | 〒400-0055 甲府市大津町2094<br>山梨県工業技術センター内 | 055-220-2409 |
| 長野県知的所有権センター<br>((社)発明協会長野支部) | 徳永 正明 | 〒380-0928 長野市若里1－18－1<br>長野県工業試験場内 | 026-229-7688 |
| 静岡県知的所有権センター<br>((社)発明協会静岡県支部) | 神長 邦雄 | 〒421-1221 静岡市牧ヶ谷2078<br>静岡工業技術センター内 | 054-276-1516 |
| | 山田 修寧 | 〒421-1221 静岡市牧ヶ谷2078<br>静岡工業技術センター内 | 054-276-1516 |
| 中部経済産業局特許室 | 原口 邦弘 | 〒460-0008 名古屋市中区栄2－10－19<br>名古屋商工会議所ビルB2F | 052-223-6549 |
| 富山県知的所有権センター<br>(富山県工業技術センター) | 小坂 郁雄 | 〒933-0981 高岡市二上町150<br>富山県工業技術センター内 | 0766-29-2081 |
| 石川県知的所有権センター<br>(財)石川県産業創出支援機構 | 一丸 義次 | 〒920-0223 金沢市戸水町イ65番地<br>石川県地場産業振興センター新館1階 | 076-267-8117 |
| 岐阜県知的所有権センター<br>(岐阜県科学技術振興センター) | 松永 孝義 | 〒509-0108 各務原市須衛町4－179－1<br>テクノプラザ5F | 0583-79-2250 |
| | 木下 裕雄 | 〒509-0108 各務原市須衛町4－179－1<br>テクノプラザ5F | 0583-79-2250 |
| 愛知県知的所有権センター<br>(愛知県工業技術センター) | 森 孝和 | 〒448-0003 刈谷市一ツ木町西新割<br>愛知県工業技術センター内 | 0566-24-1841 |
| | 三浦 元久 | 〒448-0003 刈谷市一ツ木町西新割<br>愛知県工業技術センター内 | 0566-24-1841 |

| 派遣先 | 氏名 | 所在地 | TEL |
|---|---|---|---|
| 三重県知的所有権センター<br>(三重県工業技術総合研究所) | 馬渡 建一 | 〒514-0819 津市高茶屋5-5-45<br>三重県科学振興センター工業研究部内 | 059-234-4150 |
| 近畿経済産業局特許室 | 下田 英宣 | 〒543-0061 大阪市天王寺区伶人町2-7<br>関西特許情報センター1階 | 06-6776-8491 |
| 福井県知的所有権センター<br>(福井県工業技術センター) | 上坂 旭 | 〒910-0102 福井市川合鷲塚町61字北稲田10<br>福井県工業技術センター内 | 0776-55-2100 |
| 滋賀県知的所有権センター<br>(滋賀県工業技術センター) | 新屋 正男 | 〒520-3004 栗東市上砥山232<br>滋賀県工業技術総合センター別館内 | 077-558-4040 |
| 京都府知的所有権センター<br>((社)発明協会京都支部) | 衣川 清彦 | 〒600-8813 京都市下京区中堂寺南町17番地<br>京都リサーチパーク京都高度技術研究所ビル4階 | 075-326-0066 |
| 大阪府知的所有権センター<br>(大阪府立特許情報センター) | 大空 一博 | 〒543-0061 大阪市天王寺区伶人町2-7<br>関西特許情報センター内 | 06-6772-0704 |
|  | 梶原 淳治 | 〒577-0809 東大阪市永和1-11-10 | 06-6722-1151 |
| 兵庫県知的所有権センター<br>((財)新産業創造研究機構) | 園田 憲一 | 〒650-0047 神戸市中央区港島南町1-5-2<br>神戸キメックセンタービル6F | 078-306-6808 |
|  | 島田 一男 | 〒650-0047 神戸市中央区港島南町1-5-2<br>神戸キメックセンタービル6F | 078-306-6808 |
| 和歌山県知的所有権センター<br>((社)発明協会和歌山県支部) | 北澤 宏造 | 〒640-8214 和歌山県寄合町25<br>和歌山市発明館4階 | 073-432-0087 |
| 中国経済産業局特許室 | 木村 郁男 | 〒730-8531 広島市中区上八丁堀6-30<br>広島合同庁舎3号館1階 | 082-502-6828 |
| 鳥取県知的所有権センター<br>((社)発明協会鳥取県支部) | 五十嵐 善司 | 〒689-1112 鳥取市若葉台南7-5-1<br>新産業創造センター1階 | 0857-52-6728 |
| 島根県知的所有権センター<br>((社)発明協会島根県支部) | 佐野 馨 | 〒690-0816 島根県松江市北陵町1<br>テクノアークしまね内 | 0852-60-5146 |
| 岡山県知的所有権センター<br>((社)発明協会岡山県支部) | 横田 悦造 | 〒701-1221 岡山市芳賀5301<br>テクノサポート岡山内 | 086-286-9102 |
| 広島県知的所有権センター<br>((社)発明協会広島県支部) | 壹岐 正弘 | 〒730-0052 広島市中区千田町3-13-11<br>広島発明会館2階 | 082-544-2066 |
| 山口県知的所有権センター<br>((社)発明協会山口県支部) | 滝川 尚久 | 〒753-0077 山口市熊野町1-10 NPYビル10階<br>(財)山口県産業技術開発機構内 | 083-922-9927 |
| 四国経済産業局特許室 | 鶴野 弘章 | 〒761-0301 香川県高松市林町2217-15<br>香川産業頭脳化センタービル2階 | 087-869-3790 |
| 徳島県知的所有権センター<br>((社)発明協会徳島県支部) | 武岡 明夫 | 〒770-8021 徳島市雑賀町西開11-2<br>徳島県立工業技術センター内 | 088-669-0117 |
| 香川県知的所有権センター<br>((社)発明協会香川県支部) | 谷田 吉成 | 〒761-0301 香川県高松市林町2217-15<br>香川産業頭脳化センタービル2階 | 087-869-9004 |
|  | 福家 康矩 | 〒761-0301 香川県高松市林町2217-15<br>香川産業頭脳化センタービル2階 | 087-869-9004 |
| 愛媛県知的所有権センター<br>(社)発明協会愛媛県支部) | 川野 辰己 | 〒791-1101 松山市久米窪田町337-1<br>テクノプラザ愛媛 | 089-960-1489 |
| 高知県知的所有権センター<br>((財)高知県産業振興センター) | 吉本 忠男 | 〒781-5101 高知市布師田3992-2<br>高知県中小企業会館2階 | 0888-46-7087 |
| 九州経済産業局特許室 | 簗田 克志 | 〒812-8546 福岡市博多区博多駅東2-11-1<br>福岡合同庁舎内 | 092-436-7260 |
| 福岡県知的所有権センター<br>((社)発明協会福岡県支部) | 道津 毅 | 〒812-0013 福岡市博多区博多駅東2-6-23<br>住友博多駅前第2ビル1階 | 092-415-6777 |
| 福岡県知的所有権センター北九州支部<br>((株)北九州テクノセンター) | 沖 宏治 | 〒804-0003 北九州市戸畑区中原新町2-1<br>(株)北九州テクノセンター内 | 093-873-1432 |
| 佐賀県知的所有権センター<br>(佐賀県工業技術センター) | 光武 章二 | 〒849-0932 佐賀市鍋島町大字八戸溝114<br>佐賀県工業技術センター内 | 0952-30-8161 |
|  | 村上 忠郎 | 〒849-0932 佐賀市鍋島町大字八戸溝114<br>佐賀県工業技術センター内 | 0952-30-8161 |
| 長崎県知的所有権センター<br>((社)発明協会長崎県支部) | 嶋北 正俊 | 〒856-0026 大村市池田2-1303-8<br>長崎県工業技術センター内 | 0957-52-1138 |
| 熊本県知的所有権センター<br>((社)発明協会熊本県支部) | 深見 毅 | 〒862-0901 熊本市東町3-11-38<br>熊本県工業技術センター内 | 096-331-7023 |
| 大分県知的所有権センター<br>(大分県産業科学技術センター) | 古崎 宣 | 〒870-1117 大分市高江西1-4361-10<br>大分県産業科学技術センター内 | 097-596-7121 |
| 宮崎県知的所有権センター<br>((社)発明協会宮崎県支部) | 久保田 英世 | 〒880-0303 宮崎県宮崎郡佐土原町東上那珂16500-2<br>宮崎県工業技術センター内 | 0985-74-2953 |
| 鹿児島県知的所有権センター<br>(鹿児島県工業技術センター) | 山田 式典 | 〒899-5105 鹿児島県姶良郡隼人町小田1445-1<br>鹿児島県工業技術センター内 | 0995-64-2056 |
| 沖縄総合事務局特許室 | 下司 義雄 | 〒900-0016 那覇市前島3-1-15<br>大同生命那覇ビル5階 | 098-867-3293 |
| 沖縄県知的所有権センター<br>(沖縄県工業技術センター) | 木村 薫 | 〒904-2234 具志川市州崎12-2<br>沖縄県工業技術センター内1階 | 098-939-2372 |

## ○技術移転機関(TLO)への派遣

| 派遣先 | 氏名 | 所在地 | TEL |
|---|---|---|---|
| 北海道ティー・エル・オー(株) | 山田 邦重 | 〒060-0808 札幌市北区北8条西5丁目<br>北海道大学事務局分館2館 | 011-708-3633 |
|  | 岩城 全紀 | 〒060-0808 札幌市北区北8条西5丁目<br>北海道大学事務局分館2館 | 011-708-3633 |
| (株)東北テクノアーチ | 井硲 弘 | 〒980-0845 仙台市青葉区荒巻字青葉468番地<br>東北大学未来科学技術共同センター | 022-222-3049 |
| (株)筑波リエゾン研究所 | 関 淳次 | 〒305-8577 茨城県つくば市天王台1-1-1<br>筑波大学共同研究棟A303 | 0298-50-0195 |
|  | 綾 紀元 | 〒305-8577 茨城県つくば市天王台1-1-1<br>筑波大学共同研究棟A303 | 0298-50-0195 |
| (財)日本産業技術振興協会<br>産総研イノベーションズ | 坂 光 | 〒305-8568 茨城県つくば市梅園1-1-1<br>つくば中央第二事業所D-7階 | 0298-61-5210 |
| 日本大学国際産業技術・ビジネス育成センタ | 斎藤 光史 | 〒102-8275 東京都千代田区九段南4-8-24 | 03-5275-8139 |
|  | 加根魯 和宏 | 〒102-8275 東京都千代田区九段南4-8-24 | 03-5275-8139 |
| 学校法人早稲田大学知的財産センター | 菅野 淳 | 〒162-0041 東京都新宿区早稲田鶴巻町513<br>早稲田大学研究開発センター120-1号館1F | 03-5286-9867 |
|  | 風間 孝彦 | 〒162-0041 東京都新宿区早稲田鶴巻町513<br>早稲田大学研究開発センター120-1号館1F | 03-5286-9867 |
| (財)理工学振興会 | 鷹巣 征行 | 〒226-8503 横浜市緑区長津田町4259<br>フロンティア創造共同研究センター内 | 045-921-4391 |
|  | 北川 謙一 | 〒226-8503 横浜市緑区長津田町4259<br>フロンティア創造共同研究センター内 | 045-921-4391 |
| よこはまティーエルオー(株) | 小原 郁 | 〒240-8501 横浜市保土ヶ谷区常盤台79-5<br>横浜国立大学共同研究推進センター内 | 045-339-4441 |
| 学校法人慶応義塾大学知的資産センター | 道井 敏 | 〒108-0073 港区三田2-11-15<br>三田川崎ビル3階 | 03-5427-1678 |
|  | 鈴木 泰 | 〒108-0073 港区三田2-11-15<br>三田川崎ビル3階 | 03-5427-1678 |
| 学校法人東京電機大学産官学交流セン | 河村 幸夫 | 〒101-8457 千代田区神田錦町2-2 | 03-5280-3640 |
| タマティーエルオー(株) | 古瀬 武弘 | 〒192-0083 八王子市旭町9-1<br>八王子スクエアビル11階 | 0426-31-1325 |
| 学校法人明治大学知的資産センター | 竹田 幹男 | 〒101-8301 千代田区神田駿河台1-1 | 03-3296-4327 |
| (株)山梨ティー・エル・オー | 田中 正男 | 〒400-8511 甲府市武田4-3-11<br>山梨大学地域共同開発研究センター内 | 055-220-8760 |
| (財)浜松科学技術研究振興会 | 小野 義光 | 〒432-8561 浜松市城北3-5-1 | 053-412-6703 |
| (財)名古屋産業科学研究所 | 杉本 勝 | 〒460-0008 名古屋市中区栄二丁目十番十九号<br>名古屋商工会議所ビル | 052-223-5691 |
|  | 小西 富雅 | 〒460-0008 名古屋市中区栄二丁目十番十九号<br>名古屋商工会議所ビル | 052-223-5694 |
| 関西ティー・エル・オー(株) | 山田 富義 | 〒600-8813 京都市下京区中堂寺南町17<br>京都リサーチパークサイエンスセンタービル1号館2階 | 075-315-8250 |
|  | 斎田 雄一 | 〒600-8813 京都市下京区中堂寺南町17<br>京都リサーチパークサイエンスセンタービル1号館2階 | 075-315-8250 |
| (財)新産業創造研究機構 | 井上 勝彦 | 〒650-0047 神戸市中央区港島南町1-5-2<br>神戸キメックセンタービル6F | 078-306-6805 |
|  | 長冨 弘充 | 〒650-0047 神戸市中央区港島南町1-5-2<br>神戸キメックセンタービル6F | 078-306-6805 |
| (財)大阪産業振興機構 | 有馬 秀平 | 〒565-0871 大阪府吹田市山田丘2-1<br>大阪大学先端科学技術共同研究センター4F | 06-6879-4196 |
| (有)山口ティー・エル・オー | 松本 孝三 | 〒755-8611 山口県宇部市常盤台2-16-1<br>山口大学地域共同研究開発センター内 | 0836-22-9768 |
|  | 熊原 尋美 | 〒755-8611 山口県宇部市常盤台2-16-1<br>山口大学地域共同研究開発センター内 | 0836-22-9768 |
| (株)テクノネットワーク四国 | 佐藤 博正 | 〒760-0033 香川県高松市丸の内2-5<br>ヨンデンビル別館4F | 087-811-5039 |
| (株)北九州テクノセンター | 乾 全 | 〒804-0003 北九州市戸畑区中原新町2番1号 | 093-873-1448 |
| (株)産学連携機構九州 | 堀 浩一 | 〒812-8581 福岡市東区箱崎6-10-1<br>九州大学技術移転推進室内 | 092-642-4363 |
| (財)くまもとテクノ産業財団 | 桂 真郎 | 〒861-2202 熊本県上益城郡益城町田原2081-10 | 096-289-2340 |

## 資料3．特許電子図書館情報検索指導アドバイザー一覧 （平成14年3月1日現在）

○知的所有権センターへの派遣

| 派遣先 | 氏名 | 所在地 | TEL |
|---|---|---|---|
| 北海道知的所有権センター<br>（北海道立工業試験場） | 平野 徹 | 〒060-0819 札幌市北区北19条西11丁目 | 011-747-2211 |
| 青森県知的所有権センター<br>（(社)発明協会青森県支部） | 佐々木 泰樹 | 〒030-0112 青森市第二問屋町4-11-6 | 017-762-3912 |
| 岩手県知的所有権センター<br>（岩手県工業技術センター） | 中嶋 孝弘 | 〒020-0852 盛岡市飯岡新田3-35-2 | 019-634-0684 |
| 宮城県知的所有権センター<br>（宮城県産業技術総合センター） | 小林 保 | 〒981-3206 仙台市泉区明通2-2 | 022-377-8725 |
| 秋田県知的所有権センター<br>（秋田県工業技術センター） | 田嶋 正夫 | 〒010-1623 秋田市新屋町字砂奴寄4-11 | 018-862-3417 |
| 山形県知的所有権センター<br>（山形県工業技術センター） | 大澤 忠行 | 〒990-2473 山形市松栄1-3-8 | 023-647-8130 |
| 福島県知的所有権センター<br>（(社)発明協会福島県支部） | 栗田 広 | 〒963-0215 郡山市待池台1-12<br>福島県ハイテクプラザ内 | 024-963-0242 |
| 茨城県知的所有権センター<br>（(財)茨城県中小企業振興公社） | 猪野 正己 | 〒312-0005 ひたちなか市新光町38<br>ひたちなかテクノセンタービル1階 | 029-264-2211 |
| 栃木県知的所有権センター<br>（(社)発明協会栃木県支部） | 中里 浩 | 〒322-0011 鹿沼市白桑田516-1<br>栃木県工業技術センター内 | 0289-65-7550 |
| 群馬県知的所有権センター<br>（(社)発明協会群馬県支部） | 神林 賢蔵 | 〒371-0845 前橋市鳥羽町190<br>群馬県工業試験場内 | 027-254-0627 |
| 埼玉県知的所有権センター<br>（(社)発明協会埼玉県支部） | 田中 廣雅 | 〒331-8669 さいたま市桜木町1-7-5<br>ソニックシティ10階 | 048-644-4806 |
| 千葉県知的所有権センター<br>（(社)発明協会千葉県支部） | 中原 照義 | 〒260-0854 千葉市中央区長洲1-9-1<br>千葉県庁南庁舎R3階 | 043-223-7748 |
| 東京都知的所有権センター<br>（(社)発明協会東京支部） | 福澤 勝義 | 〒105-0001 港区虎ノ門2-9-14 | 03-3502-5521 |
| 神奈川県知的所有権センター<br>（神奈川県産業技術総合研究所） | 森 啓次 | 〒243-0435 海老名市下今泉705-1 | 046-236-1500 |
| 神奈川県知的所有権センター支部<br>（(財)神奈川高度技術支援財団） | 大井 隆 | 〒213-0012 川崎市高津区坂戸3-2-1<br>かながわサイエンスパーク西棟205 | 044-819-2100 |
| 神奈川県知的所有権センター支部<br>（(社)発明協会神奈川県支部） | 蓮見 亮 | 〒231-0015 横浜市中区尾上町5-80<br>神奈川中小企業センター10階 | 045-633-5055 |
| 新潟県知的所有権センター<br>（(財)信濃川テクノポリス開発機構） | 石谷 速夫 | 〒940-2127 長岡市新産4-1-9 | 0258-46-9711 |
| 山梨県知的所有権センター<br>（山梨県工業技術センター） | 山下 知 | 〒400-0055 甲府市大津町2094 | 055-243-6111 |
| 長野県知的所有権センター<br>（(社)発明協会長野県支部） | 岡田 光正 | 〒380-0928 長野市若里1-18-1<br>長野県工業試験場内 | 026-228-5559 |
| 静岡県知的所有権センター<br>（(社)発明協会静岡県支部） | 吉井 和夫 | 〒421-1221 静岡市牧ヶ谷2078<br>静岡工業技術センター資料館内 | 054-278-6111 |
| 富山県知的所有権センター<br>（富山県工業技術センター） | 齋藤 靖雄 | 〒933-0981 高岡市二上町150 | 0766-29-1252 |
| 石川県知的所有権センター<br>（(財)石川県産業創出支援機構） | 辻 寛司 | 〒920-0223 金沢市戸水町イ65番地<br>石川県地場産業振興センター | 076-267-5918 |
| 岐阜県知的所有権センター<br>（岐阜県科学技術振興センター） | 林 邦明 | 〒509-0108 各務原市須衛町4-179-1<br>テクノプラザ5F | 0583-79-2250 |
| 愛知県知的所有権センター<br>（愛知県工業技術センター） | 加藤 英昭 | 〒448-0003 刈谷市一ツ木町西新割 | 0566-24-1841 |
| 三重県知的所有権センター<br>（三重県工業技術総合研究所） | 長峰 隆 | 〒514-0819 津市高茶屋5-5-45 | 059-234-4150 |
| 福井県知的所有権センター<br>（福井県工業技術センター） | 川・好昭 | 〒910-0102 福井市川合鷲塚町61字北稲田10 | 0776-55-1195 |
| 滋賀県知的所有権センター<br>（滋賀県工業技術センター） | 森 久子 | 〒520-3004 栗東市上砥山232 | 077-558-4040 |
| 京都府知的所有権センター<br>（(社)発明協会京都支部） | 中野 剛 | 〒600-8813 京都市下京区中堂寺南町17<br>京都リサーチパーク内 京都高度技研ビル4階 | 075-315-8686 |
| 大阪府知的所有権センター<br>（大阪府立特許情報センター） | 秋田 伸一 | 〒543-0061 大阪市天王寺区伶人町2-7 | 06-6771-2646 |
| 大阪府知的所有権センター支部<br>（(社)発明協会大阪支部知的財産センター） | 戎 邦夫 | 〒564-0062 吹田市垂水町3-24-1<br>シンプレス江坂ビル2階 | 06-6330-7725 |
| 兵庫県知的所有権センター<br>（(社)発明協会兵庫県支部） | 山口 克己 | 〒654-0037 神戸市須磨区行平町3-1-31<br>兵庫県立産業技術センター4階 | 078-731-5847 |
| 奈良県知的所有権センター<br>（奈良県工業技術センター） | 北田 友彦 | 〒630-8031 奈良市柏木町129-1 | 0742-33-0863 |

| 派遣先 | 氏名 | 所在地 | TEL |
|---|---|---|---|
| 和歌山県知的所有権センター<br>((社)発明協会和歌山県支部) | 木村 武司 | 〒640-8214 和歌山県寄合町25<br>和歌山市発明館4階 | 073-432-0087 |
| 鳥取県知的所有権センター<br>((社)発明協会鳥取県支部) | 奥村 隆一 | 〒689-1112 鳥取市若葉台南7-5-1<br>新産業創造センター1階 | 0857-52-6728 |
| 島根県知的所有権センター<br>((社)発明協会島根県支部) | 門脇 みどり | 〒690-0816 島根県松江市北陵町1番地<br>テクノアークしまね1F内 | 0852-60-5146 |
| 岡山県知的所有権センター<br>((社)発明協会岡山県支部) | 佐藤 新吾 | 〒701-1221 岡山市芳賀5301<br>テクノサポート岡山内 | 086-286-9656 |
| 広島県知的所有権センター<br>((社)発明協会広島県支部) | 若木 幸蔵 | 〒730-0052 広島市中区千田町3-13-11<br>広島発明会館内 | 082-544-0775 |
| 広島県知的所有権センター支部<br>((社)発明協会広島県支部備後支会) | 渡部 武徳 | 〒720-0067 福山市西町2-10-1 | 0849-21-2349 |
| 広島県知的所有権センター支部<br>(呉地域産業振興センター) | 三上 達矢 | 〒737-0004 呉市阿賀南2-10-1 | 0823-76-3766 |
| 山口県知的所有権センター<br>((社)発明協会山口県支部) | 大段 恭二 | 〒753-0077 山口市熊野町1-10 NPYビル10階 | 083-922-9927 |
| 徳島県知的所有権センター<br>((社)発明協会徳島県支部) | 平野 稔 | 〒770-8021 徳島市雑賀町西開11-2<br>徳島県立工業技術センター内 | 088-636-3388 |
| 香川県知的所有権センター<br>((社)発明協会香川県支部) | 中元 恒 | 〒761-0301 香川県高松市林町2217-15<br>香川産業頭脳化センタービル2階 | 087-869-9005 |
| 愛媛県知的所有権センター<br>((社)発明協会愛媛県支部) | 片山 忠徳 | 〒791-1101 松山市久米窪田町337-1<br>テクノプラザ愛媛 | 089-960-1118 |
| 高知県知的所有権センター<br>(高知県工業技術センター) | 柏井 富雄 | 〒781-5101 高知市布師田3992-3 | 088-845-7664 |
| 福岡県知的所有権センター<br>((社)発明協会福岡県支部) | 浦井 正章 | 〒812-0013 福岡市博多区博多駅東2-6-23<br>住友博多駅前第2ビル2階 | 092-474-7255 |
| 福岡県知的所有権センター北九州支部<br>((株)北九州テクノセンター) | 重藤 務 | 〒804-0003 北九州市戸畑区中原新町2-1 | 093-873-1432 |
| 佐賀県知的所有権センター<br>(佐賀県工業技術センター) | 塚島 誠一郎 | 〒849-0932 佐賀市鍋島町八戸溝114 | 0952-30-8161 |
| 長崎県知的所有権センター<br>((社)発明協会長崎県支部) | 川添 早苗 | 〒856-0026 大村市池田2-1303-8<br>長崎県工業技術センター内 | 0957-52-1144 |
| 熊本県知的所有権センター<br>((社)発明協会熊本県支部) | 松山 彰雄 | 〒862-0901 熊本市東町3-11-38<br>熊本県工業技術センター内 | 096-360-3291 |
| 大分県知的所有権センター<br>(大分県産業科学技術センター) | 鎌田 正道 | 〒870-1117 大分市高江西1-4361-10 | 097-596-7121 |
| 宮崎県知的所有権センター<br>((社)発明協会宮崎県支部) | 黒田 護 | 〒880-0303 宮崎県宮崎郡佐土原町東上那珂16500-2<br>宮崎県工業技術センター内 | 0985-74-2953 |
| 鹿児島県知的所有権センター<br>(鹿児島県工業技術センター) | 大井 敏民 | 〒899-5105 鹿児島県姶良郡隼人町小田1445-1 | 0995-64-2445 |
| 沖縄県知的所有権センター<br>(沖縄県工業技術センター) | 和田 修 | 〒904-2234 具志川市字州崎12-2<br>中城湾港新港地区トロピカルテクノパーク内 | 098-929-0111 |

## 資料4．知的所有権センター一覧 （平成14年3月1日現在）

| 都道府県 | 名称 | 所在地 | TEL |
|---|---|---|---|
| 北海道 | 北海道知的所有権センター<br>(北海道立工業試験場) | 〒060-0819 札幌市北区北19条西11丁目 | 011-747-2211 |
| 青森県 | 青森県知的所有権センター<br>((社)発明協会青森県支部) | 〒030-0112 青森市第二問屋町4-11-6 | 017-762-3912 |
| 岩手県 | 岩手県知的所有権センター<br>(岩手県工業技術センター) | 〒020-0852 盛岡市飯岡新田3-35-2 | 019-634-0684 |
| 宮城県 | 宮城県知的所有権センター<br>(宮城県産業技術総合センター) | 〒981-3206 仙台市泉区明通2-2 | 022-377-8725 |
| 秋田県 | 秋田県知的所有権センター<br>(秋田県工業技術センター) | 〒010-1623 秋田市新屋町字砂奴寄4-11 | 018-862-3417 |
| 山形県 | 山形県知的所有権センター<br>(山形県工業技術センター) | 〒990-2473 山形市松栄1-3-8 | 023-647-8130 |
| 福島県 | 福島県知的所有権センター<br>((社)発明協会福島県支部) | 〒963-0215 郡山市待池台1-12<br>福島県ハイテクプラザ内 | 024-963-0242 |
| 茨城県 | 茨城県知的所有権センター<br>((財)茨城県中小企業振興公社) | 〒312-0005 ひたちなか市新光町38<br>ひたちなかテクノセンタービル1階 | 029-264-2211 |
| 栃木県 | 栃木県知的所有権センター<br>((社)発明協会栃木県支部) | 〒322-0011 鹿沼市白桑田516-1<br>栃木県工業技術センター内 | 0289-65-7550 |
| 群馬県 | 群馬県知的所有権センター<br>((社)発明協会群馬県支部) | 〒371-0845 前橋市鳥羽町190<br>群馬県工業試験場内 | 027-254-0627 |
| 埼玉県 | 埼玉県知的所有権センター<br>((社)発明協会埼玉県支部) | 〒331-8669 さいたま市桜木町1-7-5<br>ソニックシティ10階 | 048-644-4806 |
| 千葉県 | 千葉県知的所有権センター<br>((社)発明協会千葉県支部) | 〒260-0854 千葉市中央区長洲1-9-1<br>千葉県庁南庁舎R3階 | 043-223-7748 |
| 東京都 | 東京都知的所有権センター<br>((社)発明協会東京支部) | 〒105-0001 港区虎ノ門2-9-14 | 03-3502-5521 |
| 神奈川県 | 神奈川県知的所有権センター<br>(神奈川県産業技術総合研究所) | 〒243-0435 海老名市下今泉705-1 | 046-236-1500 |
| | 神奈川県知的所有権センター支部<br>((財)神奈川県高度技術支援財団) | 〒213-0012 川崎市高津区坂戸3-2-1<br>かながわサイエンスパーク西棟205 | 044-819-2100 |
| | 神奈川県知的所有権センター支部<br>((社)発明協会神奈川県支部) | 〒231-0015 横浜市中区尾上町5-80<br>神奈川中小企業センター10階 | 045-633-5055 |
| 新潟県 | 新潟県知的所有権センター<br>((財)信濃川テクノポリス開発機構) | 〒940-2127 長岡市新産4-1-9 | 0258-46-9711 |
| 山梨県 | 山梨県知的所有権センター<br>(山梨県工業技術センター) | 〒400-0055 甲府市大津町2094 | 055-243-6111 |
| 長野県 | 長野県知的所有権センター<br>((社)発明協会長野県支部) | 〒380-0928 長野市若里1-18-1<br>長野県工業試験場内 | 026-228-5559 |
| 静岡県 | 静岡県知的所有権センター<br>((社)発明協会静岡県支部) | 〒421-1221 静岡市牧ヶ谷2078<br>静岡工業技術センター資料館内 | 054-278-6111 |
| 富山県 | 富山県知的所有権センター<br>(富山県工業技術センター) | 〒933-0981 高岡市二上町150 | 0766-29-1252 |
| 石川県 | 石川県知的所有権センター<br>(財)石川県産業創出支援機構 | 〒920-0223 金沢市戸水町イ65番地<br>石川県地場産業振興センター | 076-267-5918 |
| 岐阜県 | 岐阜県知的所有権センター<br>(岐阜県科学技術振興センター) | 〒509-0108 各務原市須衛町4-179-1<br>テクノプラザ5F | 0583-79-2250 |
| 愛知県 | 愛知県知的所有権センター<br>(愛知県工業技術センター) | 〒448-0003 刈谷市一ツ木町西新割 | 0566-24-1841 |
| 三重県 | 三重県知的所有権センター<br>(三重県工業技術総合研究所) | 〒514-0819 津市高茶屋5-5-45 | 059-234-4150 |
| 福井県 | 福井県知的所有権センター<br>(福井県工業技術センター) | 〒910-0102 福井市川合鷲塚町61字北稲田10 | 0776-55-1195 |
| 滋賀県 | 滋賀県知的所有権センター<br>(滋賀県工業技術センター) | 〒520-3004 栗東市上砥山232 | 077-558-4040 |
| 京都府 | 京都府知的所有権センター<br>((社)発明協会京都支部) | 〒600-8813 京都市下京区中堂寺南町17<br>京都リサーチパーク内 京都高度技研ビル4階 | 075-315-8686 |
| 大阪府 | 大阪府知的所有権センター<br>(大阪府立特許情報センター) | 〒543-0061 大阪市天王寺区伶人町2-7 | 06-6771-2646 |
| | 大阪府知的所有権センター支部<br>((社)発明協会大阪支部知的財産センター) | 〒564-0062 吹田市垂水町3-24-1<br>シンプレス江坂ビル2階 | 06-6330-7725 |
| 兵庫県 | 兵庫県知的所有権センター<br>((社)発明協会兵庫県支部) | 〒654-0037 神戸市須磨区行平町3-1-31<br>兵庫県立産業技術センター4階 | 078-731-5847 |

| 都道府県 | 名　称 | 所　在　地 | TEL |
|---|---|---|---|
| 奈良県 | 奈良県知的所有権センター<br>（奈良県工業技術センター） | 〒630-8031 | 奈良市柏木町129-1 | 0742-33-0863 |
| 和歌山県 | 和歌山県知的所有権センター<br>（(社)発明協会和歌山県支部） | 〒640-8214 | 和歌山県寄合町25<br>和歌山市発明館4階 | 073-432-0087 |
| 鳥取県 | 鳥取県知的所有権センター<br>（(社)発明協会鳥取県支部） | 〒689-1112 | 鳥取市若葉台南7-5-1<br>新産業創造センター1階 | 0857-52-6728 |
| 島根県 | 島根県知的所有権センター<br>（(社)発明協会島根県支部） | 〒690-0816 | 島根県松江市北陵町1番地<br>テクノアークしまね1F内 | 0852-60-5146 |
| 岡山県 | 岡山県知的所有権センター<br>（(社)発明協会岡山県支部） | 〒701-1221 | 岡山市芳賀5301<br>テクノサポート岡山内 | 086-286-9656 |
| 広島県 | 広島県知的所有権センター<br>（(社)発明協会広島県支部） | 〒730-0052 | 広島市中区千田町3-13-11<br>広島発明会館内 | 082-544-0775 |
|  | 広島県知的所有権センター支部<br>（(社)発明協会広島県支部備後支会） | 〒720-0067 | 福山市西町2-10-1 | 0849-21-2349 |
|  | 広島県知的所有権センター支部<br>（呉地域産業振興センター） | 〒737-0004 | 呉市阿賀南2-10-1 | 0823-76-3766 |
| 山口県 | 山口県知的所有権センター<br>（(社)発明協会山口県支部） | 〒753-0077 | 山口市熊野町1-10 NPYビル10階 | 083-922-9927 |
| 徳島県 | 徳島県知的所有権センター<br>（(社)発明協会徳島県支部） | 〒770-8021 | 徳島市雑賀町西開11-2<br>徳島県立工業技術センター内 | 088-636-3388 |
| 香川県 | 香川県知的所有権センター<br>（(社)発明協会香川県支部） | 〒761-0301 | 香川県高松市林町2217-15<br>香川産業頭脳化センタービル2階 | 087-869-9005 |
| 愛媛県 | 愛媛県知的所有権センター<br>（(社)発明協会愛媛県支部） | 〒791-1101 | 松山市久米窪田町337-1<br>テクノプラザ愛媛 | 089-960-1118 |
| 高知県 | 高知県知的所有権センター<br>（高知県工業技術センター） | 〒781-5101 | 高知市布師田3992-3 | 088-845-7664 |
| 福岡県 | 福岡県知的所有権センター<br>（(社)発明協会福岡県支部） | 〒812-0013 | 福岡市博多区博多駅東2-6-23<br>住友博多駅前第2ビル2階 | 092-474-7255 |
|  | 福岡県知的所有権センター北九州支部<br>（(株)北九州テクノセンター） | 〒804-0003 | 北九州市戸畑区中原新町2-1 | 093-873-1432 |
| 佐賀県 | 佐賀県知的所有権センター<br>（佐賀県工業技術センター） | 〒849-0932 | 佐賀市鍋島町八戸溝114 | 0952-30-8161 |
| 長崎県 | 長崎県知的所有権センター<br>（(社)発明協会長崎県支部） | 〒856-0026 | 大村市池田2-1303-8<br>長崎県工業技術センター内 | 0957-52-1144 |
| 熊本県 | 熊本県知的所有権センター<br>（(社)発明協会熊本県支部） | 〒862-0901 | 熊本市東町3-11-38<br>熊本県工業技術センター内 | 096-360-3291 |
| 大分県 | 大分県知的所有権センター<br>（大分県産業科学技術センター） | 〒870-1117 | 大分市高江西1-4361-10 | 097-596-7121 |
| 宮崎県 | 宮崎県知的所有権センター<br>（(社)発明協会宮崎県支部） | 〒880-0303 | 宮崎県宮崎郡佐土原町東上那珂16500-2<br>宮崎県工業技術センター内 | 0985-74-2953 |
| 鹿児島県 | 鹿児島県知的所有権センター<br>（鹿児島県工業技術センター） | 〒899-5105 | 鹿児島県姶良郡隼人町小田1445-1 | 0995-64-2445 |
| 沖縄県 | 沖縄県知的所有権センター<br>（沖縄県工業技術センター） | 〒904-2234 | 具志川市字州崎12-2<br>中城湾港新港地区トロピカルテクノパーク内 | 098-929-0111 |

## 資料5．平成13年度25技術テーマの特許流通の概要

### 5.1 アンケート送付先と回収率

平成13年度は、25の技術テーマにおいて「特許流通支援チャート」を作成し、その中で特許流通に対する意識調査として各技術テーマの出願件数上位企業を対象としてアンケート調査を行った。平成13年12月7日に郵送によりアンケートを送付し、平成14年1月31日までに回収されたものを対象に解析した。

表5.1-1に、アンケート調査表の回収状況を示す。送付数578件、回収数306件、回収率52.9%であった。

表5.1-1 アンケートの回収状況

| 送付数 | 回収数 | 未回収数 | 回収率 |
|---|---|---|---|
| 578 | 306 | 272 | 52.9% |

表5.1-2に、業種別の回収状況を示す。各業種を一般系、機械系、化学系、電気系と大きく4つに分類した。以下、「○○系」と表現する場合は、各企業の業種別に基づく分類を示す。それぞれの回収率は、一般系56.5%、機械系63.5%、化学系41.1%、電気系51.6%であった。

表5.1-2 アンケートの業種別回収件数と回収率

| 業種と回収率 | 業種 | 回収件数 |
|---|---|---|
| 一般系<br>48/85=56.5% | 建設 | 5 |
| | 窯業 | 12 |
| | 鉄鋼 | 6 |
| | 非鉄金属 | 17 |
| | 金属製品 | 2 |
| | その他製造業 | 6 |
| 化学系<br>39/95=41.1% | 食品 | 1 |
| | 繊維 | 12 |
| | 紙・パルプ | 3 |
| | 化学 | 22 |
| | 石油・ゴム | 1 |
| 機械系<br>73/115=63.5% | 機械 | 23 |
| | 精密機器 | 28 |
| | 輸送機器 | 22 |
| 電気系<br>146/283=51.6% | 電気 | 144 |
| | 通信 | 2 |

図 5.1 に、全回収件数を母数にして業種別に回収率を示す。全回収件数に占める業種別の回収率は電気系 47.7%、機械系 23.9%、一般系 15.7%、化学系 12.7%である。

図 5.1 回収件数の業種別比率

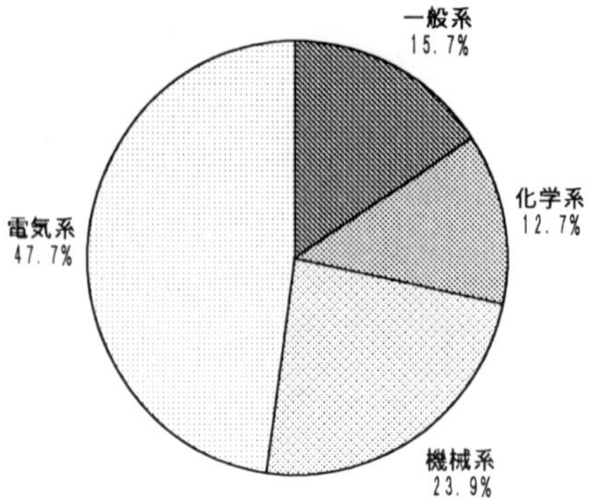

| 一般系 | 化学系 | 機械系 | 電気系 | 合計 |
|---|---|---|---|---|
| 48 | 39 | 73 | 146 | 306 |

表 5.1-3 に、技術テーマ別の回収件数と回収率を示す。この表では、技術テーマを一般分野、化学分野、機械分野、電気分野に分類した。以下、「○○分野」と表現する場合は、技術テーマによる分類を示す。回収率の最も良かった技術テーマは焼却炉排ガス処理技術の 71.4%で、最も悪かったのは有機 EL 素子の 34.6%である。

表 5.1-3 テーマ別の回収件数と回収率

| 分野 | 技術テーマ名 | 送付数 | 回収数 | 回収率 |
|---|---|---|---|---|
| 一般分野 | カーテンウォール | 24 | 13 | 54.2% |
| | 気体膜分離装置 | 25 | 12 | 48.0% |
| | 半導体洗浄と環境適応技術 | 23 | 14 | 60.9% |
| | 焼却炉排ガス処理技術 | 21 | 15 | 71.4% |
| | はんだ付け鉛フリー技術 | 20 | 11 | 55.0% |
| 化学分野 | プラスティックリサイクル | 25 | 15 | 60.0% |
| | バイオセンサ | 24 | 16 | 66.7% |
| | セラミックスの接合 | 23 | 12 | 52.2% |
| | 有機ＥＬ素子 | 26 | 9 | 34.6% |
| | 生分解ポリエステル | 23 | 12 | 52.2% |
| | 有機導電性ポリマー | 24 | 15 | 62.5% |
| | リチウムポリマー電池 | 29 | 13 | 44.8% |
| 機械分野 | 車いす | 21 | 12 | 57.1% |
| | 金属射出成形技術 | 28 | 14 | 50.0% |
| | 微細レーザ加工 | 20 | 10 | 50.0% |
| | ヒートパイプ | 22 | 10 | 45.5% |
| 電気分野 | 圧力センサ | 22 | 13 | 59.1% |
| | 個人照合 | 29 | 12 | 41.4% |
| | 非接触型ＩＣカード | 21 | 10 | 47.6% |
| | ビルドアップ多層プリント配線板 | 23 | 11 | 47.8% |
| | 携帯電話表示技術 | 20 | 11 | 55.0% |
| | アクティブマトリックス液晶駆動技術 | 21 | 12 | 57.1% |
| | プログラム制御技術 | 21 | 12 | 57.1% |
| | 半導体レーザの活性層 | 22 | 11 | 50.0% |
| | 無線ＬＡＮ | 21 | 11 | 52.4% |

## 5.2 アンケート結果
### 5.2.1 開放特許に関して
#### (1) 開放特許と非開放特許

他者にライセンスしてもよい特許を「開放特許」、ライセンスの可能性のない特許を「非開放特許」と定義した。その上で、各技術テーマにおける保有特許のうち、自社での実施状況と開放状況について質問を行った。

306件中257件の回答があった（回答率84.0％）。保有特許件数に対する開放特許件数の割合を開放比率とし、保有特許件数に対する非開放特許件数の割合を非開放比率と定義した。

図5.2.1-1に、業種別の特許の開放比率と非開放比率を示す。全体の開放比率は58.3％で、業種別では一般系が37.1％、化学系が20.6％、機械系が39.4％、電気系が77.4％である。化学系（20.6％）の企業の開放比率は、化学分野における開放比率（図5.2.1-2）の最低値である「生分解ポリエステル」の22.6％よりさらに低い値となっている。これは、化学分野においても、機械系、電気系の企業であれば、保有特許について比較的開放的であることを示唆している。

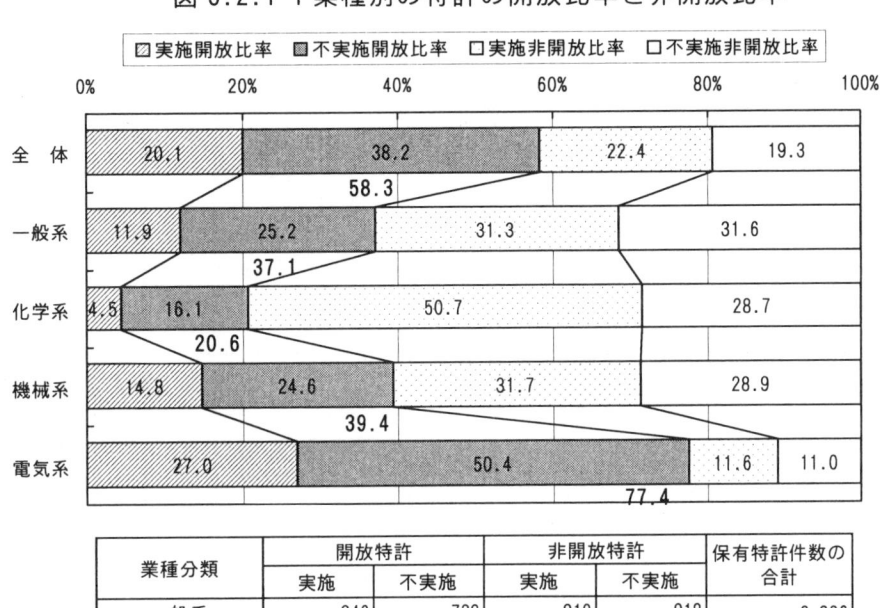

図5.2.1-1 業種別の特許の開放比率と非開放比率

| 業種分類 | 開放特許 実施 | 開放特許 不実施 | 非開放特許 実施 | 非開放特許 不実施 | 保有特許件数の合計 |
|---|---|---|---|---|---|
| 一般系 | 346 | 732 | 910 | 918 | 2,906 |
| 化学系 | 90 | 323 | 1,017 | 576 | 2,006 |
| 機械系 | 494 | 821 | 1,058 | 964 | 3,337 |
| 電気系 | 2,835 | 5,291 | 1,218 | 1,155 | 10,499 |
| 全体 | 3,765 | 7,167 | 4,203 | 3,613 | 18,748 |

図5.2.1-2に、技術テーマ別の開放比率と非開放比率を示す。

開放比率（実施開放比率と不実施開放比率を加算。）が高い技術テーマを見てみると、最高値は「個人照合」の84.7％で、次いで「はんだ付け鉛フリー技術」の83.2％、「無線LAN」の82.4％、「携帯電話表示技術」の80.0％となっている。一方、低い方から見ると、「生分解ポリエステル」の22.6％で、次いで「カーテンウォール」の29.3％、「有機EL」の30.5％である。

図 5.2.1-2 技術テーマ別の開放比率と非開放比率

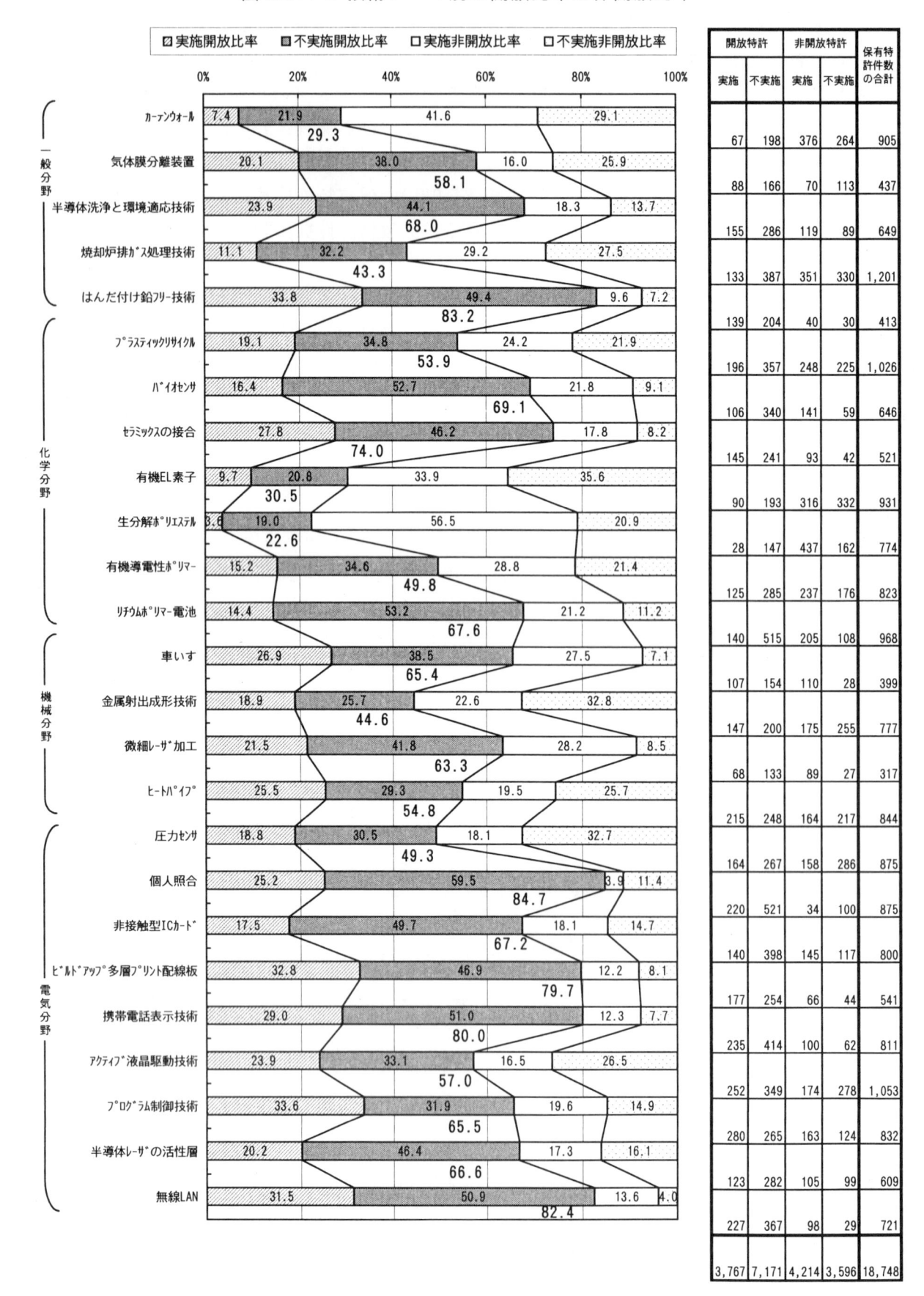

| | 開放特許 実施 | 開放特許 不実施 | 非開放特許 実施 | 非開放特許 不実施 | 保有特許件数の合計 |
|---|---|---|---|---|---|
| カーテンウォール | 67 | 198 | 376 | 264 | 905 |
| 気体膜分離装置 | 88 | 166 | 70 | 113 | 437 |
| 半導体洗浄と環境適応技術 | 155 | 286 | 119 | 89 | 649 |
| 焼却炉排ガス処理技術 | 133 | 387 | 351 | 330 | 1,201 |
| はんだ付け鉛フリー技術 | 139 | 204 | 40 | 30 | 413 |
| プラスチックリサイクル | 196 | 357 | 248 | 225 | 1,026 |
| バイオセンサ | 106 | 340 | 141 | 59 | 646 |
| セラミックスの接合 | 145 | 241 | 93 | 42 | 521 |
| 有機EL素子 | 90 | 193 | 316 | 332 | 931 |
| 生分解ポリエステル | 28 | 147 | 437 | 162 | 774 |
| 有機導電性ポリマー | 125 | 285 | 237 | 176 | 823 |
| リチウムポリマー電池 | 140 | 515 | 205 | 108 | 968 |
| 車いす | 107 | 154 | 110 | 28 | 399 |
| 金属射出成形技術 | 147 | 200 | 175 | 255 | 777 |
| 微細レーザ加工 | 68 | 133 | 89 | 27 | 317 |
| ヒートパイプ | 215 | 248 | 164 | 217 | 844 |
| 圧力センサ | 164 | 267 | 158 | 286 | 875 |
| 個人照合 | 220 | 521 | 34 | 100 | 875 |
| 非接触型ICカード | 140 | 398 | 145 | 117 | 800 |
| ビルドアップ多層プリント配線板 | 177 | 254 | 66 | 44 | 541 |
| 携帯電話表示技術 | 235 | 414 | 100 | 62 | 811 |
| アクティブ液晶駆動技術 | 252 | 349 | 174 | 278 | 1,053 |
| プログラム制御技術 | 280 | 265 | 163 | 124 | 832 |
| 半導体レーザの活性層 | 123 | 282 | 105 | 99 | 609 |
| 無線LAN | 227 | 367 | 98 | 29 | 721 |
| | 3,767 | 7,171 | 4,214 | 3,596 | 18,748 |

162

図5.2.1-3は、業種別に、各企業の特許の開放比率を示したものである。

開放比率は、化学系で最も低く、電気系で最も高い。機械系と一般系はその中間に位置する。推測するに、化学系の企業では、保有特許は「物質特許」である場合が多く、自社の市場独占を確保するため、特許を開放しづらい状況にあるのではないかと思われる。逆に、電気・機械系の企業は、商品のライフサイクルが短いため、せっかく取得した特許も短期間で新技術と入れ替える必要があり、不実施となった特許を開放特許として供出やすい環境にあるのではないかと考えられる。また、より効率性の高い技術開発を進めるべく他社とのアライアンスを目的とした開放特許戦略を採るケースも、最近出てきているのではないだろうか。

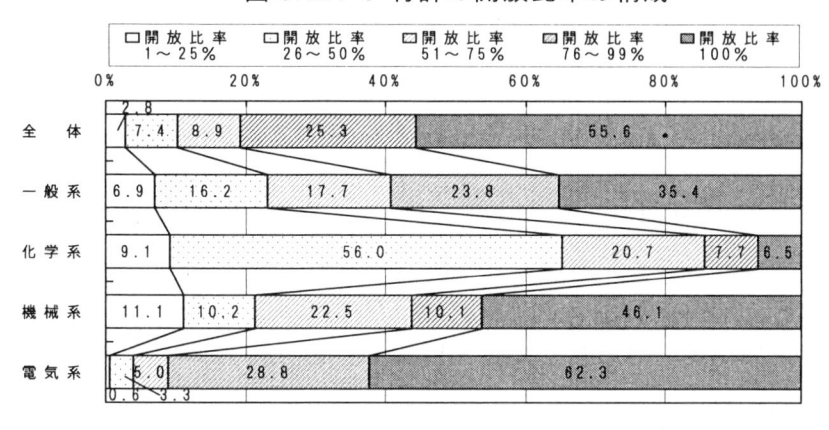

図5.2.1-3 特許の開放比率の構成

| | 開放比率1～25% | 開放比率26～50% | 開放比率51～75% | 開放比率76～99% | 開放比率100% |
|---|---|---|---|---|---|
| 全体 | 7.4 | 8.9 | 25.3 | 55.6 | 2.8 |
| 一般系 | 6.9 | 16.2 | 17.7 | 23.8 | 35.4 |
| 化学系 | 9.1 | 56.0 | 20.7 | 7.7 | 6.5 |
| 機械系 | 11.1 | 10.2 | 22.5 | 10.1 | 46.1 |
| 電気系 | 0.6 | 5.0 | 28.8 | 62.3 | 3.3 |

図5.2.1-4に、業種別の自社実施比率と不実施比率を示す。全体の自社実施比率は42.5%で、業種別では化学系55.2%、機械系46.5%、一般系43.2%、電気系38.6%である。化学系の企業は、自社実施比率が高く開放比率が低い。電気・機械系の企業は、その逆で自社実施比率が低く開放比率は高い。自社実施比率と開放比率は、反比例の関係にあるといえる。

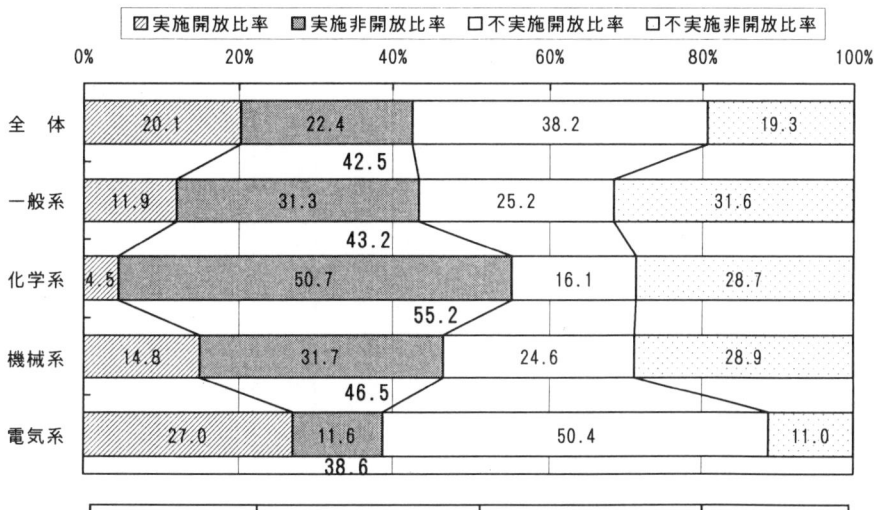

図5.2.1-4 自社実施比率と無実施比率

| | 実施開放比率 | 実施非開放比率 | 不実施開放比率 | 不実施非開放比率 | 実施計 |
|---|---|---|---|---|---|
| 全体 | 20.1 | 22.4 | 38.2 | 19.3 | 42.5 |
| 一般系 | 11.9 | 31.3 | 25.2 | 31.6 | 43.2 |
| 化学系 | 4.5 | 50.7 | 16.1 | 28.7 | 55.2 |
| 機械系 | 14.8 | 31.7 | 24.6 | 28.9 | 46.5 |
| 電気系 | 27.0 | 11.6 | 50.4 | 11.0 | 38.6 |

| 業種分類 | 実施 開放 | 実施 非開放 | 不実施 開放 | 不実施 非開放 | 保有特許件数の合計 |
|---|---|---|---|---|---|
| 一般系 | 346 | 910 | 732 | 918 | 2,906 |
| 化学系 | 90 | 1,017 | 323 | 576 | 2,006 |
| 機械系 | 494 | 1,058 | 821 | 964 | 3,337 |
| 電気系 | 2,835 | 1,218 | 5,291 | 1,155 | 10,499 |
| 全体 | 3,765 | 4,203 | 7,167 | 3,613 | 18,748 |

## (2) 非開放特許の理由

開放可能性のない特許の理由について質問を行った（複数回答）。

| 質問内容 | 一般系 | 化学系 | 機械系 | 電気系 | 全体 |
|---|---|---|---|---|---|
| ・独占的排他権の行使により、ライバル企業を排除するため（ライバル企業排除） | 36.3% | 36.7% | 36.4% | 34.5% | 36.0% |
| ・他社に対する技術の優位性の喪失（優位性喪失） | 31.9% | 31.6% | 30.5% | 29.9% | 30.9% |
| ・技術の価値評価が困難なため（価値評価困難） | 12.1% | 16.5% | 15.3% | 13.8% | 14.4% |
| ・企業秘密がもれるから（企業秘密） | 5.5% | 7.6% | 3.4% | 14.9% | 7.5% |
| ・相手先を見つけるのが困難であるため（相手先探し） | 7.7% | 5.1% | 8.5% | 2.3% | 6.1% |
| ・ライセンス経験不足等のため提供に不安があるから（経験不足） | 4.4% | 0.0% | 0.8% | 0.0% | 1.3% |
| ・その他 | 2.1% | 2.5% | 5.1% | 4.6% | 3.8% |

図 5.2.1-5 は非開放特許の理由の内容を示す。

「ライバル企業の排除」が最も多く 36.0%、次いで「優位性喪失」が 30.9%と高かった。特許権を「技術の市場における排他的独占権」として充分に行使していることが伺える。「価値評価困難」は 14.4%となっているが、今回の「特許流通支援チャート」作成にあたり分析対象とした特許は直近 10 年間だったため、登録前の特許が多く、権利範囲が未確定なものが多かったためと思われる。

電気系の企業で「企業秘密がもれるから」という理由が 14.9%と高いのは、技術のライフサイクルが短く新技術開発が激化しており、さらに、技術自体が模倣されやすいことが原因であるのではないだろうか。

化学系の企業で「企業秘密がもれるから」という理由が 7.6%と高いのは、物質特許のノウハウ漏洩に細心の注意を払う必要があるためと思われる。

機械系や一般系の企業で「相手先探し」が、それぞれ 8.5%、7.7%と高いことは、これらの分野で技術移転を仲介する者の活躍できる潜在性が高いことを示している。

なお、その他の理由としては、「共同出願先との調整」が 12 件と多かった。

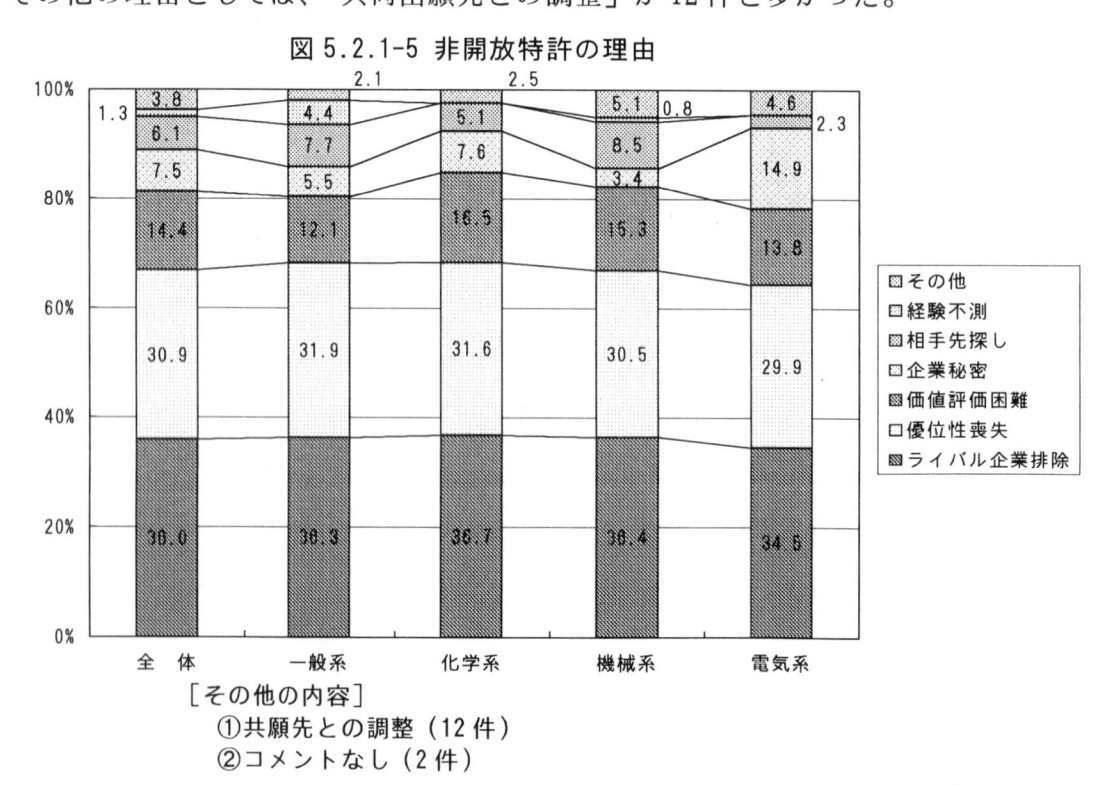

図 5.2.1-5 非開放特許の理由

[その他の内容]
①共願先との調整（12 件）
②コメントなし（2 件）

### 5.2.2 ライセンス供与に関して
#### (1) ライセンス活動

ライセンス供与の活動姿勢について質問を行った。

| 質問内容 | 一般系 | 化学系 | 機械系 | 電気系 | 全体 |
|---|---|---|---|---|---|
| ・特許ライセンス供与のための活動を積極的に行っている（積極的） | 2.0% | 15.8% | 4.3% | 8.9% | 7.5% |
| ・特許ライセンス供与のための活動を行っている（普通） | 36.7% | 15.8% | 25.7% | 57.7% | 41.2% |
| ・特許ライセンス供与のための活動はやや消極的である（消極的） | 24.5% | 13.2% | 14.3% | 10.4% | 14.0% |
| ・特許ライセンス供与のための活動を行っていない（しない） | 36.8% | 55.2% | 55.7% | 23.0% | 37.3% |

その結果を、図5.2.2-1 ライセンス活動に示す。306件中295件の回答であった（回答率96.4%）。

何らかの形で特許ライセンス活動を行っている企業は62.7%を占めた。そのうち、比較的積極的に活動を行っている企業は48.7%に上る（「積極的」＋「普通」）。これは、技術移転を仲介する者の活躍できる潜在性がかなり高いことを示唆している。

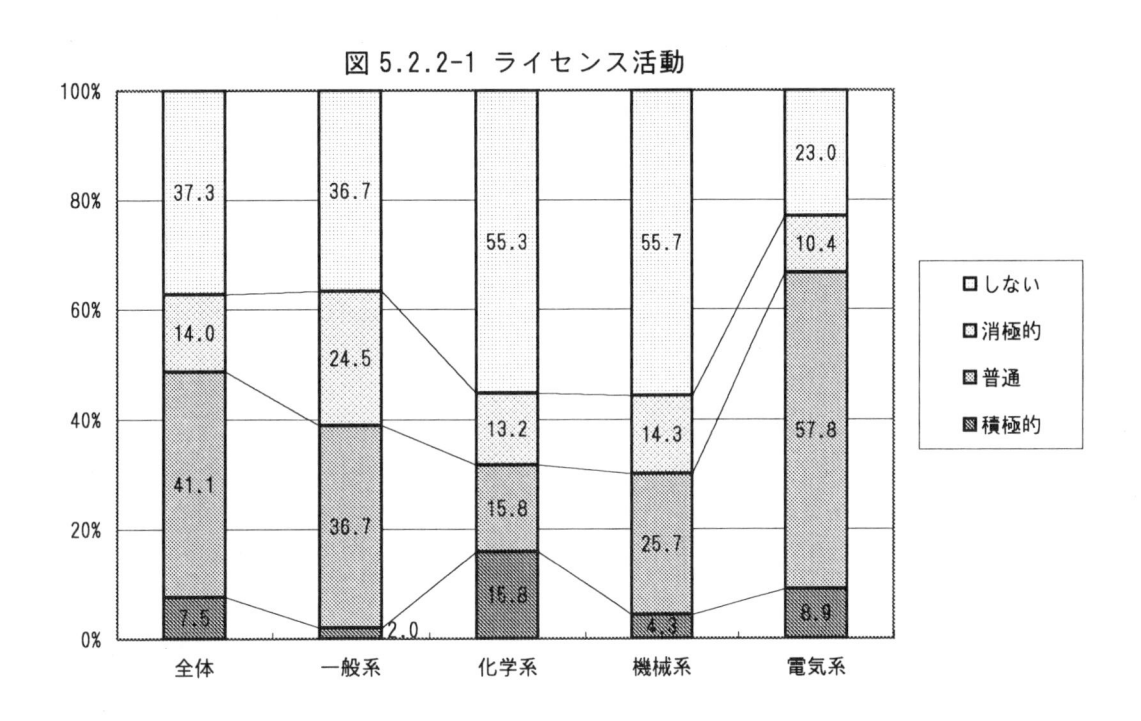

図5.2.2-1 ライセンス活動

## (2) ライセンス実績

ライセンス供与の実績について質問を行った。

| 質問内容 | 一般系 | 化学系 | 機械系 | 電気系 | 全体 |
|---|---|---|---|---|---|
| ・供与実績はないが今後も行う方針(実績無し今後も実施) | 54.5% | 48.0% | 43.6% | 74.6% | 58.3% |
| ・供与実績があり今後も行う方針(実績有り今後も実施) | 72.2% | 61.5% | 95.5% | 67.3% | 73.5% |
| ・供与実績はなく今後は不明(実績無し今後は不明) | 36.4% | 24.0% | 46.1% | 20.3% | 30.8% |
| ・供与実績はあるが今後は不明(実績有り今後は不明) | 27.8% | 38.5% | 4.5% | 30.7% | 25.5% |
| ・供与実績はなく今後も行わない方針(実績無し今後も実施せず) | 9.1% | 28.0% | 10.3% | 5.1% | 10.9% |
| ・供与実績はあるが今後は行わない方針(実績有り今後は実施せず) | 0.0% | 0.0% | 0.0% | 2.0% | 1.0% |

図 5.2.2-2 に、ライセンス実績を示す。306 件中 295 件の回答があった(回答率 96.4％)。ライセンス実績有りとライセンス実績無しを分けて示す。

「供与実績があり、今後も実施」は 73.5％と非常に高い割合であり、特許ライセンスの有効性を認識した企業はさらにライセンス活動を活発化させる傾向にあるといえる。また、「供与実績はないが、今後は実施」が 58.3％あり、ライセンスに対する関心の高まりが感じられる。

機械系や一般系の企業で「実績有り今後も実施」がそれぞれ 90％、70％を越えており、他業種の企業よりもライセンスに対する関心が非常に高いことがわかる。

図 5.2.2-2 ライセンス実績

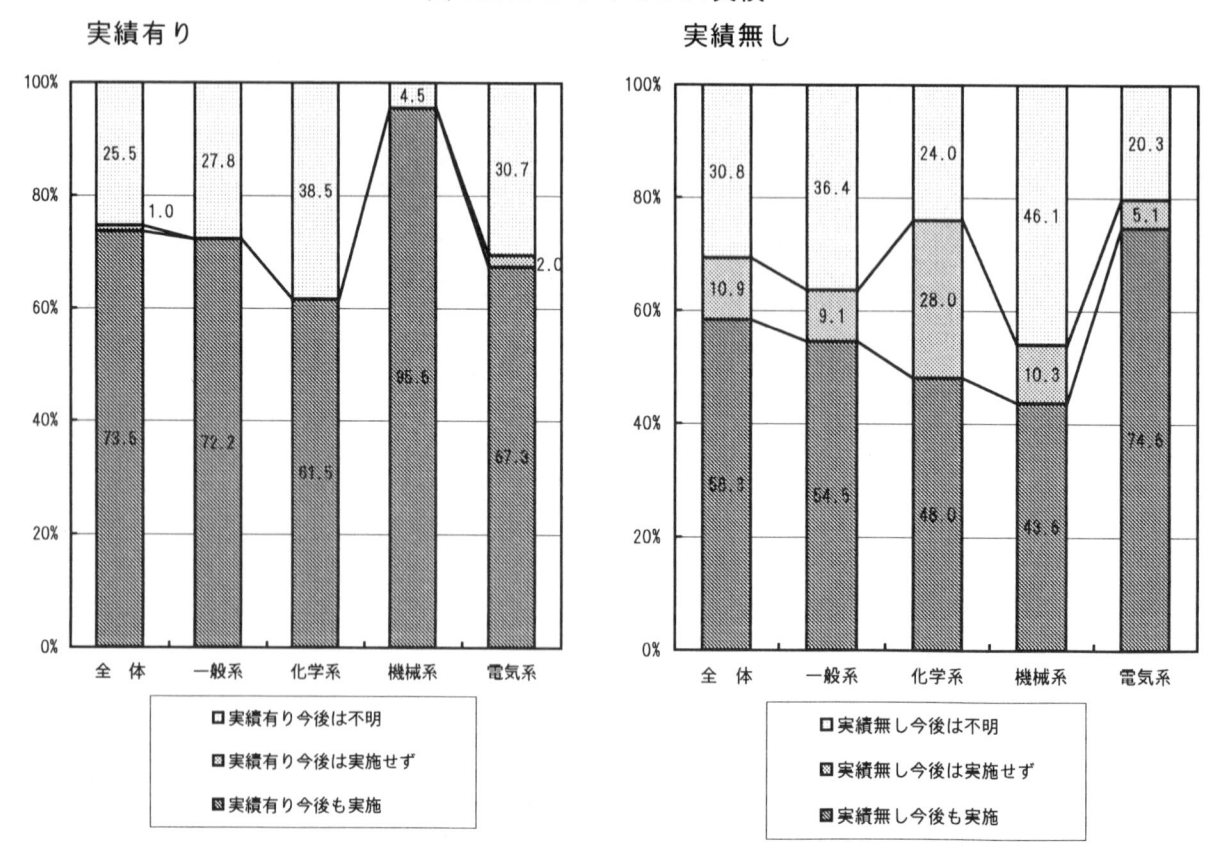

## (3) ライセンス先の見つけ方

ライセンス供与の実績があると 5.2.2 項の(2)で回答したテーマ出願人にライセンス先の見つけ方について質問を行った(複数回答)。

| 質問内容 | 一般系 | 化学系 | 機械系 | 電気系 | 全体 |
|---|---|---|---|---|---|
| ・先方からの申し入れ(申入れ) | 27.8% | 43.2% | 37.7% | 32.0% | 33.7% |
| ・権利侵害調査の結果(侵害発) | 22.2% | 10.8% | 17.4% | 21.3% | 19.3% |
| ・系列企業の情報網（内部情報） | 9.7% | 10.8% | 11.6% | 11.5% | 11.0% |
| ・系列企業を除く取引先企業（外部情報） | 2.8% | 10.8% | 8.7% | 10.7% | 8.3% |
| ・新聞、雑誌、TV、インターネット等（メディア） | 5.6% | 2.7% | 2.9% | 12.3% | 7.3% |
| ・イベント、展示会等(展示会) | 12.5% | 5.4% | 7.2% | 3.3% | 6.7% |
| ・特許公報 | 5.6% | 5.4% | 2.9% | 1.6% | 3.3% |
| ・相手先に相談できる人がいた等(人的ネットワーク) | 1.4% | 8.2% | 7.3% | 0.8% | 3.3% |
| ・学会発表、学会誌(学会) | 5.6% | 8.2% | 1.4% | 1.6% | 2.7% |
| ・データベース（DB） | 6.8% | 2.7% | 0.0% | 0.0% | 1.7% |
| ・国・公立研究機関（官公庁） | 0.0% | 0.0% | 0.0% | 3.3% | 1.3% |
| ・弁理士、特許事務所(特許事務所) | 0.0% | 0.0% | 2.9% | 0.0% | 0.7% |
| ・その他 | 0.0% | 0.0% | 0.0% | 1.6% | 0.7% |

その結果を、図 5.2.2-3 ライセンス先の見つけ方に示す。「申入れ」が 33.7%と最も多く、次いで侵害警告を発した「侵害発」が 19.3%、「内部情報」によりものが 11.0%、「外部情報」によるものが 8.3%であった。特許流通データベースなどの「DB」からは 1.7%であった。化学系において、「申入れ」が 40％を越えている。

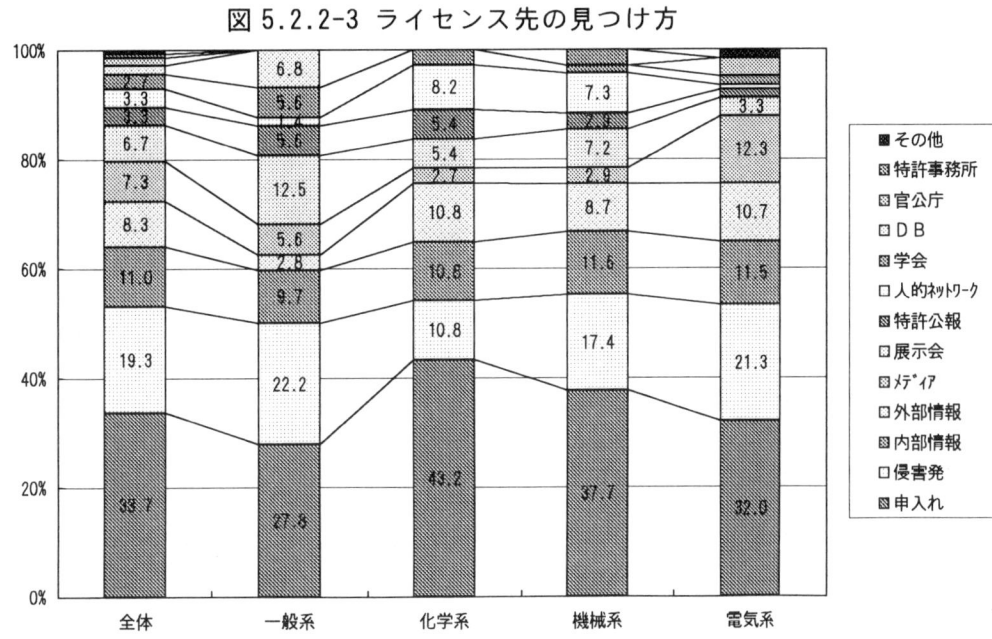

図 5.2.2-3 ライセンス先の見つけ方

〔その他の内容〕
①関係団体（2件）

### (4) ライセンス供与の不成功理由

5.2.2項の(1)でライセンス活動をしていると答えて、ライセンス実績の無いテーマ出願人に、その不成功理由について質問を行った。

| 質問内容 | 一般系 | 化学系 | 機械系 | 電気系 | 全体 |
|---|---|---|---|---|---|
| ・相手先が見つからない（相手先探し） | 58.8% | 57.9% | 68.0% | 73.0% | 66.7% |
| ・情勢（業績・経営方針・市場など）が変化した（情勢変化） | 8.8% | 10.5% | 16.0% | 0.0% | 6.4% |
| ・ロイヤリティーの折り合いがつかなかった（ロイヤリティー） | 11.8% | 5.3% | 4.0% | 4.8% | 6.4% |
| ・当該特許だけでは、製品化が困難と思われるから（製品化困難） | 3.2% | 5.0% | 7.7% | 1.6% | 3.6% |
| ・供与に伴う技術移転（試作や実証試験等）に時間がかかっており、まだ、供与までに至らない（時間浪費） | 0.0% | 0.0% | 0.0% | 4.8% | 2.1% |
| ・ロイヤリティー以外の契約条件で折り合いがつかなかった（契約条件） | 3.2% | 5.0% | 0.0% | 0.0% | 1.4% |
| ・相手先の技術消化力が低かった（技術消化力不足） | 0.0% | 10.0% | 0.0% | 0.0% | 1.4% |
| ・新技術が出現した（新技術） | 3.2% | 5.3% | 0.0% | 0.0% | 1.3% |
| ・相手先の秘密保持に信頼が置けなかった（機密漏洩） | 3.2% | 0.0% | 0.0% | 0.0% | 0.7% |
| ・相手先がグランド・バックを認めなかった（グランドバック） | 0.0% | 0.0% | 0.0% | 0.0% | 0.0% |
| ・交渉過程で不信感が生まれた（不信感） | 0.0% | 0.0% | 0.0% | 0.0% | 0.0% |
| ・競合技術に遅れをとった（競合技術） | 0.0% | 0.0% | 0.0% | 0.0% | 0.0% |
| ・その他 | 9.7% | 0.0% | 3.9% | 15.8% | 10.0% |

その結果を、図5.2.2-4 ライセンス供与の不成功理由に示す。約66.7%は「相手先探し」と回答している。このことから、相手先を探す仲介者および仲介を行うデータベース等のインフラの充実が必要と思われる。電気系の「相手先探し」は73.0%を占めていて他の業種より多い。

図5.2.2-4 ライセンス供与の不成功理由

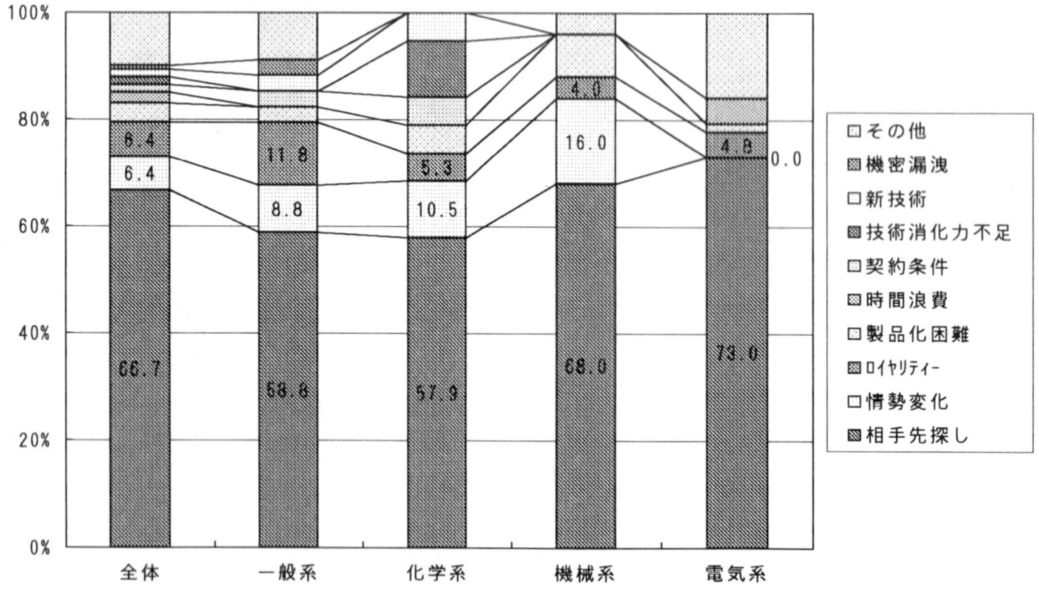

〔その他の内容〕
①単独での技術供与でない
②活動を開始してから時間が経っていない
③当該分野では未登録が多い（3件）
④市場未熟
⑤業界の動向（規格等）
⑥コメントなし（6件）

### 5.2.3 技術移転の対応
#### (1) 申し入れ対応

技術移転してもらいたいと申し入れがあった時、どのように対応するかについて質問を行った。

| 質問内容 | 一般系 | 化学系 | 機械系 | 電気系 | 全体 |
| --- | --- | --- | --- | --- | --- |
| ・とりあえず、話を聞く（話を聞く） | 44.3% | 70.3% | 54.9% | 56.8% | 55.8% |
| ・積極的に交渉していく（積極交渉） | 51.9% | 27.0% | 39.5% | 40.7% | 40.6% |
| ・他社への特許ライセンスの供与は考えていないので、断る（断る） | 3.8% | 2.7% | 2.8% | 2.5% | 2.9% |
| ・その他 | 0.0% | 0.0% | 2.8% | 0.0% | 0.7% |

その結果を、図5.2.3-1 ライセンス申し入れ対応に示す。「話を聞く」が55.8%であった。次いで「積極交渉」が40.6%であった。「話を聞く」と「積極交渉」で96.4%という高率であり、中小企業側からみた場合は、ライセンス供与の申し入れを積極的に行っても断られるのはわずか2.9%しかないということを示している。一般系の「積極交渉」が他の業種より高い。

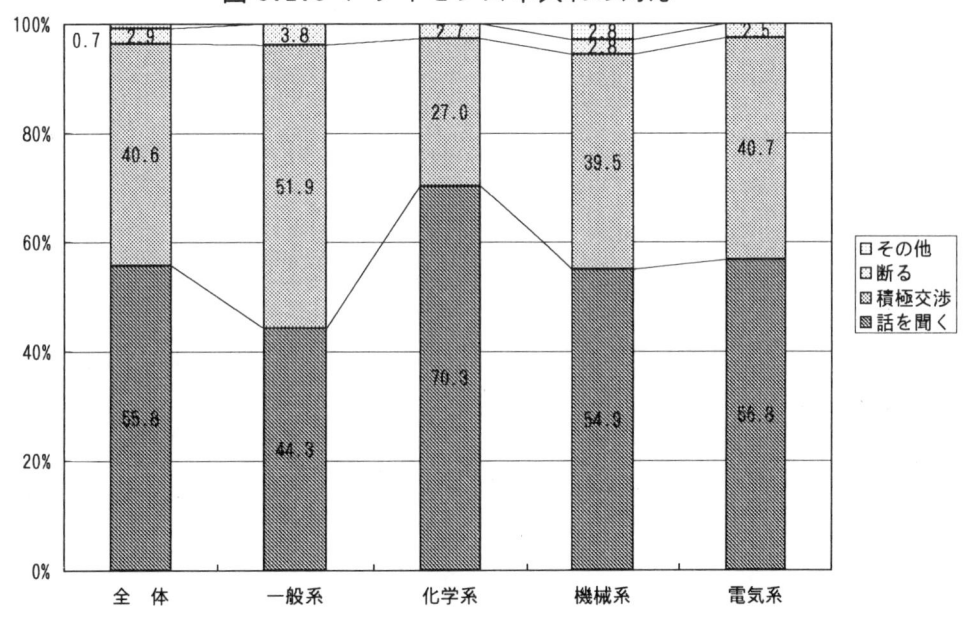

図5.2.3-1 ライセンス申入れの対応

## (2) 仲介の必要性

ライセンスの仲介の必要性があるかについて質問を行った。

| 質問内容 | 一般系 | 化学系 | 機械系 | 電気系 | 全体 |
|---|---|---|---|---|---|
| ・自社内にそれに相当する機能があるから不要（社内機能あるから不要） | 36.6% | 48.7% | 62.4% | 53.8% | 52.0% |
| ・現在はレベルが低いので不要（低レベル仲介で不要） | 1.9% | 0.0% | 1.4% | 1.7% | 1.5% |
| ・適切な仲介者がいれば使っても良い（適切な仲介者で検討） | 44.2% | 45.9% | 27.5% | 40.2% | 38.5% |
| ・公的支援機関に仲介等を必要とする（公的仲介が必要） | 17.3% | 5.4% | 8.7% | 3.4% | 7.6% |
| ・民間仲介業者に仲介等を必要とする（民間仲介が必要） | 0.0% | 0.0% | 0.0% | 0.9% | 0.4% |

　図 5.2.3-2 に仲介の必要性の内訳を示す。「社内機能あるから不要」が 52.0％を占め、最も多い。アンケートの配布先は大手企業が大部分であったため、自社において知財管理、技術移転機能が整備されている企業が 50％以上を占めることを意味している。

　次いで「適切な仲介者で検討」が 38.5％、「公的仲介が必要」が 7.6％、「民間仲介が必要」が 0.4％となっている。これらを加えると仲介の必要を感じている企業は 46.5％に上る。

　自前で知財管理や知財戦略を立てることができない中小企業や一部の大企業では、技術移転・仲介者の存在が必要であると推測される。

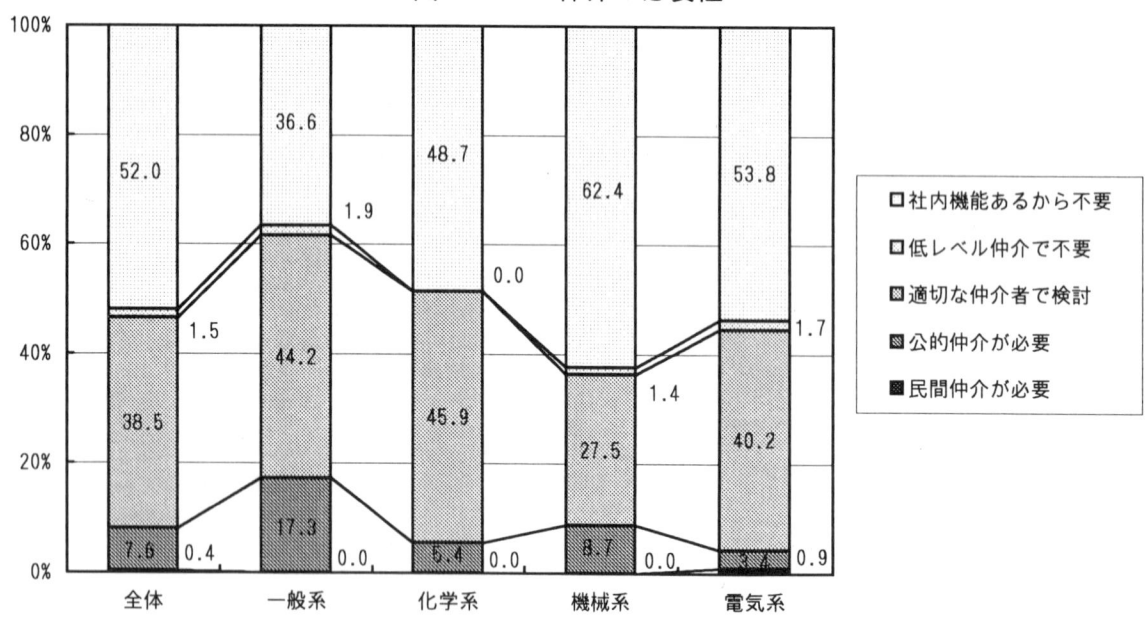

図 5.2.3-2 仲介の必要性

### 5.2.4 具体的事例
#### (1) テーマ特許の供与実績

技術テーマの分析の対象となった特許一覧表を掲載し(テーマ特許)、具体的にどの特許の供与実績があるかについて質問を行った。

| 質問内容 | 一般系 | 化学系 | 機械系 | 電気系 | 全体 |
| --- | --- | --- | --- | --- | --- |
| ・有る | 12.8% | 12.9% | 13.6% | 18.8% | 15.7% |
| ・無い | 72.3% | 48.4% | 39.4% | 34.2% | 44.1% |
| ・回答できない(回答不可) | 14.9% | 38.7% | 47.0% | 47.0% | 40.2% |

図 5.2.4-1 に、テーマ特許の供与実績を示す。

「有る」と回答した企業が 15.7%であった。「無い」と回答した企業が 44.1%あった。「回答不可」と回答した企業が 40.2%とかなり多かった。これは個別案件ごとにアンケートを行ったためと思われる。ライセンス自体、企業秘密であり、他者に情報を漏洩しない場合が多い。

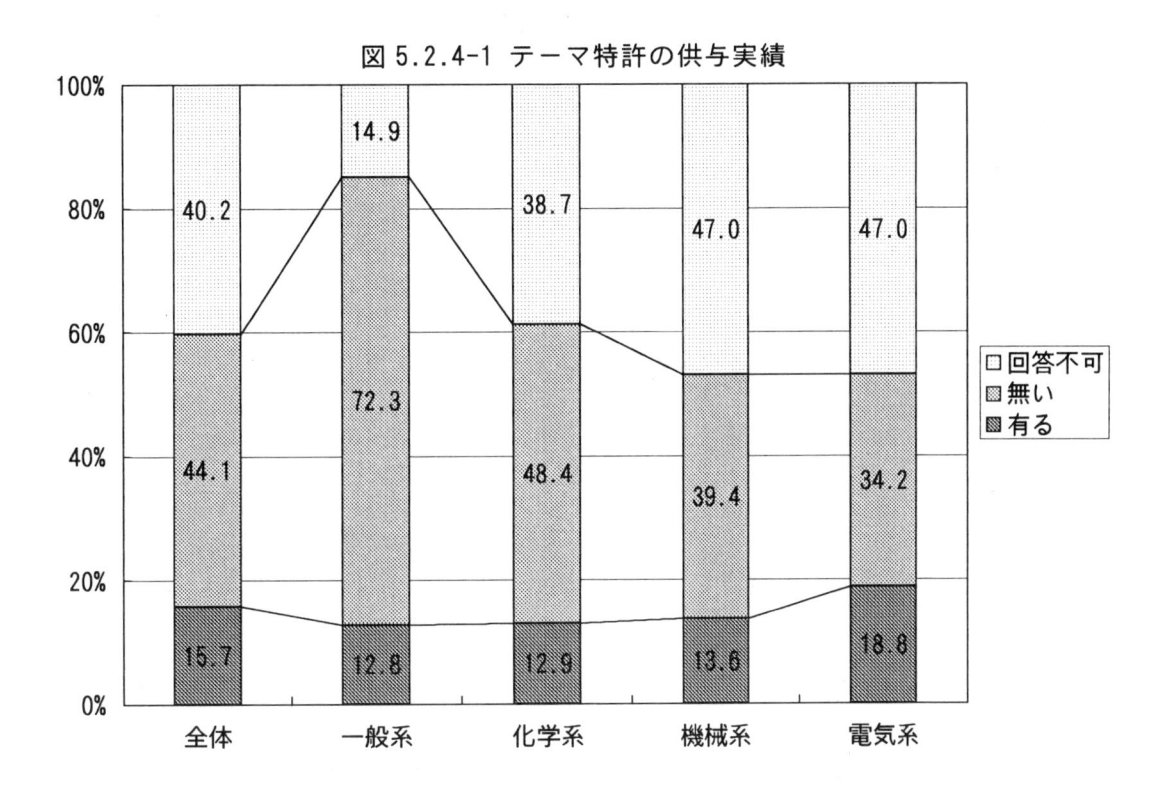

図 5.2.4-1 テーマ特許の供与実績

## (2) テーマ特許を適用した製品

「特許流通支援チャート」に収蔵した特許（出願）を適用した製品の有無について質問を行った。

| 質問内容 | 一般系 | 化学系 | 機械系 | 電気系 | 全体 |
|---|---|---|---|---|---|
| ・回答できない（回答不可） | 27.9% | 34.4% | 44.3% | 53.2% | 44.6% |
| ・有る。 | 51.2% | 43.8% | 39.3% | 37.1% | 40.8% |
| ・無い。 | 20.9% | 21.8% | 16.4% | 9.7% | 14.6% |

図 5.2.4-2 に、テーマ特許を適用した製品の有無について結果を示す。

「有る」が 40.8％、「回答不可」が 44.6％、「無い」が 14.6％であった。一般系と化学系で「有る」と回答した企業が多かった。

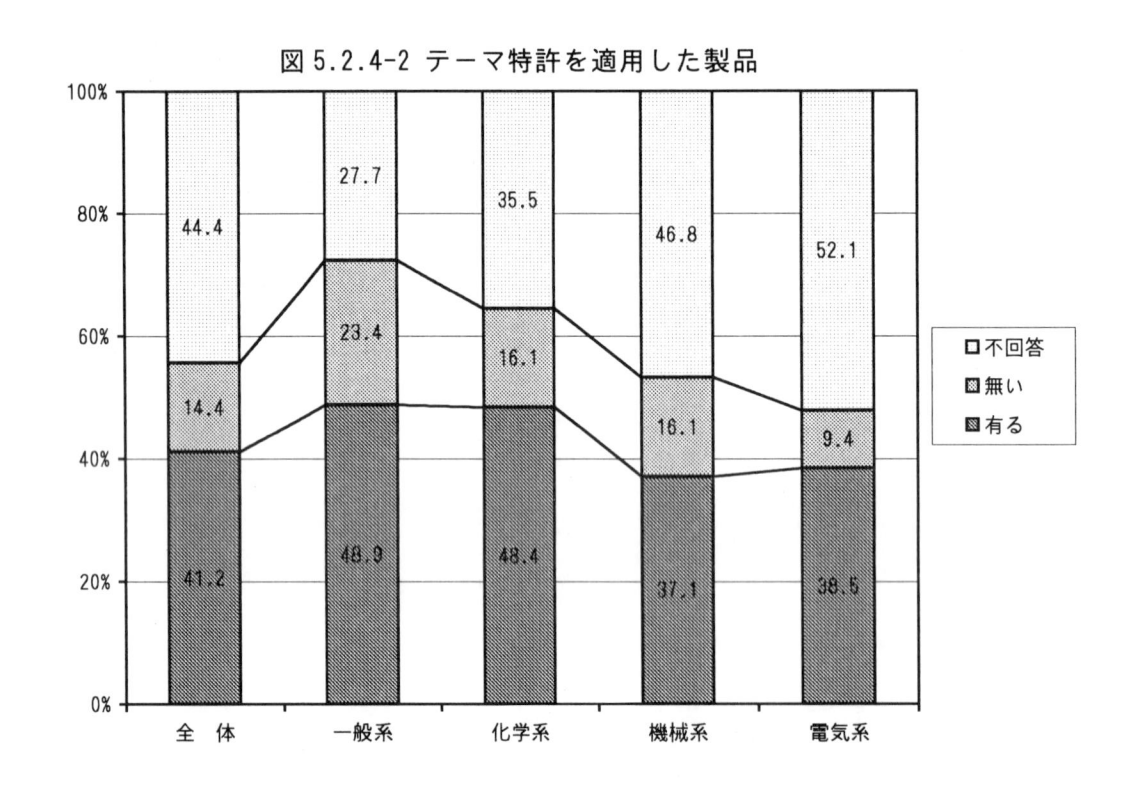

図 5.2.4-2 テーマ特許を適用した製品

| | 全体 | 一般系 | 化学系 | 機械系 | 電気系 |
|---|---|---|---|---|---|
| 不回答 | 44.4 | 27.7 | 35.5 | 46.8 | 52.1 |
| 無い | 14.4 | 23.4 | 16.1 | 16.1 | 9.4 |
| 有る | 41.2 | 48.9 | 48.4 | 37.1 | 38.5 |

### 5.3 ヒアリング調査

アンケートによる調査において、5.2.2 の(2)項でライセンス実績に関する質問を行った。その結果、回収数 306 件中 295 件の回答を得、そのうち「供与実績あり、今後も積極的な供与活動を実施したい」という回答が全テーマ合計で 25.4%（延べ 75 出願人）あった。これから重複を排除すると 43 出願人となった。

この 43 出願人を候補として、ライセンスの実態に関するヒアリング調査を行うこととした。ヒアリングの目的は技術移転が成功した理由をできるだけ明らかにすることにある。

表 5.3 にヒアリング出願人の件数を示す。43 出願人のうちヒアリングに応じてくれた出願人は 11 出願人(26.5%)であった。テーマ別且つ出願人別では延べ 15 出願人であった。ヒアリングは平成 14 年 2 月中旬から下旬にかけて行った。

表 5.3 ヒアリング出願人の件数

| ヒアリング候補出願人数 | ヒアリング出願人数 | ヒアリングテーマ出願人数 |
|---|---|---|
| 43 | 11 | 15 |

#### 5.3.1 ヒアリング総括

表 5.3 に示したようにヒアリングに応じてくれた出願人が 43 出願人中わずか 11 出願人（25.6%）と非常に少なかったのは、ライセンス状況およびその経緯に関する情報は企業秘密に属し、通常は外部に公表しないためであろう。さらに、11 出願人に対するヒアリング結果も、具体的なライセンス料やロイヤリティーなど核心部分については充分な回答をもらうことができなかった。

このため、今回のヒアリング調査は、対象母数が少なく、その結果も特許流通および技術移転プロセスについて全体の傾向をあらわすまでには至っておらず、いくつかのライセンス実績の事例を紹介するに留まらざるを得なかった。

#### 5.3.2 ヒアリング結果

表 5.3.2-1 にヒアリング結果を示す。

技術移転のライセンサーはすべて大企業であった。

ライセンシーは、大企業が 8 件、中小企業が 3 件、子会社が 1 件、海外が 1 件、不明が 2 件であった。

技術移転の形態は、ライセンサーからの「申し出」によるものと、ライセンシーからの「申し入れ」によるものの 2 つに大別される。「申し出」が 3 件、「申し入れ」が 7 件、「不明」が 2 件であった。

「申し出」の理由は、3 件とも事業移管や事業中止に伴いライセンサーが技術を使わなくなったことによるものであった。このうち 1 件は、中小企業に対するライセンスであった。この中小企業は保有技術の水準が高かったため、スムーズにライセンスが行われたとのことであった。

「ノウハウを伴わない」技術移転は 3 件で、「ノウハウを伴う」技術移転は 4 件であった。

「ノウハウを伴わない」場合のライセンシーは、3 件のうち 1 件は海外の会社、1 件が中小企業、残り 1 件が同業種の大企業であった。

大手同士の技術移転だと、技術水準が似通っている場合が多いこと、特許性の評価やノウハウの要・不要、ライセンス料やロイヤリティー額の決定などについて経験に基づき判断できるため、スムーズに話が進むという意見があった。

　中小企業への移転は、ライセンサーもライセンシーも同業種で技術水準も似通っていたため、ノウハウの供与の必要はなかった。中小企業と技術移転を行う場合、ノウハウ供与を伴う必要があることが、交渉の障害となるケースが多いとの意見があった。

　「ノウハウを伴う」場合の4件のライセンサーはすべて大企業であった。ライセンシーは大企業が1件、中小企業が1件、不明が2件であった。

　「ノウハウを伴う」ことについて、ライセンサーは、時間や人員が避けないという理由で難色を示すところが多い。このため、中小企業に技術移転を行う場合は、ライセンシー側の技術水準を重視すると回答したところが多かった。

　ロイヤリティーは、イニシャルとランニングに分かれる。イニシャルだけの場合は4件、ランニングだけの場合は6件、双方とも含んでいる場合は4件であった。ロイヤリティーの形態は、双方の企業の合意に基づき決定されるため、技術移転の内容によりケースバイケースであると回答した企業がほとんどであった。

　中小企業へ技術移転を行う場合には、イニシャルロイヤリティーを低く抑えており、ランニングロイヤリティーとセットしている。

　ランニングロイヤリティーのみと回答した6件の企業であっても、「ノウハウを伴う」技術移転の場合にはイニシャルロイヤリティーを必ず要求するとすべての企業が回答している。中小企業への技術移転を行う際に、このイニシャルロイヤリティーの額をどうするか折り合いがつかず、不成功になった経験を持っていた。

表 5.3.2-1 ヒアリング結果

| 導入企業 | 移転の申入れ | ノウハウ込み | イニシャル | ランニング |
|---|---|---|---|---|
| － | ライセンシー | ○ | 普通 | － |
| － | － | ○ | 普通 | － |
| 中小 | ライセンシー | × | 低 | 普通 |
| 海外 | ライセンシー | × | 普通 | － |
| 大手 | ライセンシー | － | － | 普通 |
| 大手 | ライセンシー | － | － | 普通 |
| 大手 | ライセンシー | － | － | 普通 |
| 大手 | － | － | － | 普通 |
| 中小 | ライセンサー | － | － | 普通 |
| 大手 | － | － | 普通 | 低 |
| 大手 | － | ○ | 普通 | 普通 |
| 大手 | ライセンサー | － | 普通 | － |
| 子会社 | ライセンサー | － | － | － |
| 中小 | － | ○ | 低 | 高 |
| 大手 | ライセンシー | × | － | 普通 |

＊ 特許技術提供企業はすべて大手企業である。

(注)
　ヒアリングの結果に関する個別のお問い合わせについては、回答をいただいた企業とのお約束があるため、応じることはできません。予めご了承ください。

## 資料6　特許番号一覧

### 20社以外の車いすの登録出願の課題対応特許一覧（1/17）

| 技術要素 | 課題<br>（大区分） | 解決手段<br>（大区分：中区分） | 特許番号<br>出願日<br>主FI<br>出願人 | 発明の名称<br>概要 |
|---|---|---|---|---|
| 介助用車いす | コスト低減 | その他構造：制動機構 | 実登1972886<br>90.2.1<br>B62L1/04<br>アイワ産業 | **リハビリ用介助車のブレーキ装置**<br>タックルブレーキ用のブレーキ片とハンドブレーキ用のブレーキ片とを枠部材に同軸で回動自在に枢着し、枠部材を支持フレームに固着するだけで両ブレーキ片を同時取り付け |
| | 安全性向上 | フレーム構造：シートユニット傾斜 | 特許1934975<br>91.3.29<br>A61G5/00,504<br>フランスベッドメディカルサービス | **車椅子**<br>いすが揺動可能で、フットレストが地面に接して座面が前方傾斜した下方位置と、フットレストが地面から隔離されて座面が水平となる上方位置に固定する手段を設けた車いす |
| | 収納性向上 | グリップ構造：グリップ取付構造 | 実登2580211<br>91.7.31<br>A61G5/02,505<br>川村技研 | **車いす**<br>背もたれ上部に、手押し用の横桿が車いすの幅方向に着脱可能に架設した折畳み可能な車いす |
| | | フレーム構造：ユニット化 | 実登2580622<br>93.12.7<br>A61G5/00,511<br>タカノ | **介護用手押し車**<br>上半部と、連結パイプを備えて折り畳み可能な下半部がワンタッチで着脱可能な車いすで、座板とハンドル連結軸の連結が確実強固な構造 |
| | | フレーム構造：前後折り畳み機構 | 実登2117886<br>91.12.3<br>A61G5/00,511<br>東陽精工<br>マンテン | **車椅子**<br>座板の先端縁と共に把持杆をつかむことにより突部と切欠きとの係合を解除して折り畳む構造で、揺動杆に一方向の回動性を付与して係合状態を維持 |
| | 乗り心地向上 | グリップ構造：グリップ取付機構 | 実登3062568<br>99.3.29<br>B62B5/06D<br>橋本　輝久 | **介護者が患者と対面して操作する車イスの押し手**<br>左右のアームレスト柱外側に円筒を装着し、そこに差し込んだ左右の押手グリップを車椅子前方位置にバーで固定することにより、介護者が患者と対面して操作できる |
| | | グリップ構造：グリップ付属品 | 実登2581002<br>92.11.4<br>A61G5/02,501<br>象印ベビー | **車両用ハンドルカバー**<br>コの字状ハンドルに着脱可能に被覆するハンドルカバー |
| | | その他構造：ヘッドレスト構造 | 実登3050079<br>97.12.19<br>A47C7/38<br>下石　兵衛<br>町田　利志子 | **車椅子装着型安頭台**<br>頭部を安定するために、伸縮式ステーバーに自由な角度で枕を固定した車いす装着用の安頭台 |
| | | フレーム構造：リクライニング機構 | 特許2613566<br>94.10.25<br>A61G5/00,511<br>ウチエ | **リクライニング式車いす**<br>ガスシリンダーにより背もたれ部の傾斜角度を調整した、リクライニング式折りたたみ車いす |
| | | 座席構造：座席付属品 | 実登2095059<br>92.9.17<br>A47C27/08<br>日本エンゼル | **車椅子用クッション及び固定帯**<br>中央部に縦帯の上端が固定されたベルトの横帯の両端部に着脱手段を設け、底面にすべり止め部材を備えたクッション部材にベルト縦帯の下端部を取り付けたクッション |

20社以外の車いすの登録出願の課題対応特許一覧（2/17）

| 技術要素 | 課題（大区分） | 解決手段（大区分：中区分） | 特許番号 出願日 主FI 出願人 | 発明の名称 概要 |
|---|---|---|---|---|
| 介助用車いす | 乗り心地向上 | 座席構造：座席付属品 | 実登2595320 92.7.3 A47C31/00 サンワード 近沢 正裕 | 車椅子用のクッションカバーおよびマットレス 上面側部材は弾性体シートと布の積層シート、下面側部材と側面側部材は弾性体シートからなる車いす用のクッションカバー |
| | 走行性向上 | その他構造：ティッピングレバー取付機構 | 特許2742771 95.3.22 A61G5/02 静岡県 新日本ホイール工業 | 重心移動式車いす 座部を有する上部枠が車輪を有する支持枠に対して前後方向に移動可能で、操作ペダルで上部枠の前方押出し用のばねを圧縮する |
| | | その他構造：ティッピングレバー取付機構 | 特許2742772 95.3.22 A61G5/02 静岡県 新日本ホイール工業 | 車いすの重心移動装置 座部を有する上部枠が車輪を有する支持枠に対して前後方向に移動可能で、上部枠の前方押出し用の伸縮ばねと、枠間の引き寄せ用巻き上げ手段を有する係止手段を設ける |
| | 多機能化 | フレーム構造：シートユニット傾斜 | 特許1875054 91.12.27 A61G5/00,510 酒井医療 | 車椅子 椅子本体と足載せ部を所定角度回動させる椅子基部回動手段と足載せ部増角回動手段を設け、椅子本体を走行台車の上部高さ以上に設定して浴槽内に移送容易な車いす |
| | | フレーム構造：ベッド格納機構 | 実登2057445 91.12.10 A61G5/02,506 フランスベッド | ベッド装置 ベッド床板を、2枚の側部床板と中央部床板に分割し、中央部床板は移動可能な台車上で水平状態から椅子状態に変換可能に構成 |
| | | | 実登2085520 90.6.21 A47C17/04B 大日工業技研 | 多目的ベット 連結された枕部、左脇部、右脇部、中央部ベッドからなる多目的ベッドで、中央部ベッド部分を切り離して車いす使用が可能 |
| | | 座席構造：座席昇降機構 | 特許1736165 89.12.18 A61G5/00,510 パラマウントベッド | 患者移送用椅子 起座部を昇降自在とし、アームレストとバックレストが着脱自在で、起座部を必要に応じてフラット状にしてそのままベッド上面に位置させて、移乗を容易にした構造 |
| | | | 実登1936524 89.10.13 A61G5/00,511 奥村 洋 | 車椅子 背凭れ後面に立設した垂直部、垂直部上端から水平に突出した旋回アーム、水平部先端に障害者用載置具を係合させて昇降可能とした昇降装置からなる移乗用車いす |
| | | | 実登1999340 90.10.3 A61G5/00,509 奥村 洋 | 車椅子 背もたれに、先端に昇降装置を設けた旋回アームと、両端が後方に向く略半円弧状板を設け、旋回アームが座席中心で自動的に止まる機構とした車いす |
| | | 車輪構造：駆動機構 | 特許2972953 89.10.13 A61G5/00,511 脳科学 ライフテクノロジー研究所 | 階段昇降移動車 4対の昇降脚をピニオン複ラックで構成し、各ラックそれぞれに噛合される複数の駆動用ピニオンにより本体を昇降させ、複ラック機構の倍送り機構で軸足交互に段差昇降 |

20社以外の車いすの登録出願の課題対応特許一覧（3/17）

| 技術要素 | 課題（大区分） | 解決手段（大区分：中区分） | 特許番号<br>出願日<br>主FI<br>出願人 | 発明の名称<br>概要 |
|---|---|---|---|---|
| 介助用車いす | 多機能化 | 車輪構造：駆動機構 | 実登3075048<br>2000.4.19<br>A61G5/00,511<br>野堀 勉 | **階段や急な坂道を昇降できる、車椅子「らくらくのぼりくん」**<br>ワンウェイカムクラッチの組込まれた四つ手アームの先に車輪を備えた階段昇降用車いす |
| | | 車輪構造：車輪取付構造 | 特許3194224<br>99.3.31<br>A47B91/00Z<br>矢崎化工 | **雌ネジ付き防錆キャップ構造**<br>支柱の下端部に、耐食性金属材料からなる雌ネジ付き防錆キャップが、Oリングを押し潰した状態を維持して固定的に強固に接合 |
| | 耐久性向上 | グリップ構造：グリップ取付構造 | 実登2605060<br>92.7.2<br>A61G5/02,501<br>中野 孝三 | **関節機構**<br>回動ロックが自動的に確実に行われる車いすの把手等に適用される関節機能で、2個の回動片からなり、切欠きを設けないため高強度 |
| | 負担軽減 | グリップ構造：グリップ取付機構 | 特許3016132<br>96.10.8<br>B62B5/06A<br>内田 悟 | **車椅子に装着する横棒ハンドルグリップオプション**<br>車いすのグリップに、横棒ハンドルグリップを一体化して装着し、押し手の力負担を低減 |
| | | | 実登3026611<br>95.8.24<br>B62B5/06D<br>増野 義明<br>福室 雅晴 | **手押し用補助パイプ**<br>手押しバーを有する手押し用補助パイプであり、固定器具により車輪付きいすに取付け可能 |
| | | 車輪構造：車輪取付構造 | 特許3127901<br>98.10.9<br>A47C7/02D<br>トヨタ車体 | **車両用リフトアップシート**<br>着座したまま折り畳み可能な前後車輪を有するシート装置と、シート装置を連結して車両室内外で移動するためのリフトアップ装置を備えるリフトアップシート |
| 自走式車いす/フレーム | コスト低減 | 寸法可変：座部高さ | 実登2056743<br>91.3.14<br>A61G5/02<br>片山車椅子製作所 | **車椅子の車軸支持構造**<br>従来車軸は溶接されていたため、車軸の高さは変更できなかった。車軸配置部の縦フレームに取付孔を複数個透設し、該縦フレームに一対の取付部材を介してネジ止着し、車軸の高さの変更が迅速かつ廉価で可能となった |
| | 安全性向上 | 逆走防止機構：リムへの負荷 | 実登3071787<br>99.11.29<br>A61G5/02,504<br>熊谷 礼子 | **車いすのタイヤの回転の正逆方向を一方向又は回転方向自由にする装置**<br>タイヤを正逆自由回転又は一方回転させる機構を設けることにより、坂道走行の安全性が確保できる |
| | | 脱着機構：点滅灯 | 実登3077248<br>2000.10.26<br>A61G5/02,501<br>シンビテイーエヌコーポレーション | **障害者等用移動車の注意灯装置**<br>前部に点滅灯を着脱自在に取りつける |
| | | 脱着機構：方向指示器（無線式） | 実登3077454<br>2000.11.2<br>B62J6/00P<br>キャプテン | **無線操作式方向指示器**<br>着脱自在の方向指示体、コントローラと取付け具からなり、コントローラの操作により方向指示を無線式で制御するすることにより、取付け対象が限定されず、容易に脱着できる無線操作式方向指示器となる |

20社以外の車いすの登録出願の課題対応特許一覧（4/17）

| 技術要素 | 課題<br>（大区分） | 解決手段<br>（大区分：中区分） | 特許番号<br>出願日<br>主FI<br>出願人 | 発明の名称<br>概要 |
|---|---|---|---|---|
| 自走式車いす/フレーム | 収納性向上 | 折畳み方式：前後・左右・上下・ | 特許1813245<br>90.6.13<br>A61G5/02,505<br>ウチエ | 車いす<br>従来のものは嵩張り持ち運びが不便であった。構成部材を回動自在にすることにより、前後、左右、上下同時に折り畳め持ち運びに便利な車いすとなる |
| | | 折畳み方式：左右 | 特許2571345<br>94.4.8<br>A61G5/02,502<br>武蔵自動車 | 車椅子<br>従来の左右折畳みはクロスメンバー等があり車幅を狭くするには限界があった。強度も確保できるスイングプレートを設け、ハンドリムを車輪近傍に近づけるスライド機構を設けることで、幅方向のコンパクト化ができる |
| | | 折畳み方式：前後、左右、上下 | 特許3198047<br>96.5.23<br>A61G5/02,503<br>フジワラ | 携帯用車椅子<br>従来バス、電車、飛行機等による旅行に持運べる折畳み式の車いすがなかった。ケース本体が座席を兼ね、背もたれを兼ねるケース蓋体を設け、その他の部品を本体に折畳み入れ込め簡単に持運べる |
| | | 脱着機構：各部取外し | 特表平4-503180<br>90.11.27<br>A61G5/02,512<br>ソト ピエール ホセ（フランス） | 取外し可能な車椅子および取外し後の運搬用バッグ |
| | | 脱着機構：後輪 | 特表平9-504975<br>94.11.7<br>A61G5/02,503<br>オルデルマン ヘンドリック ヤン<br>テミンク ヘルハルト<br>ストッカースヘルマン ウイレムヘンドリック<br>ブラーム ハルムヘンドリック<br>（オランダ） | 折畳み式車椅子<br>後輪を外し、本体を前後に折畳む機構を設けることにより、携帯に便利な車いすとなる。また、利用者の要望により各部材の角度調整も可能である |
| | | 部材の回動：グリップ | 実登3074382<br>2000.6.27<br>F16C11/10C<br>李 茂順（台湾） | くるま椅子用プッシュロッドの折り曲げジョイント機構<br>車いすの背もたれの両側において、サイドフレームとプッシュロッドとを接続する折り曲げジョイント機構 |
| | | 部材材質：軽い材料（軽合金） | 実登2508429<br>90.12.27<br>A61G5/02,501<br>アイワ産業 | 軽合金車椅子<br>軽量化するために、肉厚を薄くすると、強度不足となる。内面にスプライン状の溝を設けた軽合金製丸パイプでフレームを構成することにより、強度もあり、より軽量で持運び、取り扱いが容易になる |
| | 乗り心地向上 | 寸法可変：座部 | 実登2043656<br>92.2.17<br>A47C7/40<br>インダストリアル テクノロジィ リサーチ（台湾） | 車椅子用可調整椅子<br>従来座席の幅、深さは固定され乗心地が悪かったが、椅子の傾斜角度、左右の幅、座席の深さの調整機構を設けることにより、乗心地が良くなった |

## 20社以外の車いすの登録出願の課題対応特許一覧（5/17）

| 技術要素 | 課題（大区分） | 解決手段（大区分：中区分） | 特許番号 出願日 主FI 出願人 | 発明の名称 概要 |
|---|---|---|---|---|
| 自走式車いす/フレーム | 乗り心地向上 | 寸法可変：シート幅可変 | 実登3068675 99.11.1 A61G5/02,506 禄泰股分 伊甸社会福利基金会（台湾） | 車椅子 シート幅調節装置を設ける（一対のクロスリンクパイプの表面に多数個の貫通した調節穴を設け、幅に応じて一対のクロスリンクパイプの連結部を変えることにより、シートの幅を調節できる |
| | | 部材の形状等：座部固定具 | 特許3038569 93.12.3 A61G5/00,501 オーエックスエンジニアリング | 車椅子 従来のシートは洗濯等ができず、また折り畳むのに多大な労力を要したが、バックレストシートとヒップレストシートそれぞれを面ファスナでフレームに固定し、座部上側幅方向にベルト状部材を掛渡し両端部をクロスフレーム上側水平部を通って座部の下側に固定することで、シートの交換、張り具合の調節ができ、容易に折り畳める |
| | | 部材材質：木製 | 特許3195981 91.2.13 A61G5/02 梨原 宏 | 車椅子 従来の車いすは金属製であり、屋内での生活環境にふさわしくなかった。キャスタ、主輪以外を成型合板で構成するすることで、屋内使用時の快適性が得られる |
| | | 部材材質：木製化 | 実登3065305 99.6.29 A61G5/02,502 松谷 治 | 被介護者用木製車椅子 車いすを木製にすることにより、被介護者、介護者ともに優しい感じが得られる |
| | 操作性向上 | 寸法可変：リフタアーム長可変 | 特許2793155 95.9.5 A61G5/00,511 レイバーセービングマシン | 折畳み式車イス 先願はリフターアーム周りの作業性と主輪ユニットとメインフレームの下方錠止が不十分であった。リフターアームの長さ調整機構と下フレームに固定されたフックとフックに係合可能なフックワイヤの操作レバーを設けることで、リフタユニットのアーム周りの作業性向上と主輪ユニットとメインフレームの下方錠止を確実とした |
| | 走行性向上 | 脱着機構：車椅子昇降機構 | 特許3060403 95.12.28 A61G5/02,501 エヌティーエル | 車椅子用補助具 段差乗越えの補助具には着脱にきわめて時間と労力を要するものがある。脚フレームに着脱可能に取付ける軸受ブラケットとそこに着脱可能な車椅子の昇降機能を設けることにより、着脱可能な段差を簡単に乗越えられる補助具となる |
| | | 部材の追加：把持部材 | 実登1989059 89.11.4 A61G5/02,502 ダクロ 静岡 | 車椅子 介護者が手動式車いすで段差や路面の凹凸を走行操作するには、大きな労力を要した。脚座部よりも前方に把持部材を設け、それを介護者が掴んで前部を持上げることにより、段差部、路面の凹凸部の走行操作が容易になる |

20社以外の車いすの登録出願の課題対応特許一覧（6/17）

| 技術要素 | 課題（大区分） | 解決手段（大区分：中区分） | 特許番号 出願日 主FI 出願人 | 発明の名称 概要 |
|---|---|---|---|---|
| 自走式車いす/フレーム | 多機能化 | 寸法可変：ハンドル高さ可変 | 特許2999761 98.11.5 A61G5/02,505 ウチエ | **折りたたみ式歩行器** 幅方向に折り畳み可能で、ハンドルパイプ部に折り畳み式のシートとハンドブレーキを設ける |
| | | | 実登3047562 97.9.29 A61G5/02,502 羅 忠壱（台湾） | **四輪歩行器** ハンドルバーの高さを可変とし、背もたれにバックバンドを用いることにより、歩行器として座位、立位で使用できる車いすとなる |
| | | 脱着機構：座部 | 特許3159956 98.7.1 A61G5/02,506 タイガー医療器 | **分離式車椅子による入浴装置** 従来の台車と乗座部が分離できる入浴用車いすは、走行時、浴槽の出入時の安全性に問題があった。台車部と乗座部を脱着可能で、浴槽に入る際、台車部と乗座部を分離する連結装置を設けることで、走行時、浴槽の出入時の安全性確保できる |
| | | 部材の位置：足漕ぎ空間 | 特許2864010 96.7.2 A61G5/02,504 平野整機工業 | **足漕式車椅子** 従来は座席に座った状態で足を使って移動することはできなかった。座席の下方両側に足漕ぎ空間を設けることにより、座った状態で足漕ぎができる |
| | | 部材の追加：ロッキングチェア | 実登2569121 93.4.12 A47C3/00 日高 四郎 | **車椅子用揺動脚体** 自力で車いすを動かせない使用者は、介護者がいない時は、単に椅子の機能しかなくベッドに寝たきりになり易い。車いすに脱着自在の揺動脚体(ロッキングチェア)を設けることで、使用者の離床のきっかけと脚のリハビリができる |
| | 負担軽減 | 脱着機構：座部 | 特許3139489 99.4.22 B60N2/14 トヨタ車体 | **車両用リフトアップシート** 座部を脱着自在とし、車両側にリフトアップ装置を設けることにより、車いすに座ったまま車両に乗り込める |
| | | 脱着機構：背もたれ、側板、足置部 | 実登3068139 99.7.6 A61G5/00,509 堅田 隆 | **乗降容易な介護用車椅子と一体型ベット** ベッドに車いすが入れるよう脱着可能なマットレス部分を設け、車いすの背もたれ、側板、足置部を脱着自在とすることにより、ベッドと車いす間の乗移りが容易にできる |
| | | 部材の回動：背部 | 特許2796620 94.12.22 A61G5/02,503 レイバーセイビイングマシン | **折畳み式車イス** 従来の車いすはベッドに接近できず、乗移る場合の介助者負担が大きかった。背部を後方に回動できるようにすることで、車いす後方が開放でき車いすをベッドに極めて接近できる |
| | | 部材の回動：後着座 | 実登3056977 98.8.24 A61G5/00,502 池田 耕作 | **着座電動起き上がり装置** 起上り用後着座と滑落防止用着座を設けることにより、介助者なしで、自力で立てない人の立上りを補助できる |

20社以外の車いすの登録出願の課題対応特許一覧 (7/17)

| 技術要素 | 課題（大区分） | 解決手段（大区分:中区分） | 特許番号 出願日 主FI 出願人 | 発明の名称 概要 |
|---|---|---|---|---|
| 自走式車いす/フレーム | 負担軽減 | 部材の追加:移乗装置 | 特許2901893 95.3.20 A61G5/00,509 ヒラマツ | 車椅子 車いす使用者を別の部位に移動する場合、介護作業は非常に煩雑であり、相当の労力を要する。車いすに側部挟み部材とそれを前後、上下方向へ移動可能な移動フレームと吊持手段を設け、他の部位への移動を自力で可能にする |
| 自走式車いす/座席 | コスト低減 | フレーム:昇降機構改良 | 実登2044758 90.6.29 A61G7/10 日本製鋼所 | 座席昇降装置付車椅子 水素吸蔵合金をペルチェ素子で冷却・過熱することで水素の圧力をコントロールし、液密シリンダを延出・縮小させる |
| | | フレーム:フレーム構造変更 | 実登3063170 99.4.19 A61G5/02,506 メーコー工業 | 座席を傾斜できる車椅子 従来の車いすは、モータや油・空圧などを使用して、座席後部を直接持ち上げ傾斜させるもので、構造複雑・高価であった。初期押上力を体重により調整できる体重調整機構を備え、任意の位置で座席を停止させることができる座席を傾斜できる |
| | 安全性向上 | 座席:座席傾動機構 | 実登3066285 99.8.2 A61G5/02,506 陳 文全（台湾） | 座席安定装置付車椅子 いす保持機構、傾動装置、レベル検出器、姿勢制御器を具備する傾動装置の設置 |
| | 乗り心地向上 | フレーム:寸法調整装置 | 特許2716402 95.6.15 A61G5/02,502 ティグ | 車椅子 座席枠、背枠、足置き部に独立した第一〜第三の調整手段を設ける |
| | 操作性向上 | 座席:座席昇降 | 特許3196822 97.3.27 A61G5/02,506 無限工房 サンサンすてっぷ | 車椅子 前後車輪を取付けた下部フレームに座部フレームを高さ調整部材を介して取付ける |
| | | 足載せ台:回動・着脱機構 | 実登3076261 2000.9.11 A61G5/02,508 メーコー工業 | 車椅子のレッグサポート装置 本体フレームに設けた支持ピンにレッグサポートフレームに設けた孔を装着し回動可能とし、位置決めピンとレバー鈎溝で嵌着脱可能に装着する |
| | 走行性向上 | 座席:回動機構 | 特許3103054 97.12.19 A61G5/00,503 大和ハウス工業 | 車椅子 座席下部に設けた昇降装置で車いすごと持ち上げられるので、狭い場所でもその場で旋回できる |
| | 多機能化 | 車輪:配置構造 | 特許3185141 99.10.5 A61G5/02 矢崎化工 | 移動用座椅子 座部下面側に形成された凹部内に複数個のボールキャスターを均等に配置し、ストッパも配置する |
| | | フレーム:フレーム構造変更 | 実登2555578 93.6.23 A61G3/00 ステンレス技研 四国ヤエス | 車椅子 背もたれと座部が一体に形成され、車輪を備えた支持枠に取り付けられる。姿勢位置変換装置で腰掛け姿勢と仰臥姿勢を変換する |

20社以外の車いすの登録出願の課題対応特許一覧（8/17）

| 技術要素 | 課題<br>（大区分） | 解決手段<br>（大区分：中区分） | 特許番号<br>出願日<br>主FI<br>出願人 | 発明の名称<br>概要 |
|---|---|---|---|---|
| 自走式車いす/座席 | 多機能化 | フレーム：緩衝機構 | 実登3070372<br>2000.1.18<br>A61G5/00,502<br>篠田 敏昭<br>ケイ フィルド テクノ<br>六基製作所 | **介護用椅子**<br>緩衝機構の動作開始位置を無段階に設定可能 |
| | | フレーム：部材追加 | 特許3057301<br>91.5.7<br>A61G5/02,506<br>日本電信電話 | **移動用椅子の方向転換装置**<br>いす下部に昇降機構と方向転換基盤を設ける |
| | | 座席：回転機構 | 特許3076563<br>99.6.16<br>A61G5/02,506<br>ウチヱ | **回転式車いす**<br>脚体とシート間にスライドベアリングを介す |
| | | 座席：座席構造 | 特許2762254<br>96.1.12<br>A61G5/02,506<br>松浦パイプ製作所 | **車椅子**<br>従来の車いすは足こぎできないが、座席を前輪側に寄せ、前輪の真上にグリップを設け、使用者の体重のほとんどが前輪に掛かるようにしたので足こぎでき、リハビリに役立つ |
| | | | 特許2799159<br>95.10.20<br>A61G5/00,508<br>相互住建 | **車椅子**<br>左右に分割した座板の合わせ縁を、前・後半で左右にずらすことで違和感なく座れる |
| | | | 特許2887136<br>98.4.20<br>A61G5/00,502<br>大島山機器 | **移動補助具**<br>上昇させると肘掛け、下降すると座部になる |
| | | | 特許3082086<br>99.6.16<br>A61G5/00,508<br>孫 鐘恩（韓国） | **便器が取り付けられた椅子兼用ベッド**<br>便器の蓋を減速モータで開閉する |
| | | | 実登3065808<br>99.7.15<br>A61G5/00,508<br>若沢 直美 | **車椅子**<br>座部を左右に分割し、それぞれ左右に回動可能に設ける |
| | | 座席：座席昇降 | 実登3070461<br>99.11.1<br>A61G5/00,508<br>根津 春一 | **車椅子で自力で排便できる浮上装置**<br>油圧ジャッキに安全バンドで体を固定し、両手が使える状態で体を浮かせる |
| | | 座席：座席昇降・移動機構 | 特許1875053<br>91.10.25<br>A61G5/02,508<br>酒井医療 | **車椅子**<br>台車と座部を分離可能とし、足載せ部を走行台車より上面に回動させ、浴槽側へスライドさせる |

20社以外の車いすの登録出願の課題対応特許一覧 (9/17)

| 技術要素 | 課題<br>（大区分） | 解決手段<br>（大区分:中区分） | 特許番号<br>出願日<br>主FI<br>出願人 | 発明の名称<br>概要 |
|---|---|---|---|---|
| 自走式車いす/座席 | 多機能化 | 座席:座席昇降・移動機構 | 実登3068034<br>99.10.6<br>A61G5/02,506<br>大和工業所<br>創研グループ | **腰掛付歩行補助車**<br>肘掛けと腰掛けに高さ調節機構を備え、両者間に長さ調節機構を設け、腰掛けに回動・スライド可能に構成 |
| | | 座席:座席昇降・移動機構 | 実登2127526<br>91.5.21<br>A61G5/02,506<br>リイツメディカル | **医療検査用車椅子**<br>着座部の上下動手段と肘掛けの回動手段を設ける |
| | | 肘掛け:移動・着脱可能 | 実登3060526<br>98.12.25<br>A47K3/12<br>睦三商会 | **シャワーキャリー**<br>グリップを前後に滑動・固定できる構造とする |
| | 負担軽減 | 座席:座席傾動機構 | 実登3060858<br>99.1.18<br>A61G5/00,502<br>森信 毅 | **立ち上がり援助機構付き車椅子**<br>4リンク機構を伸縮装置で駆動して、座席を前上方かつ前傾する |
| | | 座席:座席構造 | 特許3034245<br>99.1.29<br>A61H33/00,310K<br>川村 俊夫 | **車椅子用の座席ユニット及び車椅子**<br>座部に爪が入る溝を有し、左右分割可能に構成された座席ユニットと、昇降装置としての爪を有する車台ユニットで構成する |
| | | 座席:座席昇降 | 特許3005658<br>90.2.6<br>A61G5/02,513<br>高浜 逸郎 | **シート昇降式車椅子**<br>本体とシートをバネで付勢された平行リンクで接続する |
| | | | 実登3048539<br>97.10.31<br>A61G5/00,509<br>テックイチ | **車椅子**<br>ステッピングモータにより駆動するボールネジに嵌めこまれたナットを介して座席昇降する |
| | | | 実登3068541<br>99.10.27<br>A61G5/02,506<br>木原 民人 | **着座前傾装置**<br>前側にヒンジを介して取付けた座席をシリンダーで上下させ前傾させる |
| | | 座席:座席昇降・移動機構 | 特許1768101<br>89.12.19<br>A61G5/02,509<br>北浜 清<br>北浜 つる子 | **車椅子**<br>着脱自在な背もたれ、昇降自在な座席支柱を設け、座席支柱に座席を着脱自在とし、座席下面に弾性収縮体を設ける |
| | | | 実登3067585<br>98.10.13<br>A61G5/00,509<br>中曽 敏司 | **介護用車椅子**<br>高さ調整装置および座席横方向スライド装置を設ける |
| | | | 実登3074195<br>2000.6.20<br>A61G5/02,506<br>西川 正明 | **座席部の垂直・水平移動可能車椅子**<br>座席を設けた支柱が前後スライド可能で、支柱に沿って座席が上下に移動可能とする |
| | | 座席:連動 | 特許3171562<br>96.8.9<br>A47C20/08Z<br>森川 綱善 | **リクライニング式車椅子**<br>背もたれ部と座面、下肢部、足載せ部をリンクで連結する |

20社以外の車いすの登録出願の課題対応特許一覧（10/17）

| 技術要素 | 課題<br>（大区分） | 解決手段<br>（大区分:中区分） | 特許番号<br>出願日<br>主FI<br>出願人 | 発明の名称<br>概要 |
|---|---|---|---|---|
| 自走式車いす/座席 | 負担軽減 | 座席：連動 | 特許3032746<br>98.6.24<br>A61G5/02,506<br>アルファー精工 | 車椅子<br>肘掛で体を支持し、肘掛を上昇させると座部が折りたたまれる |
| | | | 実登3065317<br>99.6.29<br>A47C1/032<br>アイシステム | 車椅子の座椅子変換装置<br>いす支持板円周上のいす支持支点でリンク機構を支え、いす高さを変える |
| | | 足載せ台：回動・着脱機構 | 実登2028118<br>90.12.11<br>A61G5/02,508<br>パラマウントベッド | 車椅子のフットレスト格納機構<br>本体フレームにフットレストパイプを回動自在に軸着し、操作レバーとリンクを構成して格納自在とする |
| | | | 実登2033261<br>91.5.9<br>A61G5/00,510<br>片山車椅子製作所 | 車椅子における足載せ部材<br>車いすは全面支柱に、外側から下に向け傾斜した傾斜支柱を設け、足載せ板を斜め軸心に回動自在に構成する |
| | | | 実登2057006<br>91.7.29<br>A61G5/02,511<br>パラマウントベッド | 車椅子<br>フットレスト支持枠を引き上げると係止機構が解除され、支持枠をフットレストと共に基枠側方に回動退避する構成とする |
| | | 足載せ台：係止構造改良 | 実登3053409<br>98.4.20<br>A61G5/02,508<br>メーコー工業 | 車椅子<br>足載せ部を設けた補助フレームを取付けピンにより本体フレームに着脱する |
| | | 肘掛け：移動・着脱可能 | 特許3086872<br>98.2.12<br>A61G5/02,507<br>大谷 巖太郎 | 肘掛と車輪を前、後調節と後退可能にした車椅子<br>大径車輪を座席後方に移動するリニアベアリングのレール後端が車輪外周からはみだすと自動車のトランクなどに収納できなくなるが、車軸中心とリニアベアリング中心をオフセット取付けすることで車輪外周から突出しなくなる |
| | | | 特許2720327<br>95.8.4<br>A61G5/00,509<br>松井 敏郎 | 車椅子<br>背もたれ、肘掛けを同体的に昇降させ、座席とフラットになるよう構成する |
| | | 肘掛け：構造変更 | 実登3072851<br>2000.4.27<br>A61G5/02,507<br>トキワ工業 | 車椅子の肘掛枠着脱装置<br>肘掛け枠両端にほぞ接ぎ手とかんぬき接ぎ手を設け、かんぬきの固定位置を保持する切り欠き溝を備える |
| 自走式車いす/車輪 | コスト低減 | 車輪形状・材質：ハンドリム | 特許2796663<br>94.5.13<br>B60B21/00<br>新家工業 | 車椅子車輪用ハンドリング付きリム<br>断面縦長楕円形状の中空体からなる環状ハンドリングをリブ突端部に一体周設したハンドリング付きリム |

20社以外の車いすの登録出願の課題対応特許一覧（11/17）

| 技術要素 | 課題（大区分） | 解決手段（大区分:中区分） | 特許番号 出願日 主FI 出願人 | 発明の名称 概要 |
|---|---|---|---|---|
| 自走式車いす/車輪 | 安全性向上 | 車輪形状・材質:駆動輪 | 実登3043651 97.5.21 A61G5/02,510 三ツ星ベルト | 車椅子用車輪 タイヤの合成樹脂製外壁材と内壁材をリム係止材に嵌入するように取付け、輪状のハンド部材を外壁材と一体成形した車輪 |
| | 乗り心地向上 | キャスター取付構造:角度調整 | 実登3068925 99.11.12 A61G5/02,511 日水 政雄 | 車椅子のキュスター 左右両かさ歯車機構をユニバーサルジョイントの帯で結んだキャスター |
| | | | 実登3070606 99.10.27 A61G5/02,511 日水 政雄 | 車椅子のキャスター 左右両歯車間をシンクロベルト等で結んだキャスター |
| | | キャスター取付構造:緩衝機構 | 実登3046835 97.9.3 B60B33/00R 田中 敏博 | リング板ばねを装着した車椅子用キャスター ストラベアリングにリング状板バネを設ける |
| | | キャスター取付構造:取付位置調整 | 実登3073900 2000.6.7 A61G5/02,510 メーコー工業 | 前輪のキャスター高さ調整機構を備えた車椅子 筒状のキャスター取付軸を、フレーム本体に上下移動可能に取付け |
| | | その他機構:付属品 | 実登3029005 96.3.13 A61G5/02,510 城宝 公子 和田 三樹也 | 車椅子のタイヤカバー、及びそれを取り付けた車椅子 タイヤ上部を覆う部位と、本体に着脱自在に取り付ける部位から構成される車いすのタイヤカバー |
| | | 車軸支持機構:緩衝機構 | 実登3031277 96.5.15 A61G5/00,510 永塚 利哉 | 車椅子 ブラケットと車軸受けの間のメインフレームまたはガイドフレームに、コイルスプリング等の緩衝手段を設けた車いす |
| | | 車軸支持機構:車軸位置調整機構 | 特許2850170 91.10.14 A61G5/02,506 石井 重行 | メインホイールを調整可能にした身体障害者用折り畳み式車椅子 メインホールの取付け部にエキセントリック方式の補助板を設け、搭乗者の体型に応じて補助板を変位させて装着する |
| | | 車輪形状・材質:ハンドリム | 実登3045741 97.7.29 B60B1/00 オーエックスエンジニアリング | 車椅子のホイール構造 主輪とハンドリムの間隔を規定するナット等のクリアランス部材が、主輪やハンドリムとは別部材であり、交換可能 |
| | 操作性向上 | その他機構:付属品 | 実登3049826 97.8.21 A61G5/02,512 浜本 理絵子 | 車椅子ハンドリム用すべり止め 筒の一部に切り込みを有する円筒形状のハンドリム取り付け用すべり止め |
| | | 駆動機構:補助動力 | 実登3058658 98.10.22 A61G5/02,512 伊藤 智之 | 駆動輪付き車いす 走行輪と駆動輪が歯付きベルトで連結し、走行輪には補助電動機が取り付けられた車いす |

20社以外の車いすの登録出願の課題対応特許一覧（12/17）

| 技術要素 | 課題（大区分） | 解決手段（大区分:中区分） | 特許番号 出願日 主FI 出願人 | 発明の名称 概要 |
|---|---|---|---|---|
| 自走式車いす/車輪 | 走行性向上 | フレーム構造:車体連結機構 | 実登3060495 98.12.25 A61G5/02,501 袖山 卓也 | **車椅子** 並列配置された2台の車いすが互いに連結され、車いす間には、共有する前輪と後輪を1つ介在させた二人乗り車いす |
| | | | 実登3061068 99.1.27 A61G5/02,510 袖山 卓也 | **車椅子** 並列連結された二人乗り車いすで、後輪どうしの間に、後輪持上げ可能な伸縮部材と、方向転換可能な補助自在輪からなる浮遊手段を設ける |
| | | フレーム構造:車輪配置の変更 | 実登3057354 98.6.22 A61G5/02,506 野村 治三郎 | **座席が揺動する手動車いす** 大径の前後輪が常に接地した転がり走行で、座席部と台車部の分離により座席部を揺動自在とし、傾斜走行時に座席面と地平面が並行となる車いす |
| | | 車輪形状・材質:キャタピラ他 | 実登2585122 93.4.16 A61G5/04,504 高 金星 | **キャタピラ式車椅子** 傾斜調整装置、緩衝装置、キャタピラ装置、車輪の昇降装置を組み合わせ、相互に連動させたキャタピラ式車いす |
| | | 車輪形状・材質:駆動輪 | 実登3053367 98.1.30 A61G5/02,510 佐々木 泰夫 | **冬季路上用の車椅子** 外周を好適な形状の歯型とした円筒形状車輌からなり、氷雪の凹凸面を削り取りながら進む |
| | | 補助輪取付構造:上下可動 | 特許2727417 95.1.18 A61G5/02,510 矢崎化工 | **車椅子** 動輪を使用時の重心のほぼ直下になるよう車体の前後方向中央に配置し、動輪の前後に自在輪を設け、後輪自在輪をスプリングで弾性支持することにより全車輪が常時接地 |
| | | | 特許2941930 90.10.24 A61G5/02 ユニカム | **車椅子** 背もたれ部柱に後キャスター用支持部材と前キャスター用基板を取付け、支持部材前端に柱より前方となるように駆動輪を設ける |
| | | 補助輪取付構造:段差乗越え補助機構 | 特許3030345 98.11.2 A61G5/02,511 工業技術院長 池田 喜一 | **車椅子用二輪キャスター** キャスター軸の下端部にストッパーを有し、ストッパーに当接する揺動支持部材の先端に補助輪、該支持部材に取り付けられた回転アームの下端に前輪を備えた二輪キャスター |
| | | | 特許3030346 98.11.2 A61G5/02,511 工業技術院長 池田 喜一 | **車椅子用三輪キャスター** キャスター軸に枢着された揺動支持部材に取り付けられた回転アーム先端に前輪、該支持部材の後端にストッパー輪、先端に補助輪を備えた三輪キャスター |
| | | | 特許3101617 99.9.8 A61G5/02,510 小川 祐司 野木 文雄 | **補助輪付車椅子** 前輪キャスター軸と略同位置に回転中心を有する三角形状の補助輪取付部材を設けた車いす |
| | | | 実登3061317 99.2.8 B60B33/00X 安心院 幸敬 | **段上がり可能な車椅子** シリンダーピストンに接合し上下に移動できるキャスターと、その前方に備えた補助輪 |

## 20社以外の車いすの登録出願の課題対応特許一覧（13/17）

| 技術要素 | 課題（大区分） | 解決手段（大区分：中区分） | 特許番号 出願日 主FI 出願人 | 発明の名称 概要 |
|---|---|---|---|---|
| 自走式車いす/車輪 | 多機能化 | 駆動機構：補助動力 | 実登3061179 99.2.1 B62K5/04B コヤマ電機製作所 | 自力走行車椅子及び補助電動機付自力走行車椅子 足置部の上下操作によりクランク板に軸支した駆動杆の往復運動によりクランク部を回動し、車輪を回転することにより、脚力障害者が自力で自由に歩行できる |
|  | 耐久性向上 | 駆動機構：レバー駆動 | 特許2789433 94.10.6 F16D13/12 頃末 明 | 正逆クラッチ装置 材料疲労のないアウタースプリングとインナースプリング構造を内臓したクラッチハブを有する片手レバー操作式車いすの正逆クラッチ装置 |
|  |  | 車輪形状・材質：ハンドリム | 特許3086944 96.1.12 B60B21/00M 新家工業 | ハンドリング付きリム 押出成形したハンドリング付きリムの中立軸上の図心を通る軸上に、リム、リブ、ハンドリング断面の各中立軸中心が載置 |
|  | 負担軽減 | 駆動輪の移動：後方移動 | 特許1881957 91.7.19 A61G5/02,507 パラマウントベッド | 車椅子 支持杆のロック解除により、大車輪が、支持杆の一端部を軸に回転してフレーム後方に移動 |
|  |  | 駆動輪の移動：上下移動 | 特許3107526 97.4.28 A61G5/02,510 須永 精一 | 車椅子 上下可動の椅子部と車体部からなり、車体部両側に備えられた車輪体が前後方向に移動可能な車いす |
|  |  | 補助輪取付構造：車体持上げ機構 | 実登2581043 93.8.25 A61G5/00 アップリカ葛西 | 車椅子 スタンド部の第一レバー押し下げにより車輪が持ち上がり、第二レバー押し下げにより可動ロット部を上方移動させて車輪の接地が可能な車いす |
| 自走式車いす/制動 | 安全性向上 | 作動機構：座席の上下動 | 特許3103775 96.9.20 A61G5/02,514 久保 和男 | 車椅子 従来乗降時にブレーキをかけ忘れた場合、転倒等の危険があった。座部上面の力によりブレーキの入り切りができる車輪回動阻止機構を設けることにより、ブレーキ架け忘れによる乗降時の危険防止画できる |
|  |  |  | 実登3053144 97.10.29 A47B91/12 松浦 力 成和プレス 三協産業 | 起立補助椅子用キャスター 従来のブレーキ機能を持つキャスター付起立補助椅子は座面の動きに連動しておらず、ブレーキの切替えが不便であった。座面の後端の上下動によりキャスターブレーキの入り切りができる機構を設けることにより、ブレーキの切替えがいらず安全に着座・起立できる |
|  |  | 制動力制御：流量で制動 | 特許1828656 90.5.24 B62B5/04A 清水 敏嗣 | 身体支持用歩行車 下り坂では微妙なブレーキ操作が必要であり、病人等には安定的な歩行ができない。支持車輪をエアシリンダ装置のエアの流動で制動することにより、下り坂で自動的に制動力がかかり安定的な歩行ができる |

20社以外の車いすの登録出願の課題対応特許一覧（14/17）

| 技術要素 | 課題<br>（大区分） | 解決手段<br>（大区分：中区分） | 特許番号<br>出願日<br>主FI<br>出願人 | 発明の名称<br>概要 |
|---|---|---|---|---|
| 自走式車いす/制動 | 安全性向上 | 部材の追加：制動装置・停止具使用 | 実登2034399<br>91.3.13<br>A61G5/02,514<br>奥村 洋 | 車椅子の停止具<br>先願のベッドに車椅子を横付けする際の転倒防止方法は操作が困難であった。接地カン材、連結板、接地部材、傾斜板からなる停止具を設けることにより、車いすをベッド横に簡単かつ迅速に停止できる |
| | | 部材の追加：脱輪予知用補助輪設置 | 実登2583150<br>91.9.30<br>A61G5/02,514<br>長谷川 初 | 車いす脱輪転落防止装置<br>従来脱輪等に対しての配慮がなされていない。脱輪予知用補助輪を既設の前輪の前方に設け、補助輪が落込んだ際、大車輪を制動する機構を設けることにより、脱輪事故が防止できる |
| | 乗り心地向上 | 取付機構：挟扼機構 | 実登3075113<br>2000.7.24<br>A61G5/02,514<br>オーエックスエンジニアリング | 車椅子用ブレーキ調整装置<br>長孔を有するブレーキ取付け部材と把手付ブレーキ用押さえ具を摺動部と支軸が偏心したレバーにより挟扼することにより、走行時のブレーキ装置からの振動をなくす |
| | 操作性向上 | 機能兼用：制動、駐車ブレーキ兼用 | 実登3037972<br>96.9.13<br>A61G5/02,514<br>ヤマシタコーポレーション<br>ハラキン | 車椅子<br>一般に介護者ハンドルにはブレーキが付いておらず車輪近傍に独立して設けられたブレーキレバーを操作するため負担が大きかった。介護者ハンドルに握ると制動ブレーキ、一杯に押下げるとパーキングブレーキとなるブレーキレバーを設けることで、介護者は楽にブレーキ操作ができる |
| | | 取付機構：接触面積増加 | 実登3063734<br>99.5.10<br>B60T1/06B<br>林口儀器工業股分（台湾） | 車椅子のブレーキ装置<br>従来はブレーキバンドをハブ外側に引張るため、ハブに対する接触面積が小さく、ブレーキ効果が低かった。ブレーキバンドをハブ側に引張る構造にし、ブレーキバンドのハブに対する接触面積を大きくすることで大きなブレーキ効果を得る |
| 電動式車いす/車体 | 安全性向上 | 機構：車体 | 実登2594136<br>97.3.11<br>A61G5/04,506<br>セイレイ工業 | 電動乗用三輪車のフレーム構造 |
| | | | 実登2594137<br>97.3.11<br>A61G5/04,506<br>セイレイ工業 | 電動乗用三輪車のフレーム構造 |
| | | 制御：駆動系 | 実登2597211<br>93.7.22<br>A61G5/04<br>福伸電機 | 電動車における自己診断装置 |
| | | | 実登2603288<br>93.7.2<br>A61G5/04<br>福伸電機 | 電動車における超音波装置 |

20社以外の車いすの登録出願の課題対応特許一覧（15/17）

| 技術要素 | 課題（大区分） | 解決手段（大区分:中区分） | 特許番号 出願日 主FI 出願人 | 発明の名称 概要 |
|---|---|---|---|---|
| 電動式車いす/車体 | 収納性向上 | 機構:車体 | 特許3065553 97.3.13 B62B3/00B 茨城県 | 乗り込みステップ付き4輪車椅子車体 車体長を縮め、ハンドルを折畳むことで外形がほぼ円形のようになる構造 |
| | 走行性向上 | 車輪形状・材質:駆動輪 | 特許2558605 93.12.6 B62B5/02B 日本メドコ | 車椅子用車輪 車輪の円周に弾力トレッド体を設置することで、階段昇降を可能にする |
| | | 車輪形状・材質:駆動輪 | 特許2840914 93.12.31 A61G5/04 山崎 洋和 | 身障者用の車椅子 モータによって駆動する車輪を設けた足台 |
| | | 機構:車体 | 実登2043655 92.2.6 A61G5/04,503 インダストリアル テクノロジィ リサーチ（台湾） | 車椅子 後輪の振動吸収機構の工夫 |
| | | 車輪形状・材質:駆動輪 | 実登3077814 2000.11.20 A61G5/04,506 森川 淳夫 | 電動リフト車椅子 リフト装置を持つ車輪を交互に上下させながら段差を乗り越える |
| | 負担軽減 | 機構:座席 | 特許2561199 92.3.10 A61G5/04,505 北浜 清 北浜 つる子 | 電動車椅子 着脱自在な背当て部、座席、電動装置を設ける |
| | | 機構:車体 | 特許3065554 97.3.13 B62J25/00B 茨城県 コーヨー | 電動車椅子 肘掛の延長に、乗降用ステップを設置 |
| | | 機構:座席 | 特許3127904 98.10.20 A61G3/00,501 トヨタ車体 | 車両用リフトアップシート 着座したままで前後の車輪が折り畳み可能なシート装置と、リフトアップ装置を備え、車両内ではシートとして使用でき、室外では車いすとして使用可能 |
| | 利便性向上 | 機構:車体 | 特許2853823 92.8.31 A61G5/04,505 森山 完一 | 電動歩行補助車 後方に開閉可能なベースを張設したスペースを設ける |
| | | その他 | 実登2525969 90.2.5 G01R11/00F 三陽電機製作所 | 車両搭載形充電器 充電の際の使用電力料金の表示 |
| 電動式車いす/操舵 | 安全性向上 | 機構:車体 | 実登2565302 90.11.13 B60N2/02 ヤンマー農機 | 電動三輪車 折畳み時のバッテリ接触によるケガを防止するため、バッテリカバー取り付け位置に操作ハンドルが折畳み収納される構造とする |

## 20社以外の車いすの登録出願の課題対応特許一覧（16/17）

| 技術要素 | 課題<br>（大区分） | 解決手段<br>（大区分：中区分） | 特許番号<br>出願日<br>主FI<br>出願人 | 発明の名称<br>概要 |
|---|---|---|---|---|
| 電動式車いす/操舵 | 操作性向上 | その他 | 実登2007220<br>89.8.1<br>G06F3/033,330B<br>労働福祉事業団 | 電動車いす操縦杆を利用したコンピュータ用入力装置<br>コンピュータの入力に、車いすのジョイスティックを用いる |
| 電動車いす/駆動源 | コスト低減 | 配置と構造：配置上の工夫 | 特許3105464<br>97.3.13<br>A61G5/04,505<br>茨城県<br>コーヨー | 電動車椅子用ドライブユニット，電動車椅子および搬送台車<br>モータ、減速機等が枠体に収納され、各々の枠体はそれぞれの軸方向に並置された一体化されてユニットを構成する |
| | 安全性向上 | 配置と構造：配置上の工夫 | 特許2920618<br>96.10.4<br>A61G5/04,505<br>ウルリヒ アルベル（ドイツ） | 車いすのための駆動及び制動補助装置<br>駆動輪が、地面に対して駆動輪の回転軸線とほぼ同じ間隔を置いて回転中心が配置された揺動アームに、又は垂直案内部に取付けられ、上り坂及び下り坂走行の際に駆動輪の均一な押付け圧力が達成される |
| | 快適性向上 | 配置と構造：構造上の工夫 | 実登3048449<br>97.7.16<br>A61G5/02,510<br>林 東慶（台湾） | 身障者用電動車の動力補助防傾輪<br>駆動輪が懸空空転時に防傾補助輪に動力を出力して駆動輪を地面に接触させる |
| | | 配置構造： | 特許2748227<br>93.12.24<br>A61G5/04,502<br>北浜 清<br>北浜 つる子 | 電動式車椅子<br>コの字型の支柱を有し、車体の前部に電動駆動装置を配置 |
| | 信頼性向上 | 配置と構造：構造上の工夫 | 特許3025987<br>94.2.3<br>B60B21/10<br>新家工業 | 車輪<br>駆動ローラの付設する余地を十分に図ってリムに環状突出部（堅固な凹凸歯部）を設ける |
| | 整備性向上 | 配置と構造：構造上の工夫 | 実登3053332<br>97.2.26<br>A61G5/02,503<br>鈴木 賢次 | 既存の折り畳み式車椅子の後輪に動力を伝達するための部品<br>後輪をチェーン駆動するための部品を提供 |
| | | 配置と構造：配置上の工夫 | 特許2939884<br>98.8.24<br>A61G5/04,505<br>新明工業 | 手動式車椅子用の電動補助動力ユニット<br>電動補助ユニットをクロスリンクに取り付け |
| | 利便性向上 | 配置と構造：構造上の工夫 | 特許2029473<br>92.8.12<br>B62B3/02B<br>ハース ウント アルベル ハウステヒニク ウント アパラーテバウ（ドイツ） | 折り畳み可能な椅子架台を持つ小型乗り物<br>直流電動機が伝動装置をも含めて突出部なしに移動可能な車輪ボスの内部に配置 |
| | | 配置と構造：構造上の工夫 | 特許2756637<br>94.1.11<br>A61G5/04<br>小林 弘明<br>平田 三雄 | 電動式車いすの昇降装置<br>階段部に軌道を設置し、車椅子のピニオンを昇降軌道のラックに嚙合せ、ラックとピニオンの嚙合で後輪を浮上 |

20社以外の車いすの登録出願の課題対応特許一覧（17/17）

| 技術要素 | 課題（大区分） | 解決手段（大区分：中区分） | 特許番号 出願日 主FI 出願人 | 発明の名称 概要 |
|---|---|---|---|---|
| 電動車いす/制御 | コスト低減 | 配置と構造： | 特許2981611 98.7.28 A61G5/04,502 新明工業 | **電動車椅子の走行機構** 旋回する側の車輪にブレーキを架けて、左,右の車輪の回転速度の差異によって旋回するようにした |
| | | 配置と構造：単純なON/OFF-SWによる人力検知 | 特許2990358 98.9.11 A61G5/04,505 新明工業 | **手動式の車椅子** ハンドリムの車輪に対する正逆の回動に伴ってONするSWのON,OFF情報を車輪と車軸にわたる導電ブラシとスリッピングとによる接点を介してモータ制御手段に入力し、動作モードに応じて制御 |
| | 安全性向上 | 検知と報知：操作トルクに基づく制御 | 特許2799732 89.6.12 A61G5/02,513 カヤバ工業 | **車椅子** 操作輪を介して入力される操作トルクを検出し、それに基づいて駆動モータを制御 |
| | | 制御：走行制御モード切替 | 特許2894487 96.11.11 A61G5/04,502 茨城県 コーヨー | **電動走行車用制御装置および電動走行車** 一つのレバーで走行/減速モードの切り替え制御 |
| | 快適性向上 | 人力検知と制御：補助駆動の制御 | 特許2821573 96.5.17 A61G5/04,501 科学技術庁 | **ペダル付き電動車両** ペダル踏力とモータ駆動力を比較し制御 |
| | | 制御：ブレーキとの連動 | 実登3042915 97.2.26 B62K5/04B 大和産業 | **電動二輪駆動車** ブレーキ操作に連動してモータに供給するパルス電流を通常駆動時に比べ単位時間当たりの通電時間を短くなるように制御 |
| | 利便性向上 | 配置と構造： | 特許3058272 98.7.29 A61G5/02,506 久我内燃機工場 | **電動車椅子** パンタグラフ機構による昇降 |

特許流通支援チャート　機械 1
# 車いす

2002年（平成14年）6月29日　初版発行

編集　独立行政法人
©2002　工業所有権総合情報館
発行　社団法人　発明協会

発行所　社団法人　発明協会

〒105-0001　東京都港区虎ノ門2-9-14
電話　03(3502)5433（編集）
電話　03(3502)5491（販売）
FAX　03(5512)7567（販売）

ISBN4-8271-0668-1 C3033　印刷：株式会社　野毛印刷社
Printed in Japan

乱丁・落丁本はお取替えいたします。
**本書の全部または一部の無断複写複製**
**を禁じます（著作権法上の例外を除く）。**

発明協会HP：http://www.jiii.or.jp/

平成13年度「特許流通支援チャート」作成一覧

| 電気 | 技術テーマ名 |
|---|---|
| 1 | 非接触型ICカード |
| 2 | 圧力センサ |
| 3 | 個人照合 |
| 4 | ビルドアップ多層プリント配線板 |
| 5 | 携帯電話表示技術 |
| 6 | アクティブマトリクス液晶駆動技術 |
| 7 | プログラム制御技術 |
| 8 | 半導体レーザの活性層 |
| 9 | 無線LAN |

| 機械 | 技術テーマ名 |
|---|---|
| 1 | 車いす |
| 2 | 金属射出成形技術 |
| 3 | 微細レーザ加工 |
| 4 | ヒートパイプ |

| 化学 | 技術テーマ名 |
|---|---|
| 1 | プラスチックリサイクル |
| 2 | バイオセンサ |
| 3 | セラミックスの接合 |
| 4 | 有機EL素子 |
| 5 | 生分解性ポリエステル |
| 6 | 有機導電性ポリマー |
| 7 | リチウムポリマー電池 |

| 一般 | 技術テーマ名 |
|---|---|
| 1 | カーテンウォール |
| 2 | 気体膜分離装置 |
| 3 | 半導体洗浄と環境適応技術 |
| 4 | 焼却炉排ガス処理技術 |
| 5 | はんだ付け鉛フリー技術 |